韓国農政の70年
食糧増産から農村開発、そして農業保護へ

縄倉 晶雄 著

はじめに

　本書は、明治大学大学院政治経済学研究科 2015 年度博士学位請求論文「韓国歴代政府による農家所得向上政策―都市と農村の並行発展における国家の役割」を加筆・修正したものである。

　1948 年に樹立された大韓民国は、南北分断や朝鮮戦争などといった困難に見舞われ、建国から 10 年余りの間、経済的に厳しい歩みを余儀なくされた。その後 1960 年代以降、政府による積極的な工業化政策の下、同国が急速な経済成長を実現し、先進国への階段を一気に駆け上がったことは周知の通りである。この間に韓国が見せた目覚ましい発展は、戦後ドイツの経済復興を称えた言葉「ライン川の奇跡」に倣って「漢江の奇跡」と呼ばれ、後述するように政治経済学上強い関心を惹きつけてきた。しかし、こうした学術的関心は、多くの場合、同国の工業部門の発展と、それをめぐる政府の役割を対象とするものであり、農業部門の状況や、それをめぐる政府の活動を政治経済学的分析の俎上に載せようとする研究は少数派にとどまってきた。無論、1970 年代のセマウル運動に見られるように、歴代韓国政府が行ってきた農業・農村政策の中には、学術的に、あるいはジャーナリスティックな面から注目された施策も皆無ではない。しかし、そうして刊行された著作の多くは、特定の施策をピンポイントで論じる傾向にあり、時系列的に長い目で韓国農政を追うものであってきたとは言い難い。

　だが、韓国農村および農業部門を長期的に見るならば、同国の発展をめぐる政治経済学的分析は、工業部門のみならず、農業部門に対しても行われる必要があることが明らかとなる。すなわち、1960 年代以降工業化に成功し、経済発展を実現させたアジア・中南米の国・地域は、その多くが深刻な農工間の所得格差に悩まされてきた。地主制の解体が進まず、農業者の多くが小作人や農園労働者として生計を立てる中南米諸国はもとより、社会主義国として農業・農村開発に継続的

な人的・物的資源を導入してきた中国も、農業部門の生産性が工業部門ほど迅速に向上せず、農業従事者の一人あたり平均所得が都市工場労働者のそれを大きく下回っているという状況は、これまで多くの文献によって指摘されてきた。

　この点において韓国は、本文中で詳述するように、1960年代半ばから後半にかけて両部門の所得格差が約1.5倍に達したのをピークとして、その後は当該格差が急速に縮小し、1970年代半ばから1990年代初頭までは、むしろ農業従事者の平均所得が都市工場労働者を上回る状態が持続した。本書は、「漢江の奇跡」と呼ばれる同国の急速な工業化が政府による積極的な産業政策の成果であるならば、こうした農工間の並行発展の背景にも、政府の積極的な農業政策があったのではないかという認識の下、歴代の韓国政府が行ってきた農政を、農家所得という観点から見ていく。そしてそこに、農業部門に対する国家の強力なサポートが存在し、かつそれが、先進国への移行後も、そのサポートの具体的な形を変えつつ、長期的に持続してきたことを明らかにしていく。

　本書の結論を先取りしていえば、特に1960年代以降、韓国政府は農業所得を向上させるために農業インフラの整備や農産物価格への介入など、様々な政策を実施してきた。そして、農業所得向上のために諸政策を実施するという体制は、政権が代わっても韓国農政の基調路線として半世紀以上に渡って維持されてきた。この間、韓国は政治的には民主化を経験し、経済的には先進国への仲間入りを果たしたが、本書は、そうした政治経済的変化にもかかわらず、同国政府の農業部門に対する積極的な関与が持続し、自由貿易政策体制下における農業部門への保護へとつながっていることを示す。

　本書は、5部12章より構成される。第1部は、上述したような本研究の関心および問いについて、先行研究をレビューしながら記す。続く第2部は、本研究の前史にあたる部分として、1960年代に本格的な

工業化が行われる前の韓国農政を見ていく。その後、第 3 部で工業化政策が本格化した 1960 年代から、韓国がアジア有数の工業国として台頭した 1980 年代までの同国農政を見ていく。第 4 部は、工業化を経て先進国へと移行し、かつ政治的には民主化も経験した 1990 年代以降現在に至るまでの韓国農政を見ていく。この第 4 部は、先述の博士論文提出後に行った研究の成果を反映した箇所であり、特に第 8 章は書下ろしである。また、これを踏まえて議論を総括する第 11 章も、同様に書下ろしである。最後に、第 5 部では結論を述べる。

過去半世紀余りの間に最貧国から先進国へと劇的な変化を遂げた韓国は、農業部門を「開発」の対象とする途上国型の農政と、それを「保護」の対象とする先進国型の農政を、一本の連続線上で分析することができる数少ない事例の一つである。本書が韓国農政のみならず、広く農政全般の理解・研究に貢献できれば幸いである。

なお、本研究の遂行にあたっては、指導教員であった堀金由美先生（明治大学政治経済学部）、論文審査の副査を担当して下さった大森正之・小西徳應両先生（同）より多くのご指導を賜った。また、本書第 8 章の執筆に際しては、貿易交渉の実務経験をお持ちの作山巧先生（明治大学農学部）の拙稿に対するご意見に大いに助けられた。ここに心からの御礼を申し上げると同時に、なおも本書に含まれうる誤謬は、全て著者の責任によるものであることを明記しておく。

2019 年 9 月 1 日
縄倉　晶雄

目 次

はじめに　　　　　　　　　　　　　　　　　　　　　　　　　　ii

第1部　研究の背景と枠組み　　　　　　　　　　　　　　　　　1

第1章　本研究の問題意識　　　　　　　　　　　　　　　　　　3

第2章　韓国の農業政策研究をめぐる課題～先行研究レビュー～　　14
　第1節　韓国政府の農業・農村政策をめぐる先行研究とその課題　　15
　第2節　韓国の農業生産・農村生活をめぐる先行研究とその課題　　25
　第3節　比較研究における韓国農業・農政への認識とその課題　　　29
　第4節　本書の意義　　　　　　　　　　　　　　　　　　　　　32
　第5節　本書の研究手法　　　　　　　　　　　　　　　　　　　34

第2部　工業化以前の韓国農政　　　　　　　　　　　　　　　　41

第3章　日本統治時代から工業化前夜まで　　　　　　　　　　　43
　第1節　朝鮮王朝期の朝鮮半島農業　　　　　　　　　　　　　　44
　第2節　日本統治時代の朝鮮農業　　　　　　　　　　　　　　　47
　第3節　大韓民国政府樹立と農地改革　　　　　　　　　　　　　49
　第4節　アメリカによる食糧援助とそこからの自立　　　　　　　59
　第5節　小括　　　　　　　　　　　　　　　　　　　　　　　　64

第3部　工業化時代の韓国農政　　　　　　　　　　　　　　　　65

第4章　1960年代の農業政策：工業化政策の本格始動と食糧増産　67
　第1節　1960年5月のクーデタと徳政令　　　　　　　　　　　　68

v

第2節　農協組織と農村金融の整備　　　　　　　　　　　71
　　第3節　第1次経済開発5カ年計画　　　　　　　　　　　75
　　第4節　食糧増産の奨励　　　　　　　　　　　　　　　　81
　　第5節　第2次経済開発5カ年計画　　　　　　　　　　　86
　　第6節　高米価政策と農漁民所得向上特別事業　　　　　　90
　　第7節　小括　　　　　　　　　　　　　　　　　　　　　96
第5章　1970年代の農業政策—農村所得向上の本格化　　　　97
　　第1節　第3次経済開発5カ年計画と第1次国土総合開発
　　　　　　10カ年計画　　　　　　　　　　　　　　　　　97
　　第2節　セマウル運動　　　　　　　　　　　　　　　　100
　　第3節　農村機械化政策　　　　　　　　　　　　　　　105
　　第4節　維新体制の発足　　　　　　　　　　　　　　　106
　　第5節　統一米の導入　　　　　　　　　　　　　　　　108
　　第6節　第4次経済開発5カ年計画　　　　　　　　　　111
　　第7節　小括　　　　　　　　　　　　　　　　　　　　114
第6章　1980年代以降の農業政策—機械化・大規模化の推進期　117
　　第1節　朴正煕大統領の死去とセマウル運動の「打ち切り」　117
　　第2節　第5次経済開発5カ年計画と第2次国土総合開発
　　　　　　10カ年計画　　　　　　　　　　　　　　　　121
　　第3節　大規模化および機械化の推進　　　　　　　　　125
　　第4節　第6次経済社会発展5カ年計画　　　　　　　　135
　　第5節　民主化と第六共和国体制の発足　　　　　　　　137
　　第6節　農漁村発展総合対策　　　　　　　　　　　　　139
　　第7節　第3次国土総合開発10カ年計画と金泳三政権発足、
　　　　　　新経済5カ年計画　　　　　　　　　　　　　　141
　　第8節　1990年代以降の近代化政策　　　　　　　　　　143
　　第9節　農家所得の向上と農家間の所得格差拡大問題　　148
　　第10節　小括　　　　　　　　　　　　　　　　　　　156

第4部　先進国段階における韓国農政　159

第7章　親環境農業政策および直接支払制の導入　161
第1節　WTO協定と親環境農業政策　161
第2節　親環境農業農家認証制度　163
第3節　直接支払制の導入　167
第4節　第4次国土総合開発計画　172
第5節　グリーン・ツーリズムの振興　173
第6節　親環境農業政策の実績　174
第7節　小括　180

第8章　貿易自由化の推進と農家所得補償　183
第1節　WTO交渉の行き詰まりとFTA路線への転換　184
第2節　民間農民団体の設立とその政治活動　187
第3節　農政と理念対立のリンケージ　199
第4節　政府による国内農業対策　208
第5節　小括　213

第9章　帰農による新規就農　215
第1節　農家の高齢化と社会保障制度　215
第2節　高齢農家の引退促進　217
第3節　都市住民の就農　228
第4節　帰農者に対する調査　235
第5節　人口移動としての帰農・帰村　244
第6節　政府による帰農促進策　252
第7節　小括　257

第5部　結論　261

第10章　農業所得向上に向けた環境および意思　263

第 1 節　従来の枠組み：開発主義とガバナンス論	264
第 2 節　朴正熙政権による農政の政治的背景	269
第 3 節　全斗煥政権以降の農政の政治的背景	273
第 4 節　政治的意思決定の遂行環境	278
第 5 節　農地改革によってもたらされた政策遂行環境	280

第 11 章　先進国段階への移行と農政の持続性　　282
　第 1 節　農業部門の「振興」から「保護」へ　　282
　第 2 節　農民団体による政治活動および都市住民との連携　　285
　第 3 節　農業部門の要求と農政のギャップ　　286
第 12 章　結論および本研究から導出される含意　　289

付録　　299
　表 1：韓国における都市勤労者世帯所得と農家所得　　301
　表 2：韓国における都市および農村人口の推移　　303
　表 3：1970 年代以降韓国における農家世帯数・耕地面積　　304
　表 4：穀類の農家販売価格指数　　306
　表 5：韓国農政関連年表　　307
　表 6：インタビュー対象者一覧　　312

参考文献　　313

表目次

表 1-1：韓国の農家1戸あたりの構成員数	7
表 2-1：経済開発5カ年計画	36
表 2-2：国土総合開発計画	36
表 3-1：朝鮮・韓国全土の耕地面積に占める自作農地・小作農地の比率	52
表 3-2：1950年代韓国の農産物収穫量	63
表 4-1：韓国におけるコメ収穫量	84
表 4-2：1960年代韓国の人口	88
表 5-1：セマウル運動に基づく1970年代韓国農村部におけるインフラ整備事業実績	104
表 5-2：韓国におけるコメ自給率	110
表 6-1：1970年代における農家世帯数と農村人口の変遷	128
表 6-2：韓国農家一戸当たりの経営耕地面積	130
表 6-3：10a当たり農業生産総費用および機械費用	133
表 6-4：政府補助金を受けて納車された耕運機およびトラクター台数	146
表 6-5：農家1戸あたり経営耕地面積	148
表 6-6：1970年から2000年にかけての世代別農家人口およびその割合	151
表 6-7：経営主の年齢層別に見た韓国農家の経営耕地面積	153
表 6-8：経営規模別に見た農家世帯平均所得	154
表 6-9：農家経営主の年齢層別に見た農家平均所得	155
表 7-1：韓国で流通する親環境農産物の出荷量	175
表 7-2：経営主の年齢ごとに見た農家数	177
表 9-1：韓国における国債発行残高と対GDP比	219
表 9-2：韓国における国債発行目的の内訳	220
表 9-3：2014年12月31日現在の年齢別農家人口	224

表 9-4 : 2011 年 12 月 31 日現在の住居形態別高齢者（満 65 歳以上）人口の割合	226
表 9-5 : 都市・農村住民の福祉サービスに対する満足度	226
表 9-6 : 1990 年代から 2000 年代にかけての韓国の農村人口	227
表 9-7 : 韓国における失業率の推移	230
表 9-8 : 1990 年代以降の都市と農村の人口および農村人口減少率	234
表 9-9 : 1997 年以降の失業率の変遷	235
表 9-10 : 政府および自治体による主な帰農者招致プログラム	238
表 9-11 : 2013 年全南大学の調査における回答者と主な営農内容および移住理由	240
表 9-12 : 都農間人口移動を説明する主な理論的枠組み	247
表 9-13 : 経営形態別農家所得の推移	251

グラフ目次

グラフ1-1：都市勤労者世帯所得と農家世帯所得の推移	6
グラフ4-1：1960年代韓国における都市勤労世帯所得と農家所得	85
グラフ4-2：農家の穀類販売価格指数	91
グラフ4-3：朴正熙政権下でのコメ収穫量	93
グラフ5-1：1970年代韓国におけるコメ生産量	109
グラフ5-2：1970年代韓国における都市勤労世帯所得と農家世帯所得および農家世帯人数	115
グラフ6-1：1980年代韓国における都市勤労世帯年間所得と年間農家所得	134
グラフ6-2：1980年代以降の韓国農家人口の推移	145
グラフ6-3：1990年代韓国における都市勤労世帯年間所得と年間農家所得	150
グラフ9-1：帰農・帰村世帯数の変遷	231
グラフ9-2：2000年代における都市勤労世帯年間所得と農家世帯年間所得の比較	249

［凡例］

1. 韓国人の人名表記については、新字体による漢字表記を原則としたが、一部漢字表記が不明な人物については、著者の責任において韓国語の発音をカタカナに転写した。

2. 朝鮮民主主義人民共和国の一般的な略称は、韓国では「北韓（북한）」であるが、本書では日本語で一般的な「北朝鮮」の略称を用いた。

第1部

研究の背景と枠組み

第 1 部

田老の歴史と住民の人々

第1章
本研究の問題意識

　本書は、1960年代以降政府主導の積極的な工業化政策によって急速な経済成長を遂げてきた韓国が、その一方で農村部における所得水準も大きく向上させてきたこと、またその結果として、新興国として扱われた国々の中では珍しく、都市と農村の所得格差を抑制させてきたことに注目する。その上で本書は、2つの問題意識に答えようとするものである。第一に、農業に適した気候風土であるとは言いがたい韓国において都市と農村、および工業部門と農業部門の所得格差が長期間に渡って抑制されてきた背後で、同国の歴代政府がどのような農政上の取り組みを行ってきたのか、そしてそこからどのような意義を見出すことができるのかを問う。第二に、先進国へと移行し、かつ民主化も経験した1990年代以降の韓国において、前項の問いに答える中で確認された政府の取り組みがどう変化し、また変化してこなかったのかを問う。

　1960年代以降、北東アジア並びに東南アジアでは韓国を始め、台湾やシンガポール、タイやマレーシアなど、工業化による急速な経済成長を実現する国々が相次いで現れた。こうした状況は、1993年世界銀行によって東アジアの奇跡と形容され（World Bank、1993; Nelson、1999、p. 416）、今日高所得国に分類される韓国、台湾、香港、シンガポールのほか、マレーシアやタイ、インドネシア、そして1990年代後半以降の中国など、他に類を見ない成長パフォーマンスを見せる東アジア地域[1]に世界的な関心が集まる契機となった。

---

[1] 本論文では、日本、中国、台湾、南北朝鮮およびモンゴルからなる地域を北東アジアと呼称し、「東アジア」という語句は、北東アジアと東南アジ

しかし他方で、これらの国・地域のうち、農業部門の比率が極めて小さい香港とシンガポール、および営農環境に恵まれた台湾を除く多くの国々が、都市と農村、あるいは工業部門と農業部門との間に著しい所得水準の格差を抱えているのも事実である。例えば、1990年代以降急速な経済発展を遂げてきた中国の場合、2011年時点での農村住民1人あたり平均年間所得は6,977元であり、これは都市住民の平均所得21,810元の3分の1に過ぎない[2]。こうした所得格差は中国において最も深刻な社会問題の一つとされている（Liberthal、2003、pp. 256-274）。

　発展途上国における農村ないし農業部門の所得水準が、都市ないし工業部門のそれに比べて劣りがちであるという問題は、東アジアに限らず全世界的に見られるものであり、この点をめぐってはこれまで数多くの研究で論じられてきた[3]。蘇（2011、p.13）は、上述のように都市と農村の所得格差が著しい中国について、政府の教育予算が都市部に傾斜配分され、農村部の教育の質が都市に比べて劣っていること、およびそれによって都市と農村との間で人的資源が不均衡になっていることを指摘している。また平井（2006、pp. 105-110）は、農産物と工業製品との間には、そもそも需要に対する所得弾力性の面で大きな開きがあり、これが農産物生産者と工業製品の生産者との間の所得を拡大させる一因になっていると指摘している。

　このように、発展途上の段階において農業部門と工業部門の所得格差が拡大しやすい中にあって韓国は、平野部が国土面積の 31%[4]に過

　　ア諸国を合わせた地域を指すものとして用いる。
[2] National Bureau of Statistics of China
　http://www.stats.gov.cn/english/PressRelease/201201/t20120130_72113.html
　　（2019年6月26日参照）
[3] 具体的な例としては、ここに挙げた蘇（2011）や平井（2006）のほか、Gordon and Craig（2001）、Deisohwan（2008）、World Bank（2008）などが挙げられる。
[4] 国土地理情報院 http://www.ngii.go.kr/kor/board/view.do?rbsIdx=103&idx=66

ぎないという山がちな地形に加え、耕地面積1ha程度の小規模農家が群立[5]するという、農業生産性の観点からは必ずしも環境に恵まれているとは言いがたい。それにもかかわらず、本格的な工業化が始まった1960年代以降、1990年代に至るまで、農家の所得水準が都市勤労者[6]の世帯所得とほぼ同水準を維持してきた。グラフ1-1で示すように、1960年代以降、農家の世帯所得は都市勤労世帯の所得とほぼ同水準を確保しており、両者の開きが最も大きく出た1960年代末から1970年代初頭にかけてさえ、農家所得は都市勤労者の世帯所得の60%台を維持してきた。1990年代半ば以降は再び両者の開きが見られるものの、それでも農家所得が上昇を続けていることに変わりはない。なお、韓国政府は、都市工業部門並びに農業部門の所得データを集計するにあたって一貫して世帯を単位としている。世帯所得は、世帯の構成人数や扶養者の占める比率によって大きく変動するものであり、必ずしも1人あたりの所得と同列に扱うことはできないが、たとえこの点を考慮したとしても、農家世帯所得が都市勤労者世帯所得の60%以上の水準を確保してきたという点からは、韓国における都市・農村間格差が先述した中国の例などと比べて抑制されたものであったと言うことが

（2015年7月24日閲覧）

[5] 農家一戸あたりの耕地面積が統計に記録されはじめた1975年段階では、全国の農家約237万戸に対し、総耕地面積は約224万haであり、一戸あたりの耕地面積は0.94haに過ぎなかった。その後、後述する大規模化政策などを受けてこの零細性は徐々に緩和され、2009年の耕地面積は一戸平均1.46haである。しかし同年におけるイングランドの農場1軒あたり平均耕地面積が約60ha、フランスのそれが約40haであることと比べれば、韓国の農業が今なお零細経営であることに変わりはない。統計庁・国家統計ポータル
http://kosis.kr/statisticsList/statisticsList_01List.jsp?vwcd=MT_ZTITLE&parentId=F#SubCont （2019年7月7日閲覧）

[6] 韓国政府の統計資料における「都市勤労者」とは、首都であるソウル特別市、並びに日本の政令指定都市にあたる広域市で勤務する工場労働者および会社員を意味する。

できるであろう[7]。

グラフ 1-1: 都市勤労者世帯所得と農家世帯所得の推移

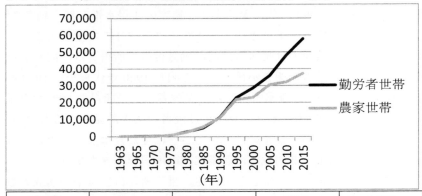

年度	1963	1965	1970	1975
勤労者所得	71	101	338	786
農家所得	93	112	253	872
年度	1980	1985	1990	1995
勤労者所得	2,809	5,085	11,319	22,933
農家所得	2,693	5,736	11,026	21,803
年度	2000	2005	2010	2015
勤労者所得	28,643	35,930	28,643	57,792
農家所得	23,072	30,503	23,072	37,215

単位：千ウォン

出典：統計庁・国家統計ポータル
http://kosis.kr/statisticsList/statisticsList_01List.jsp?vwcd=MT_ZTITLE&parentId=B#SubCont（2019年7月17日閲覧）

---

[7] 本研究に限らず、韓国の農工間格差を論じた先行研究の大半においても、都市と農村の所得格差を示す指標としては、個人所得ではなく世帯所得が用いられている。

表 1-1：韓国の農家 1 戸あたりの構成員数

年度	1960	1970	1980
農家世帯数(A)	2,329,128	2,483,318	2,155,073
農家人口(B)	14,242,489	14,421,730	10,826,508
(B/A)	6.11	5.80	5.02
年度	1990	1995	2000
農家世帯数(A)	1,767,033	1,500,745	1,383,468
農家人口(B)	6,661,322	4,851,080	4,031,065
(B/A)	3.76	3.23	2.91
年度	2005	2010	2015
農家世帯数(A)	1,272,908	1,177,318	1,088,518
農家人口(B)	3,433,573	3,062,956	2,569,387
(B/A)	2.69	2.60	2.36

単位：農家世帯数＝世帯、農家人口＝人
出典：統計庁・国家統計ポータル
　　　http://kosis.kr/statisticsList/statisticsList_01List.jsp?vwcd=MT_ZTITLE&parentId=B#SubCont　（2019 年 7 月 17 日閲覧）
注：(B/A)は、小数点第 2 位以下切り捨て

　また、表 1-1 は、1960 年代以降の韓国の農家数及び農家人口データから算出した農家 1 戸あたりの構成員数であるが、農家世帯人数は長期的に減少しており[8]、グラフ 1-1 に見られる農家世帯所得の増加が、世帯人数の増加によるものではないこともうかがえる。工業化の進ん

---

[8] 韓国の政府統計では、都市世帯の所得については勤労者世帯のものが示されている一方、世帯人数については非勤労者世帯のものを含めた都市世帯全体の平均人数しか示されていない。このため、本論文では勤労者世帯の 1 人あたり所得を示していない。

だ1960年代から1990年代にかけては、韓国でも核家族化が進むなど、世帯構成には大きな変化があったため、世帯所得から個人所得を算出する上では一定の慎重さを要するが、これらのデータは、同時期の農業従事者の所得水準が総じて上昇したことを示しているものと受け止めることができる。

　無論、それは韓国農家が経済的な困難を抱えていないということを意味するものではない。後述するように、同じ韓国の農家でも、大規模化・機械化の進んだ農家と零細農家との間には、生産性や所得に明瞭な格差が見られる。また、同国では農業従事者に対する社会保障制度の整備が遅れ、高齢農家の生活不安につながってきた。加えて、農村の過疎化といった1970年代以降の日本で見られた問題は、韓国にも当てはまる。しかし、それらの課題を踏まえてもなお、韓国の都市・農村格差ないし農工間格差が中国などと比べて抑制されたものになっている点は明白であり、こうした格差の抑制において歴代の政府がどのような取り組みを行ってきたのかを見ることには、十分な意義が見出せる。

　韓国が、発展途上の段階において都市と農村ないし工業部門と農業部門の所得格差を持続的に抑制させ、そのまま先進国段階へと移行したことは、今日の同国における人々の行動や、その行動の背景となる農村に対する主観的認識にも大きな影響を与えている。すなわち、韓国では2003年以降2014年に至るまで、ほぼ毎年、農村へ移住し、就農する都市住民が増加し続けている。発展途上段階における農工間の人口移動を説明する理論として用いられることの多いハリス＝トダロ・モデルでは、途上国では、農村から都市への移動は、移動先である都市ないし工業部門での所得に対する期待値が高い場合に起こることとされる（Todaro、1969、p.143-145）。繰り返すように、韓国は既に先進国段階にあり、このモデルを適用するべき対象ではないが、同モデルが指摘する移住の動機という観点から近年の同国を見てみると、

都市住民の就農が増加しているという事実は、多くの都市住民が、農業部門に就労しても一定水準生計を維持するだけの所得が確保できると期待しているためと説明できるのではなかろうか。先進国における都市住民の就農をめぐっては、日本のいわゆる「Uターン」や「脱サラ」についての考察に見られるように、田園生活への憧憬などといった価値観にその理由を求める言説が多い（木村、2010、pp. 291-302）。韓国でも、2009年に政府が都市住民の農村移住と就農を支援する「帰農帰村総合対策」を打ち出して以降、就農は一種の流行となっており、移住先の農村での生計について現実的な計画を立てず、理想ばかりが先行しがちな都市住民が少なくない[9]。しかし、都市住民が農村でのスローライフに対する憧憬を抱いているとしても、就農後に生計を維持できるだけの所得が期待でき、かつそれが都市の所得水準と比べて遜色のないものでない限り、農村移住の増加という現象は発生しにくい。そのように考えるならば、韓国における都市と農村、ないし工業部門と農業部門との所得格差が抑制されているという事実は、過去10年あまりの農村移住者の増加という現象と一定の関連性を持っていると考えることができる。

　以上のように、韓国では都市と農村、或いは工業部門と農業部門の所得格差が抑制されてきており、それは現在においても言えることである。しかし従来の韓国研究は、この点を十分に論じてきたとは言いがたい。詳しくは次章の先行研究レビューで見ていくが、韓国における都市と農村の所得格差は、中南米など他の新興工業国と比較して抑制されてきたと評価されつつあるものの、地域研究としての韓国研究においてこの点は、2000年代以降になって徐々に言及されるようになってきたという程度である。また、韓国研究、特に韓国国内における自国の農政をめぐる議論は、しばしば政治的に激しい論争の対象となり、研究者の思想が客観的な実証分析に優先されてしまうことがある

---

[9] 『農民新聞』2015年3月23日付

[10]。さらに、過去半世紀あまりの韓国で農村所得が向上し続けてきたことを評価する文献も、農業生産の増大やそれによる農業所得の増加、あるいは高付加価値農産物の生産拡大といった事実関係に専ら焦点を当て、それらパフォーマンスのために政府がいかなる取り組みを行ってきたのかを検討していないことが大半である。しかしながら、1960年代以降の韓国では、政府が強力な指導力を発揮する形で工業化を進めてきており、農業部門においても政府による同様の指導が行われた可能性は否定できない。むしろ、経済発展の過程で都市と農村の所得格差を拡大させてしまう国が多い中、韓国でその格差が抑制されてきたという事実を踏まえるならば、同国の歴代政府は都市と農村の所得格差を抑制するために何らかの政策を進めてきたと考えるべきである。

では、1960年代以降工業化政策を推進する過程で、歴代の韓国政府は農村・農業部門を振興させ、農業従事者の所得水準を向上させるためにどのような取り組みを行ってきたのか。この問いに対し、本書は以下のような仮説を提示し、その妥当性を問う。即ち、1960年代に工業化を推進し始めて以来、韓国政府は農村所得を向上させる意思をも持ち、そのための政策を推進してきた。その政策は時として大きく方向転換し、また必ずしも実効性あるプログラムを伴うものではなかったが、工業部門において輸出の振興や重化学工業の育成が政府の主導によって行われてきたのと同様に、農業部門においても政府は、農業

---

[10] 例えば、左派系歴史学者のハン・ホングは、2013年3月23日付『ハンギョレ』のコラム「維新と今日」において、1970年代の農村振興政策であるセマウル運動を取り上げ、当時の韓国で離農が進んだことのみを根拠として「セマウル運動は農村所得向上に失敗した」と断定している。農村振興政策が対象地域である農村の所得の向上に貢献したか否かは、人口の流出入ではなく所得統計を以って判断されるべきだが、このコラムには所得統計の数値は一切引用されていない。一方、保守的な立場に立つパク・チナン（2005）は、セマウル運動が韓国農村の近代化に貢献した点を、統計データを用いながら論じている。しかしパク・チナンは、セマウル運動期の農政が農業機械の導入を十分に進めることができず、従って韓国農業の本格的な機械化が1980年代へと持ち越されたことには触れていない。

インフラの整備による土地生産性の向上や、大型農業機械の導入促進を通じた労働生産性の向上など、その時々に応じて必要とされる政策を推進し、予算を投入するといった関与を続けてきた。そして、それらの関与が一定の効果をもたらした結果として、現在の韓国では都市と農村の所得格差が抑制されていると考えられるのである。

また本書は、上記の議論に続き、経済的に先進国へと移行[11]し、かつ政治的に民主化を遂げた 1990 年代以降の韓国において、そうした政府の農村に対する深い政策的関与がどのように変化し、あるいは変化しなかったのかを問う。特に 1990 年代は、単に韓国が先進国へ移行し、民主化したというだけでなく、農産物の貿易自由化が世界的に進展した時期でもあった。こうした環境の変化の中で、韓国の農政がどのように展開されたのかを分析し、そこに 1980 年代以前の政策との間でどのような連続性ないし変化を見出せるのかを見ていく。

次章以降では、上記仮説の妥当性を問う議論に入っていくが、本格的な議論に入る前に、本研究で用いる 3 つの概念について重要なことわりを入れておきたい。まず、既に本章でも何度か言及した「都市と農村の所得格差（都農格差）」と「農業部門と工業部門の所得格差（農工間格差）」についてであるが、両者は、厳密に言えば異なる概念である。前者は都市および農村という空間に基づく概念であり、後者は工業および農業という産業に基づく概念である。従って、都市で農業が営まれうること、および農村に工業施設が立地しうることを考えれば、両者を混同することは好ましくなく、日本では専ら後者の概念に基づいて農村問題が議論されている。しかし、韓国では産業立地政策の関係上、農村における兼業所得機会が極めて乏しい時代が近年まで続いてきており、そのために、韓国国内における農村問題をめぐる議論は

---

[11] ここでは便宜的に、先進国クラブと呼称される経済協力開発機構（Organisation for Economic Co-operation and Development：OECD）への加盟を先進国への移行と定義する。韓国は 1996 年、OECD に加盟した。

専ら「都市・農村間格差（도시 농촌 간 격차）」ないし「都農間格差（도농 간 격차）」という概念に依拠して展開されている[12]。本研究は韓国の農業・農村政策を見ていくものであり、また韓国語による文献やインタビューを資料として用いることから、日本で一般的な「農工間格差」ではなく、韓国で一般的な「都農格差」というタームおよび概念を主として使うこととする。そして、都農格差という概念よりも農工間格差という概念を用いて議論を進めるべき場合に限り、農工間格差というタームおよび概念を用いていくこととする。

次に、「食糧」という言葉の意味する内容についてであるが、農業・農政研究における「食糧」とは、主食となるコメやムギといった農産物を意味する言葉として用いられており、食物全般を意味する「食料」よりも狭い意味を持っている。そのため、例えば農林水産省は、コメに限らず、より幅広い農産物の動向を把握するという理由から、その白書の名称を『食料・農業・農村白書』としている。従って、必ずしも稲作ばかりを取り上げる訳ではない本研究では、'Food'を意味する言葉として「食料」を用いるべき場面がある。ただこの点についても、韓国では漢字表記で「食糧」に該当する語（식량）が、野菜などを含めた農産物全般を意味する言葉として広範に用いられている。また、FAO（Food and Agriculture Organization of the United Nations）の日本語での公式名称が現在においても「国際連合食糧農業機関」であるなど、日本国内においても「食糧」と「食料」の表記は混在している。本稿では、研究対象国で一般的な表現を尊重するという観点から、「食糧」を、「食料」に代えて、農産物全般を意味する言葉として用いる。ただし、上述の白書のように、他の文献からの引用部分に「食料」の表現が使われている場合に限っては、原文の表記に従うこととする。

---

[12] 特に、農林部傘下の農業政策および農業経済の研究機関であり、本研究においてもその刊行物の多くを参照した韓国農村経済研究院では、報告書や研究論文などにおいてもっぱら「都農間格差」の概念を用いている。

最後に、「産業政策」という言葉の意味についてであるが、本研究ではこの用語を一般に経済学や政治経済学で用いられているよりも広義に解釈している。すなわち、日本語における産業政策とは、「特定の産業を保護・育成するために資源配分を誘導する（あるいは規制する）手段を講じるもの」ないし「一国の産業部門間の資源配分、または特定産業内の産業組織に介入することにより、その国の経済厚生に影響を与えようとする政策」という解釈の下に用いられることが多い（松本、1999、p. 2-3）。また英文献、特に第二次世界大戦後の東アジア地域の経済発展を説明する際に用いられる'industrial policy'とは、国家が指導する工業化のための諸戦略を意味することが多い[13]。従って、産業政策という用語はしばしば特定の産業、特に工業の育成を目的とした政策を指すものと解釈されることになるが、本研究では、農業を含む第一次産業もまた、産業の一角を占めるものであるという観点から、農業部門の育成もまた、産業政策の対象に含まれていると考え、議論を進めていく。

---

[13] この観点に立った研究として、戦後日本の経済発展を論じた Johnson（1982）や、韓国の工業化を論じた Amsden（1989）のほか、東アジア各国の工業化を論じた Wade（2003）などが挙げられる。

第 2 章

韓国の農業政策研究をめぐる課題

～先行研究レビュー～

　本章では、これまで韓国の農村・農業部門の所得向上について、どのような研究が行われてきたのかをレビューしていく。そしてそこから導出される課題を指摘した上で、本書が対象とする歴代韓国政府の農業政策を見ていくことが、韓国政治ないし韓国経済の研究において、またより広範に開発学あるいは農政研究においてどのような意義を持つのかについて論じる。加えて本章では、本書の研究手法についても述べることとする。

　韓国の農業および農政を取り上げた先行研究は、以下のようにいくつかの類型に分けることができる。第一の類型は、地域研究としての韓国研究に属するものであり、政治学や経済学、歴史学、文化人類学など多岐に渡る学問領域から地域としての朝鮮半島、あるいは国家としての韓国を捉え、同国の農業や農村の変遷、および農業部門に対する政府の取組みを見ていくというものである。

　地域研究の立場から韓国の農業ないし農政を見る先行研究は、さらにいくつかの下位類型に分けることができる。もとより、地域研究は学際的な性質を持つ領域であり、学問分野を基準にして単純に分類できるものではないが、本章では便宜的に、地域研究としての韓国農村研究を、政治学や経済学といった社会科学諸分野に軸足を置き、歴代政府の農業・農村政策について論じたものと、農業経済学や文化人類学など、より農業の現場に密着し、農業の生産構造や農民の生活に着目したものとに分けることとする。その上で本章第1節では、歴代韓

国政府の産業政策をめぐる研究がどのように展開してきて、そこにどのような課題があるのかを指摘する。これに続き本章第2節では、1948年の大韓民国成立以降現在に至るまでの同国農業の生産構造や農村生活の変化についてどのような研究がなされてきたのかをレビューし、そこから導出される課題を指摘する。

　韓国の農業ないし農政を取り上げた第二の研究類型は、開発経済学など、広く発展途上国全体を研究対象とし、その一事例として、あるいは他国・他地域との比較対象として韓国を取り上げたものである。本章第3節では、国際比較の中で韓国の農業発展を取り上げた先行研究と、その課題を論じる。

　以上の先行研究レビューを踏まえ、本章第4節では、歴代韓国政府の農業政策を論じる本研究が、地域研究としての韓国研究において、また発展途上国ないし発展途上段階における農業・農村問題を論じる中において、どのような貢献をなしうるのかを見ていく。その後第5節では、次章以降で韓国の事例をどのように論じていくのか、その研究手法を述べる。

第1節　韓国政府の農業・農村政策をめぐる先行研究とその課題

　1987年に民主化[1]されるまで権威主義体制の下にあった韓国では、1980年代半ばまで、公の場で政府の経済政策を論じることは、政治的制約を伴わざるを得なかった。無論、1980年代半ばまでの韓国における経済政策をめぐる議論に全く成果がなかったわけではない。例えば

---

[1] 韓国がいつ権威主義体制から民主主義体制に移行したのかについては、必ずしもコンセンサスが形成されている訳ではない。例えば孔ほか（2008、p. 56）は、1988年に発足した盧泰愚政権が疑似的な民主主義体制であったとし、同国の本格的民主化は1990年代以降であったとの認識を示している。しかし本研究では、当時与党代表であった盧泰愚が、在野勢力の求めに応じる形で大統領直接選挙制への移行を含む憲法改正に応じると発表した1987年6月を以って、韓国が一応の民主化に踏み切ったものとする。

プ・グァンシク（1974）や全経連（1986）のように、1960年代以降政府が実施してきた個別の経済政策を論じ、その課題を指摘したレポートや要覧は数多く刊行されてきた。ただ、権威主義体制下の政治的制約と、野党勢力による民主化闘争の中にあった1980年代半ば以前の韓国では、経済成長における政府の役割を評価することは、政治的に敏感な問題であった。

他方、1960年代以降韓国が急速な経済成長を遂げる中で、政府が積極的な役割を果たしたということ自体は、韓国国外における研究では1970年代当時から指摘されていた。例えば日本では、米ソ冷戦の真っ只中にあり、世論が親米・親ソのイデオロギーに強く影響され、その政策に対する評価こそ大きく異なっていたという点はあるものの、韓国政府が同国の経済発展で大きな役割を果たしたという点は左右両翼の共通認識となっていた。例えば隅谷（1974）は、左派的な立場から、韓国の労働者が長時間に渡る勤務を強いられ、賃金水準も向上していないと批判的に論じているが、韓国経済が急成長を遂げていること、および政府がその成長を積極的に牽引していることは認めていた。これに対して豊田（1978）は、当時の朴正煕政権を必ずしも支持しているわけではないとことわりを入れつつも、1960年代以来の韓国の経済成長が朴政権による政策の結果であることは認めるべきであると論じていた。また、SaKong（1980）は、韓国政府が財閥を中心とする大企業の育成に大きな役割を果たし、それが同国の工業化へと結びついていったとして、政府の役割の大きさを指摘していた。

ただ、韓国政府による経済政策について、特に政治学の分野における学術的研究が深まるようになったのは、1980年代半ば以降のことである。パク・クァンジュ（1986）は、1960年代以来韓国政府が輸出主導の工業化政策を進めてきたことは、輸出の促進によって外貨を獲得し、国富を増大させることで政治体制を維持させることを目的とするものであったと論じ、これを17世紀から18世紀にかけての西欧諸国

で見られた重商主義と重ね合わせ、新重商主義国家であると論じた。このの議論は、韓国の経済発展において国家が積極的な役割を果たしたという点を、政府の広報・宣伝などではなく、学術的な観点から論じたものであったという点で大きな意義を持つものであった。しかしパク・クァンジュの議論は、政府の産業政策のうち、輸出に直接関わるものに範囲が限定されていた。換言すれば、輸出に直接貢献せず、外貨の獲得と、それによる国富の増大に直接つながらない領域において政府が行った施策を論じていなかった。従って、パク・クァンジュの議論は、政府による産業政策の一部分しか論じていないという限界があり、国内のインフラ整備などを含めた産業政策全般を議論することが課題として残った。

　パク・クァンジュの研究が発表された翌年、経済学の立場から過去20年来の産業政策を論じたパク・ヒョンチェら（1987）は、1960年代以降の経済政策が工業部門へ各種資源を傾斜配分するものであり、その皺寄せが資源の過小配分という形で農漁業などへ向けられたと指摘した。次節で述べるように、1980年代半ばまでの韓国国内で、農村社会や農民生活の変化を追う研究がなされてこなかった訳ではないが、それら先行研究が農村研究に徹していたのに対し、パク・ヒョンチェらは、農業部門と工業部門を1つの枠組みの中で取り上げたことに意義があった。このパク・ヒョンチェらの研究以降、韓国の社会諸科学では自国の産業政策をめぐる議論の中に農業など第一次産業が含まれることが一般的となっていく。しかし、パク・ヒョンチェらの議論においては、過去20年来の産業政策が専ら工業部門を伸長させるものであり、農業部門はその恩恵をほとんど受けなかったと位置付けられていた。こうした議論は1990年代以降も続き、ソン・ホグンら（1990）は、1960年代以降の産業政策が同一産業内での不平等、および産業間の不平等という、二重の経済的不平等を基盤とするものであり、農民がその不平等構造の下層に位置付けられていたと論じている。しかし

前章でも触れたように、1970年代から1990年代初頭までの韓国では、農家世帯所得と都市勤労者世帯所得が共に大きく上昇しており、かつ両者の間の格差もほとんどない。無論、若者の離農による農村の高齢化や、農民を対象とした社会保障制度の遅れ[2]など、所得統計には表れない生活条件の差異などを考慮すれば、1990年代初頭の時点で都市勤労者と農民の間に不平等が存在していたことは否定できない。しかし、農業部門が産業政策による恩恵を受けず、数十年に渡る産業政策が農民所得を抑制する性質のものであったとする議論は、都農間の所得格差が抑制され、農業部門の所得が向上し続けてきた事実と明らかに矛盾するものであった。

　このように、1980年代後半から1990年代にかけての研究が客観的な統計データに反する議論を展開していた背景としては、民主化以降、旧権威主義政権の流れに属する保守派と、民主化運動の流れに属する進歩派が極限的なイデオロギー対立に陥り、それがアカデミズムにも波及したことが考えられる。すなわち韓国では、1987年の民主化までに形成された与党の抑圧的姿勢と野党の闘争的性格が政治文化として定着し、これが民主化後も持続したために、民主化前の政権を肯定的に見る保守派と、これを否定的に捉える進歩派との間で激しいイデオロギー対立が起こったのである（孔ほか、2005、p. 183）。1960年代以来の産業政策をめぐる議論は、そうした対立が最も激しい分野の一つであり、権威主義時代の政府の施策を批判する進歩派の研究者は、朴正煕・全斗煥の両政権の下で労働者や農民が産業政策上顧みられず、従って労働者や農民が過去数十年来、成長の恩恵に与れてこなかったと過去の政策を批判する。主に工業化に焦点を当てた議論ではあるが、

---

[2] 例えば韓国の公的年金制度は、1961年に学校教員と軍人、公務員を対象とする形で創設され、1976年に従業員500人以上の事業所に勤務する労働者に加入範囲が拡大、1989年までに全ての都市労働者が加入対象となったが、農民が加入対象となったのはこれらに比べて大きく遅れ、1998年であった。

イム・ヒョクペク（1994、pp 304-322）は、韓国の民主化をポリティカルエコノミーの観点から論じようとする研究の中で、1960年代から1970年代にかけての工業化が、もっぱら政府および財閥という特権階級の利害のみに基づいて行われ、工場労働者や農民などの非特権階級は政治経済的動員の対象でしかなかったと批判している。1990年代後半以降、韓国国内では時間の経過とともに権威主義政権時代の政治的抑圧の記憶も薄れ、同時代の政策を再評価する議論が出てきたが（ヤン・ギリョン、2008、pp. 88-92）、近年でもなお、進歩派に属する研究者は過去の工業化政策を批判的に論じる傾向が強い。例えばイ・ビョンチョン（2014）は、韓国の産業政策が財閥などごく一部の特権階級の利益のみを擁護するものであり、労働者や農民はその受益者たりえていないと論じている。しかし先述のように、これらの議論は権威主義政権時代の政治的抑圧、あるいは工業化政策の過程で形成された現代グループや三星グループなどの財閥を批判することが先に立つあまり、過去数十年で都市労働者世帯と農家世帯の所得が大きく伸びてきたという事実から目を逸らしている。

　なお、進歩的な立場からは、2000年代以降、福祉国家論の視点に立ち、歴代政府の社会保障政策を批判的に検討する研究がなされてきている。これは、過去の政府の政策が成長を優先し、富の分配を後回しにしたことを批判し、先進国の仲間入りをした今こそ、政府が富の分配を積極的に行い、不平等の是正を図るべきであるという議論である。チョン・ムグォン（2007）は、過去の過去の開発政策が労働者に対する社会保障サービスを犠牲にしたものであったことを指摘し、経済発展を遂げた後の段階にあっては、福祉国家の形成を図るべきであるとしている。またシン・グァンヨン（2004）も、過去の韓国政府の産業政策が財閥など一部の特権階級へ富を集中させるものであったと批判した上で、これを是正するために国家が福祉体制を構築するのみならず、富が公正に分配されていくべく社会投資を行うべきであるとして

いる。しかしこれらの議論は、一部のホワイトカラーを除いた都市労働者が社会保障のセーフティネットの保護を受けてこなかったと論難する一方で、農民の公的年金制度や医療保険制度の加入が都市労働者よりも後回しにされた点には言及していない[3]。このように進歩派の研究には、そのイデオロギー性ゆえ、先に結論ありきで、基本的な事実関係から目を逸らしたものが少なくない。

　他方、保守的な観点に立つ研究は、権威主義時代の再評価が本格化した1990年代後半以降、韓国が工業化で高いパフォーマンスを見せた一方、農家所得の向上にも成功してきたことを積極的に論じるようになってきている。パク・チナン（2005）は、1960年代から1970年代にかけて韓国政府が行った産業政策のうち、当時の朴正煕大統領がもっとも力を入れた政策が本書でも論じる農村近代化政策・セマウル運動であったとし、同運動を通じて政府が農村への強力なテコ入れを図った結果、韓国は農村の生活水準向上に成功したと主張する。またイ・ジス（2010）も、朴正煕政権が都市工業部門のみならず、農業部門の向上にも熱心に取り組んでいたと論じている。これらの研究は、統計資料や農村住民へのインタビュー記録を積極的に駆使し、その上で朴政権が農家所得の向上策を進めたこと、それが一定の成果を収めたことを明らかにしているという点では評価できる。しかし同時にこれらの研究は、進歩派とは逆に、権威主義政権期を再評価しようという意識が先行してしまうあまり、朴政権下の1960年代に都農格差が一時的ではあれ拡大したという事実から目を逸らしている。また、これら保守系の研究者は、同じ権威主義政権期にあり、かつ都農格差が抑制されていた1980年代の全斗煥政権の施策や治績については全く

---

[3] ただし、一種のイデオロギーとしての福祉国家論とは別の立場から、農村住民を対象に含む形で韓国の社会保障制度を論じた研究もあり、キム・ヨンジュ（2008）、キム・テワン（2012）、チョン・ジナほか（2013）などが挙げられる。また、農村住民を含んだ韓国の社会保障制度全般を論じた邦語の文献としては高安（2014）がある。

と言っていいほど言及していない。前章で見たように、都市勤労者世帯と農家世帯の所得が格差を生じさせることなく、共に急速な伸びを見せたのは1970年代に限った話ではなく、1980年代も同様である。しかし、保守派の研究はこの点を説明できていない。つまるところ、保守派の研究も、往々にして先に結論ありきで、事実を都合よく切り取る傾向が強いのである。

　韓国国内の研究がイデオロギー対立の影響を受け、先に結論ありきの議論となりがちであった中、1960年代以降の産業政策を学術的な実証性・論証性に分析する研究は、アメリカや日本など国外でのものが先行することとなった。国外における初期の研究としては、先に言及したSaKong（1980）のほか、Westphal（1978）やKoo（1984）などが挙げられる。このうちWestphal（1978）は、韓国が輸出主導型の工業化戦略をとり、日米などの国外市場へのアクセスを維持したことが、同国の工業化パフォーマンスを高めることに貢献したとしている。またKoo（1984）は、韓国が同時期に工業化を実現した中南米諸国などに比べ、所得格差を比較的抑制したまま成長できた要因として、政府による資源配分に加え、国外市場の豊富な需要が一定の役割を果たしたことを指摘している。これらの研究は、韓国の目覚ましい経済発展において、国外市場が果たした役割を強調するものであった。

　これに対しAmsden（1989）は、韓国は後発国としてのポジションを有効活用し、新たな技術や生産方式の開発に多額の費用をかけることなく、先進国から既存の技術を持ち込むことによって短期間での工業化に成功したとしている。またWoo（1991）は、1960年代以降の韓国で見られた工業化が、奇跡などともてはやされるようなものではなく、政府がそれに必要な投資を行った結果であると論じている。1995年にソウル市長に就任し、以後政界へと身を転じていくこととなる趙淳も、Cho（1994）において、1960年代以降韓国の工業化に政府の果たした役割が絶大であることを指摘している。日本における研究

としては谷浦（1989）が、1960年代以降の韓国の工業化について、輸出産業に有利な金融政策の推進など、政府による積極的な介入の結果であると論じている。これら諸外国における研究は、韓国国内のイデオロギー対立からやや距離を置いた場所で、同国の経済成長に政府が大きな役割を果たした点を論証した点で意義のあるものだった。しかし他方で、これらの研究は、韓国経済が工業化の成功によって国際的な注目を集めるようになったという経緯もあり、工業部門に議論の対象を限定していた。

その後 2000年代に入ると、進歩・保守のイデオロギー対立の影響を受けながらも、より事実関係に即し、実証的な立場から歴代政府の農業部門への関与を見ていこうとする研究が出てきた。こうした中で SaKong and Koh（2012、pp. 102-104）は、1960年代以降、韓国政府が工業部門に集中的な投資を行い、その育成を図ったとしつつ、1970年代には農村近代化政策であるセマウル運動を進めたと論じている。そして、政府は工業化を推進する一方で、農村近代化にも一定の政策を行い、農業部門の所得向上を実現したとしている。SaKong and Koh の議論は、土地条件や気候風土ゆえ必ずしも農業に適さない韓国において、政府が農業所得を向上させる上で重要な役割を果たしたことを指摘しており、統計資料などを駆使しつつ、事実関係に即する形で韓国政府の農業部門への取り組みを論じたという意味では注目に値する。しかし彼らの議論は、1970年代韓国の農村近代化政策を、工業化政策に資源の投下を集中させる中で行われた、いわば優先順位の低い施策と見なしており、その具体的な政策内容や成果について深く論じていない。また SaKong and Koh は、1980年にセマウル運動が事実上打ち切られたにもかかわらず、その後も都農の所得格差が抑制され続けた要因には全く言及していない。

またキム・ジョッキョ（2012、pp. 42-47）は、歴代韓国政府の経済政策を通史的に見る中で、1970年代の産業政策が重化学工業化の推進

と農村近代化の並行発展を企図したものであり、そのために政府がセマウル運動を進めたことを論じている。そしてキム・ジョッキョは、セマウル運動は農村インフラの整備や農家所得の向上を実現させ、1970年代の並行発展は成功したと論じている。またキム・ジョッキョは、セマウル運動に先立つ1960年代、都農の所得格差が拡大した理由として、政府の農政がもっぱら食糧増産を目的としたものであり、農村住民の近代化ないし生活水準向上へのインセンティブを伴うものでなかったためであるともしている。キム・ジョッキョの研究は、朴正熙政権に対する賞賛の言説を伴うことなく、韓国の農業部門の所得が工業部門のそれと同じく政府の強力な指導によって向上したと論じている点で注目に値する。しかし、キム・ジョッキョの農政をめぐる議論もまた、対象が1970年代にほぼ限られており、1980年に政府が農政の方針転換を図った後も両部門間の並行発展が続いた点には触れていない。

　上記のSaKong and Koh（2012）、およびキム・ジョッキョ（2012）についてさらに指摘しておくべきは、1948年に大韓民国が成立して以降の産業政策および経済政策を論じている両者が、ともに農政についてごく限られたページ数しか割いていないということである。SaKong and Kohの文献は270ページ、キム・ジョッキョの文献は350ページから成っているが、前者が農政に直接言及したのは3ページ、後者も6ページのみである。このごく限られたページの中で、両者は1970年代のセマウル運動にのみ焦点を当て、その前後の農政にほとんど筆を割いていない。こうした傾向は政治学においても同様で、キム・イリョン（2004）は、そのタイトルを『建国と富国』とし、1948年の大韓民国成立から1970年代の経済成長までを論じているにもかかわらず、農業に関する言及は450ページあまりのうち2ページ、それも、1950年の農地改革と、朝鮮戦争中の農産物配給に関する記述のみであり、工業化政策に割かれた70ページ以上の分量とは大きな隔

たりがある。また、チョン・ソンファら（2006）は、1960年代から1970年代にかけての朴正煕政権期を中心とする韓国現代史を取り上げる中で、農村政策も取り上げてはいるものの、やはり言及されているのはセマウル運動のみであり、政府が同運動を通じて近代化へ突き進むよう大衆を鼓舞したという点にしか触れていない。

　つまり、2000年代以降の韓国では、進歩的な立場から歴代政府の農業・農村政策を批判するのではなく、また保守的な立場からこれを賞賛するのでもない、実証性や論証性を重んじた研究が徐々になされてきているものの、その蓄積はまだまだ乏しいと言わざるを得ない。日本やアメリカといった諸外国で展開されたものと同様、韓国における産業政策をめぐる議論も、もっぱら工業分野を対象としたものになっており、歴代の同国政府が農業の生産性向上や農民の所得向上に際してどのような政策をとってきたのかは未だ十分に議論されていないといえる。

　また、セマウル運動を取り上げた先行研究は多いものの、それらは同運動を、1960年代後半に拡大した都農の所得格差を短期間のうちに解消するために政府が行った政策であると位置づけている。この議論に基づくと、セマウル運動は1960年代後半の増産重視政策を進める中で政府が応急処置的にとった政策であるということになる。しかし周知のように、工業化政策を含む韓国の産業政策は、1962年に始まり、1996年までの7次に渡る5カ年計画の下、政府、中でも経済企画院による緻密なプランニングに基づいて遂行されたものであった。例えば、1970年代に行われた重化学工業の振興は、一見すると当時の韓国の国力に比して無謀な試みであったようにも思えるが、1960年代に進められた輸出主導型工業化の延長線上として、また1970年代初頭の国内外情勢への対応として、極めて合理的な判断に基づくものであったことが指摘されている（Horikane, 2005）。そうした点を踏まえれば、農村所得の向上に大きく貢献したとされ、数多くの文献で言及さ

れてきたセマウル運動もまた、1960年代以前の農政や他の産業政策との関連性を持たない急ごしらえの措置だったのではなく、それまでの農政とその成果を踏まえた上で、合理的な判断に基づいて推進された施策であったと考える余地は十分にある。故に、セマウル運動と1960年代以前の農政との関連性は、現在の韓国農政研究において未だ明らかにされていない課題であるといえる。

　このように、長いタイムスパンの中で韓国農政を見る姿勢が乏しかったことは、現在の農業諸政策に対する研究へも影響を及ぼしている。すなわち、近年の韓国農政をめぐっては、例えば金ゼンマ（2011）が、農産物を含む貿易自由化という切り口から政策分析を行っている。また、具体的な政策のパフォーマンスについてパク・チュンギ（2014）は、1990年代半ばのウルグアイ・ラウンド合意への国内農業対策が、どの程度農業生産や農家経済に影響を及ぼしたのかについて、農業経済学の観点から分析を行っている。無論、現在の特定の施策について精緻な分析を行うことには大きな学術的意義があるが、他方、そうした現在の政策は、過去に行われた政策から、多かれ少なかれ影響を受け、時にその制約を課せられながら立案・遂行される。この点を踏まえるならば、発展途上国だった時代の韓国農政と、先進国に移行した後の同国農政を連続線上で捉えることは、政府の一貫性や変化を見出す上で重要な作業になってくる。しかし、そうしたアプローチは、短期間で先進国に移行した事例自体が世界的に少なかったこともあり、韓国内外で、まだまだ乏しいのが実情である。

第2節　韓国の農業生産・農村生活をめぐる先行研究とその課題

　韓国では、1970年代後半以降、農業の生産構造や農村社会が本格的な学術研究の対象となった。政府系の農業経済研究機関としては、

1967年に農村振興庁[4]の内部組織として農業経営研究所が設けられていたが、この研究所は1978年に現在まで続く財団法人韓国農村経済研究院に改組され、広く農村の経済活動全般を調査対象とする組織となった[5]。1970年代末から1980年代にかけての時期は、後に詳述するように政府の農村振興策であるセマウル運動が農業所得の向上に大きな成果を上げ、それが注目された時期であった。そして、こうした成果に触発される形で、韓国農村の経済社会構造の変化と、その要因をめぐる研究が本格化した。

　文化人類学的な観点から韓国農村の変化に着目した黎明期の研究と言えるのが、崔在錫（1979）である。崔は、経営規模が1haに満たないケースが多くを占めるなど零細性の極めて強い韓国の農村住民が、プマシと呼ばれる田植えや収穫の共同作業によって営農効率を上げてきた点などを詳細に記述しながら、同国農民が社会的互助関係を運用してきたこと、そしてそれが1950年代初頭の農地改革以降、近代化が進む中でも柔軟に、形を変えながら存続してきたことを論じた。

　また、崔と同じ時期の農業・農村研究としてイ・マンガプ（1981）は、セマウル運動が韓国農村社会に与えた影響について考察し、セマウル運動による農村近代化が、農村住民の生活を物質的に変えただけでなく、長幼の序や先祖に対する大々的な祭祀に代表される儒教型社会秩序の溶解など、精神的な面でも大きな影響を持つものであった点を描写している。これらの研究は、1987年の民主化よりも前に発表されたものであり、政府への批判を避けているなどの制約はあるものの、農村住民の生活が1970年代以降物質的のみならず、精神面でも変化したことを明らかにするものであった。

　崔ならびにイ・マンガプは、農地改革およびセマウル運動という政

---

[4] 農林部（日本の農林水産省に相当）の下部組織として、農村部における農業技術教育や農業補助金の交付などといった実務を担当する機関。
[5] 農村経済研究院の沿革については同院ウェブサイト http://www.krei.re.kr/web/www/106 を参照（2015年7月26日閲覧）。

府の農村に対する施策が農民生活に作用してきたことを指摘しているが、1980年代半ば以降、2人の日本人研究者によってなされた人類学的観察は、こうした農民生活の変化と、それへの政府の関わりが1980年代以降においても見られる点を指摘している。1970年代から80年代にかけて韓国国内の農村数カ所に住み込み、文化人類学的な観点から農村生活の変遷を追った嶋（1985）は、韓国経済が発展する中で農村の生活も近代化されていき、上下関係に厳しい儒教的秩序が農民の中から徐々に薄れていった過程を描写している。この中で嶋は、1970年代から80年代にかけて、政府による農業・農村政策が農村住民の生活を近代化させ、農村住民と大都市部との精神的な距離が縮めた点を描写している。

1970年代以降、南西部の離島・珍島の農村で30年以上に渡って農村の生活や社会構造の変化を見てきた伊藤（2013）にも、政府によるインフラ建設などの農村開発政策が行われ、それによって農村生活が着実に近代化されていった過程が記されているが、同研究には、1980年代以降もそうした政府の農村開発が行われていった過程が描写されている。

伊藤、嶋ともに、それを肯定的に見ているか否定的に見ているか、またその点をどこまで強調する意図を持っていたかは別として、セマウル運動が政府主導によって行われた1970年代のみならず、1980年代以降も韓国農村の生活が大きく変化し、またそこに政府の施策が一定程度影響を及ぼしている様子を描写している。そこからは、セマウル運動が農村に与えた影響を見るだけでなく、それ以外の農業・農村政策が農業生産と農村生活に与えた影響も見ていく必要性が指摘できる。

また上記の崔、イ・マンガプ、嶋ならびに伊藤による研究は、いずれも人類学的見地からなされたものであり、農民生活の変化に政府がどのような関わりを持ったのか、あるいは持とうとしてきたのかを論

じるものではない。政治学の立場からは、これまでに複数の人類学的研究が明らかにした農民生活の変化に対し、政府がどう関わったのかを明らかにしていくべきだが、前節でも指摘したように、この点の研究蓄積は未だ乏しい。

　他方、農業経済学の分野でも、数としては少ないながら、1960年代の工業化開始以降、韓国農民の生活や同国農業の生産構造が変化したことが、より直接的に指摘されている。オ・ネヨン（1998）は、1970年代以降政府の近代化政策が進む中で農民の所得水準が上昇したとしつつ、所得以外の尺度、例えば産業としての農業の後継者問題や農民に対する社会保障制度の面では課題が山積していると論じている。邦語による韓国農業研究の代表格といえる倉持（1994）は、韓国全土の農業構造および農村生活をフィールドリサーチも交えて調査し、1960年代以降、離農の進行によって農村労働力が希少化する中で、農民住民1人あたりの農業所得が上昇したことを指摘している。また深川（2002）は、上記の倉持の研究を超える業績を出すことが韓国農業研究者にとって大きな課題であるとしつつ、1990年代以降の韓国政府による農産物貿易自由化やそれを踏まえた農業補助金給付の影響を分析し、補助金の受給主体たりうる農村・農民間組織の未発達ゆえ、補助金の大半が貿易自由化後を見越した農業生産構造の形成に結びついていないと結論付けている。

　これら農業経済学の諸研究も、先述した人類学的諸研究と同様、1970年代以降、1980年代、および1990年代においても、韓国農業部門の所得向上に政府の関与があったことを指摘している。ただ、農政の客体である農村ないし農業部門を主たる観察対象とする農業経済学は、農政の主体である政府を分析対象とはしておらず、従って具体的な対農村・農業部門の施策には反映されない、政府の農政をめぐるビジョンや基本方針などを見るものではない。政府が農政についてどのようなビジョンを持ち、どのような優先順位をもって臨んでいるの

かを見るのは政治学研究において解明されるべき課題である。

第3節　比較研究における韓国農業・農政への認識とその課題

1970年代以降急速な工業化を遂げた韓国は、同時期に同じく急成長を実現した香港、台湾、およびシンガポールとともにアジアNIEs（Newly Industrialized Economies：新興工業経済地域）と呼ばれ、特に1990年代以降、社会諸科学における国際的な関心対象となった。アジアNIEsをめぐる研究の火付け役になったものとして、Vogel（1993）、および世界銀行によるレポート'The East Asian Miracle: Economic Growth and Public Policy'（World Bank、1993）が挙げられる。Vogelは、アジアNIEsが世界でも稀にみる速さで工業化を実現した経緯を論じ、また世界銀行のレポートはアジアNIEsやタイ、マレーシアなどの東南アジア諸国が高い経済成長を実現したことを論じるものであった。しかし、Vogelの研究はアジアNIEsの工業化のパフォーマンスを取り上げたものであり、韓国が工業化の一方で農業部門の近代化にも成功していたことへは関心が及んでいなかった。また世界銀行のレポートは、これら国々の良好なパフォーマンスの背景に政府の政策があり、またその政策の対象の中に農業開発が含まれていることに論及しつつも、そうした政策だけでは良好なパフォーマンスを説明しきれるものではないとして、東アジア諸国の成長における市場の役割を強調している（World Bank、1993、p. 5）。

ただ、韓国ないしアジアNIEsが高い工業化パフォーマンスを出したことに注目が集まっていた1990年代初頭の時点で、アジアNIEsが他の途上国に比べて農業部門でも高いパフォーマンスを実現させていることに注目している研究者もいた。中でも渡辺（1985）および渡辺（1989）は、韓国と日本が工業化に成功する一方農業部門の生活水準をも向上させてきたことを論じている。しかし、渡辺の議論は、農

政の重要性を認識しつつも、工業化の成功が農業投入財の豊富な供給などを通じて農業部門の発展にも波及していくという、いわゆるトリクル・ダウン理論を強調するものであった。本論文の序章でも述べたように、1990年代以降急速な工業化が進んだ中国で都市と農村の所得格差が深刻であるなど、他の多くの途上国では都農間ないし農工間の所得格差が見られる。この点を踏まえれば、韓国における農業部門の所得向上がトリクル・ダウンによって実現したとは考えにくく、むしろ、そこに政府の深い関与があった可能性が考えられる。

　Francks（1999）は、日本と台湾、および韓国の3カ国が工業化の過程でどのような農業政策を行ってきたのかを論じ、人口の増加と工業部門の成長が同時に起こったこれらの国々では当初政府が積極的な農産物の増産を奨励し、その後食糧需要が頭打ちになった段階で生産調整など保護政策へ転換したことが、食糧の安定的な供給をもたらし、工業化に貢献したとしている。しかしFroncksの議論は、農業部門の食糧供給の側面に焦点を当てるものであり、農業部門の所得や生活水準が工業部門のそれに追いついているか否かは議論の対象外としている。

　1990年代に入ると、アジアNIEsの中でも農村部を抱える台湾と韓国が、1960年代から1970年代にかけて一定の工業化を遂げた中南米諸国と異なり、都農間もしくは農工間の所得格差を生じさせずに発展してきたことに注目する研究が出てきた。

　山下景秋（1995）は、農工間格差が工業化のパフォーマンスに与える影響について、韓国とブラジルを比較事例としながら分析を行っている。山下の議論は、韓国の工業化のパフォーマンスがブラジルに比べて良好であった要因として、近代化された農業部門が工業部門に豊富な食糧を供給するのみならず、農業従事者の所得向上によって国内市場の拡大にも貢献するなど、農工間の良好な循環関係が形成された点を指摘し、その背景に1968年以降の高米価政策など、政府の農業

政策が作用していたと論じている。山下の研究は、韓国政府が工業化の一方で農業部門の所得向上に取り組んでいたことに触れているのみならず、それが工業化のパフォーマンスを促したと論じている点で意義がある。しかしながら山下の研究は、高米価政策が工業化の進んだ時期に韓国政府が行った農業政策の一部に過ぎないにもかかわらず、それ以外の政府の農業部門への関与に十分に触れていないという点で限界がある。

　中南米の側から、アジア NIEs と中南米の農工間格差を長期間に渡って比較してきた研究としては Kay（2001）や Kay（2006）が挙げられる。Kay（2001）は、メキシコやブラジルといった中南米諸国が大土地所有制を改革しないまま工業化を進めたのに対し、台湾と韓国が農地改革を行い、農村社会の不平等構造を改めた後に工業化を進めたことを指摘し、農民が自作農化し、増産へのインセンティブを得た台湾や韓国では、農業部門の所得向上が実現し、農工間の不平等が抑制されたと結論付けている。しかし Kay（2001）の議論は、農地改革が実施されてから10年余りが経過し、工業化も本格化していた1960年代後半の韓国で農工間の所得格差が生じたことを説明できていない。

　その後発表された Kay（2006）は、台湾と韓国が農工間の格差を抑制したまま成長しえたのは国家が農民の貧困削減に向けて大きな役割を果たしたためであるとし、中南米諸国も、農民の貧困削減に向けて国家が積極的な施策をとるべきであると主張している。しかし Kay（2006）の議論は、台湾と韓国の経験を中南米諸国の現実へ適用することに主眼を置いていることもあり、韓国の農村部門の所得が、貧困からの脱却という次元を超え、都市工業部門と並行発展するにまで至ったことまでは論じていない。また Kay（2006）は農村・農業部門に対する政策が、上述の山下景秋（1995）が指摘するように工業部門のパフォーマンスと関連するものでもあるという点に論及していない。

　以上のように、工業化が始まって以降の韓国の農業・農政を国際比

較の観点から論じる研究は未だ蓄積が乏しい。また、これらの研究は比較に先立つ段階において、韓国が工業化の過程でいかなる農業政策を行い、それがどのような結果をもたらしたかを十分に把握していないという課題を抱えている。従って、1960年代以降工業化を進める過程において韓国政府が農業部門の所得向上のためにどのような施策をとり、それを産業政策全体の中でどのように位置づけていたのかを明らかにすることは、韓国の農業・農政を正確に理解することに貢献し、それを土台として同国農政を国際比較の枠組みの中で論じていくことにも貢献する。

第4節　本書の意義

　前節までの検討を踏まえ、改めて本書が持つ意義について考えてみたい。
　まず、韓国の産業政策を研究する立場からは、1960年代以降政府主導による工業化が進められる中、政府が農業部門の発展を産業政策全体の中でどのように位置付けていたのかを明らかにすることができる。これまでの韓国政治・経済研究では、1960年代以降の同国で工業化が進む一方、農家所得もまた向上したという事実は、十分に顧みられてきたとは言い難い。韓国国内の議論においては、朴正煕・全斗煥という権威主義政権時代の諸政策が激しいイデオロギー論争の対象となり、従って同時代の農政も先に結論ありきという形で論じられがちであった。無論この間、実証性や論証性に根ざした産業政策の研究も少なからず出てきてはいるが、それらの多くは目覚しい成長実績をあげた工業部門の政策にもっぱら焦点を当てており、農政についての蓄積は少ない。また、その数少ない農政をめぐる先行研究も、1970年代のセマウル運動という強い個性を持った政策にばかり焦点が当てられ、セマウル運動に先立つ政策や、1980年代以降の農政には関心が向けられて

いない。このことは、セマウル運動を 1960 年代後半の都農格差拡大を受けて急きょ立案・実施された政策であるかのように扱うこととなり、セマウル運動に前後する農政の全体像はもちろん、韓国の農業政策全体の中におけるセマウル運動の性格や位置付けをも見えにくくしてしまっている。しかし、同国の工業化が、5 カ年計画に代表されるように政府の強力な指導と緻密な計画の下に進められてきたことを踏まえるならば、農業部門についても同様に、中長期的な展望に基づく政府の積極的な役割があった可能性は否定できない。

既に農業経済学や人類学の立場からは、セマウル運動のあった 1970 年代はもとより、1980 年代においても農村住民の生活に変化があり、そこに政府の施策が介在していることが示唆されている。そうであれば尚のこと、セマウル運動に限らず、韓国の工業化期全般に渡る農政を見ることは、韓国の農政の全体像、および開発政策全体の中でのその位置付けを明かすことに貢献する。またそれは、韓国研究のみならず、より広く、工業化過程における農工間格差という問題を論じていく上でも、一定の視座を提供するものである。韓国は、日本や台湾と同じく、工業化の過程で深刻な農工間格差を回避した数少ない国の一つであるが、従来の研究は歴代韓国政府の農政のうち、農業部門の生産性や貧困削減に焦点が当てられるにとどまっており、農業部門と工業部門の所得水準が並行して向上した点までは議論が及んでいない。本書は、こうした農工間の並行発展に政府が果たしうる役割を明らかにすることにも貢献する。

さらに本書は、1990 年代以降の韓国農政を分析対象に含めることにより、今後の途上国農政の研究に政治経済学的観点から一定の視座を提供するものでもある。韓国は、1980 年代後半から 1990 年代前半にかけての短期間のうちに、民主化、先進国への移行、そして農産物を含む貿易自由化といった変化に相次いで晒された。その過程で同国農政がどう変化し、あるいは変化しなかったのかを観察することは、発

展途上国の農政と、先進国のそれを一本の連続線上で論じ、前者の後者への影響や、その副作用を明らかにすることにつながる。急速な経済発展を遂げる後発国も少なくない中、両者の関わりを見ていくことは、今後、後発国がより円滑に先進国へと移行していくことに、農政の観点から示唆を与えるものになると言える。

第5節　本書の研究手法

　次章以降では、1948年に大韓民国政府が樹立され、初代大統領に李承晩が就任して以降、2010年代に至るまでの間に歴代の韓国政府が行ってきた農業政策を、工業や商業を含んだ産業政策全体の中での位置付けを踏まえつつ、時系列的に見ていく。

　過去半世紀以上に渡る韓国農政を追うにあたっては、インターネット上で公開されている情報ならびに文書を活用した。以下に詳しく述べるように、韓国では法令や現政権の施策はもちろん、過去の政権による施策を、オンラインのアーカイブに所蔵し、公開することが積極的に行われており、政府機関のウェブサイトに拠った部分は大きい。しかしながら、インターネット上の情報のみに依拠することには限界があるため、韓国の国立中央図書館、国立世宗図書館、同国会図書館、朴正煕大統領図書館などの資料所蔵機関において研究資料を収集した。また、2000年代以降の農政を見る過程では、韓国各地の農業技術センター[6]、ソウルにある主要農民団体の本部においてインタビューを行ったほか、東京の全国農業協同組合中央会（JA全中）で行ったインタビュー調査の結果も活用した。インタビュー対象者のリストは、付録の

---

[6] 首都ソウル特別市、日本の政令指定都市にあたる広域市、および基礎自治体である市・郡に設置される機関であり、農業技術の研究開発と農業教育を主たる業務とする。また、農林部や農振振興庁といった中央政府の業務委託先としての役割を担っている

表6に記してある。

　本書では政府機関による刊行物や政府機関のウェブサイトに掲載された情報を多く用いたが、このうち1948年から1960年までの李承晩政権期に行われた農業・農村政策については、アメリカ政府の対外経済援助を統括するUSAID（United States Agency for International Development：アメリカ合衆国国際開発庁）のウェブサイト（http://www.usaid.gov/）ならびに韓国政府の対途上国支援に関する基金の運営を担う対外経済協力基金のウェブサイト（http://www.edcfkorea.go.kr/）を主たる情報源とした。米韓両国の援助機関の資料に依拠するのは、李承晩時代、特に朝鮮戦争後の韓国においては貧困と食糧不足が著しく、韓国政府自体による農業政策に代わってアメリカからの経済支援が、農民を含む韓国国民の食糧不足や貧困に対する策となったためである。ただし、李承晩政権期にも韓国政府による農村政策は存在しており、これについては韓国国家記録院のウェブサイト（http://www.archives.go.kr/）に依った。

　1960年代から1990年代までの政策については、まず、韓国政府が7次に渡って発行した経済開発5カ年計画および4次に渡って発行した国土総合開発10カ年計画を参照した。経済開発5カ年計画は、1961年に第1次計画が発表された、政府による経済開発のマスタープランであり、第一次産業から第三次産業までのあらゆる分野における、政府の向こう5年間の政策方針および目標が記されている。国土総合開発10カ年計画は、交通や電力といったインフラ整備や山林の緑化など、国土の利用方針についてのマスタープランであり、この中には農業用地に関する項目もある。最初にこれら2つのマスタープランを見ることで、産業政策全体の中での農政の位置付けを把握する。2つのマスタープランの計画開始年と計画終了年については、表2-1および表2-2に記した。両マスタープランの原文については、韓国国家記録院が運営する大統領記録館（http://www.pa.go.kr）にて保存・公開され

ているものに依った。その次に、上記2種類の計画に基づいて行われた具体的な農業政策について、上記国家記録院のウェブサイトに収録されている資料ならびに白書など政府刊行物を参照し、政府が実際にどのような政策を実行したのかを見た。各政策の根拠法となった法律については、法務部ウェブサイトの法令検索（http://www.law.go.kr/）を用いた。

表2-1：経済開発5カ年計画

計画名	開始年	終了年
第1次経済開発5カ年計画	1962	1966
第2次経済開発5カ年計画	1967	1971
第3次経済開発5カ年計画	1972	1976
第4次経済開発5カ年計画	1977	1981
第5次経済開発5カ年計画	1982	1986
第6次経済社会発展5カ年計画	1987	1991
新経済5カ年計画	1993	1997

出典：政府発行の各5カ年計画をもとに、筆者作成

表2-2：国土総合開発計画

計画名	開始年	終了年
第1次国土総合開発10カ年計画	1972	1981
第2次国土総合開発10カ年計画	1982	1991
第3次国土総合開発10カ年計画	1992	2001
第4次国土総合開発計画	2000	2020（予定）

出典：政府発行の各10カ年計画をもとに、筆者作成
注：第4次計画のみ、開始年を繰り上げて開始された。

1990年代後半以降現在に至るまでの政策については、5カ年計画が作成されていないため、国土総合開発10カ年計画を参照しつつ、次いで農林畜産食品部のウェブサイト（http://www.mafra.go.kr）および政府が発行する各種刊行物を参照することで農政の基本方針を確認した。そしてこれに続き、農村振興庁のウェブサイト（http://www.rda.go.kr/）および同庁が運営する帰農政策のウェブサイト（http://www.returnfarm.com）で個別具体的な施策を見ていった。

　農家の戸数や所得といった統計については、原則として統計庁ウェブサイトの国家統計ポータル（http://www.kosis.kr/）に収録されているデータを用いた。ただし、一部のデータについては、統計庁がメディア向けに発行した報道資料や、韓国国内の大学による調査結果に依拠し、その出典を明記した。統計のうち、所得に関するデータについては、農業政策を扱うという本書の性質に鑑み、農家所得のほか、農業所得も引用した。日本の農業経済学では、農家の所得水準を論じるにあたっては農家所得を指標として用いることが一般的であるが、韓国は1990年代まで長きに渡って農家の兼業化が進んでおらず、2010年代に入ってもなお、農家所得に占める兼業所得の比率が低い状況にある[7]。従って、本研究においては、農業部門の所得を見るにあたり、多くの場面で農業所得を用いた。

　以上のプロセスを通じ、歴代の政府が産業政策全体の中で農業・農村政策をどのように位置付け、次いで農業・農村政策の中でもどういったイシューを重視し、その上でどのような具体的政策を実施したのかを見る。そして、その具体的な政策の結果として、農村および農業

---

[7] 統計庁の調査によると、2018年における韓国農家1世帯あたりの兼業所得は539万ウォンであり、これは同じ年の農家所得4206万ウォンの2割にも満たない。国家統計ポータル
http://kosis.kr/statisticsList/statisticsList_01List.jsp?vwcd=MT_ZTITLE&parentId=F#SubCont（2019年7月1日閲覧）

部門がどのような変化を遂げたのかを見た上で、それがどのように評価されるべきなのかを考察していく。なお、当然ながら、歴代の韓国政府が行ってきた農業・農村政策は、農民の所得向上や農村の近代化を目的としたものばかりではない。そのため、政策やその結果を評価するに際しては、政府が当該政策を推進した際の目的に照らし合わせた成果と、農村住民の所得向上という観点からの成果を併せて記述することとする。

　韓国では、本格的な工業化が始まってから今日に至るまでの間に数回、農業をめぐる政策が大きく転換している。本書では、それらのうち以下3つの政策転換に注目し、その転換点ごとに章を区切る形をとる。

　1回目の転換時期は、1960年代末以降農業部門の所得向上策が積極的に実施されるようになった時期で、この転換は、従来農産物の増産による食糧不足の回避に優先順位を置いていた農政が、農業従事者の所得向上のためにも積極的な措置をとり始めたというものであった。2つ目の転換時期は1980年代に入り、政府が農産物貿易の自由化を意識始めた頃である。ここで政府は、引き続き農業従事者の所得向上を重視しつつも、農業生産の効率性をより重視するようになる。またこの時期は、国土の均衡発展という観点から、農村住民の所得向上を農業の近代化のみならず、兼業化によっても進めていくことが志向されることとなる。3つ目の転換時期は1990年代であり、韓国の所得水準向上や公害問題の発生を背景として、親環境農業が進められるようになった時期に当たる。この時期は、1996年のOECDへの加盟に見られるように、韓国が先進国段階へ移行したといえる時期であり、引き続き農業の生産性向上などが取り組まれつつも、政府が農業を保護対象とし、その存続に向けた施策を取り始める時期である。本書の各章は、基本的にこの時期区分に基づいて構成されている。

　ただし、上に記した各時代の施策は、必ずしも時系列的に並べきれ

るものではない。例えば、1980年代に農業部門の生産性向上を企図して始められた大規模化および機械化は、1990年代に入り、親環境農業政策が進められるようになってからも続いている。そのため、長期間に渡って実施された施策を論じる際には若干時系列が前後することがあるが、原則として各時代の政策は、それが実施され始めた順に記してある。

　なお、各々の時代に政府が示した農政のビジョンおよび具体的な施策を見る際、その性質や特徴をより明瞭に把握するための一助として、理論的なフレームワークを援用している箇所がある。具体的には、2000年代における都市住民の農村移住が持つ特徴を明らかにするフレームワークとして、都市・農村間の人口移動をめぐるモデルが援用されている。ただしこれは、特定の時代に見られた現象や施策を説明するために部分的に用いられるものであり、本書の議論全体を説明する理論として言及されるものではない。

第 2 部

工業化以前の韓国農政

第3章

日本統治時代から工業化前夜まで

　本章では、工業化が進行する中での韓国農政を見ていく前段階として、朝鮮王朝時代（1392-1910）から日本統治時代（1910-1945）、およびアメリカ軍政時代（1945-1948）を経て、李承晩政権時代（1948-1960）に至るまでの農政および農業を概観する。現在大韓民国の施政下にある朝鮮半島南部では、朝鮮王朝時代以前から稲作を中心とした農業が営まれており、そこで形成された農耕文化は、形を変えつつも現代の韓国農業に一定程度影響を与えていると思われる。また、韓国政府が農地改革を実行し、不在地主による大土地所有制を解体したのは工業化に先立つ 1950 年代前半のことであり、この時期に自作農化が概ね完了したことは、1960 年代以降の農業政策に大きな影響を与えるものであった。そのため、韓国農耕文化の歴史的背景と、工業化に先立つ時期の同国農業の歩みを理解しておくことは、本研究の議論を理解するうえで不可欠である。

　朝鮮半島では、14 世紀末に李成桂が半島全土を平定する形で朝鮮王朝が成立し、以降同王朝による支配が 500 年余り続いたが、1910 年、日韓併合条約を以って皇帝[1]が廃位され、日本がその全域を植民地として支配することとなった。1945 年に日本統治が終焉し、3 年間の米ソによる軍政期を経て、1948 年に韓国・北朝鮮両政府が成立する。こうした歴史的経緯を踏まえ、以下では、まず第 1 節で朝鮮王朝期の朝鮮半島農業を概観し、そこで形成された農耕文化を押さえておく。続く

---

[1] 長らく朝鮮王朝は国号を朝鮮と称し、君主を朝鮮王と称していたが、宗主国である清が日清戦争に敗れた後の 1897 年から日本に併合される 1910 年までは、国号を大韓、君主を大韓帝国皇帝と称していた。

第2節では日本統治時代の朝鮮農業を概観し、その後第3節で、大韓民国成立直後に李承晩政権が行った農村政策、すなわち農地改革とその結果を見る。第4節では、農地改革後、1960年の李承晩政権崩壊までの韓国の農業および食糧事情を概観し、この時期の韓国がアメリカからの食糧援助に大きく依存していたことを指摘する。そして第5節では、工業化の前夜に至るまでの韓国農業についての議論をまとめる。

第1節　朝鮮王朝期の朝鮮半島農業

　北半球の中緯度に位置し、四季の変化がある朝鮮半島は、単作によるコメの生産に農地の大半が割かれてきた点で、日本と類似した農業環境を有している。農地の所有形態としては、少なくとも朝鮮王朝以降、東南アジアのイギリス領で多く見られたような、農園主の下で農業労働者が賃金労働としての耕作に従事するという農園制ではなく、耕作者が地域の有力地主や王朝から土地を借り、そこで耕作を行った後、収穫物の一定比率を現物税として上納するという、いわゆる刈り分け小作を中心としてきた。この小作制の基本的なシステムは、近世以降第二次世界大戦直後までの日本における一般的な農業形態と同様であり、またこのシステムは、1910年から1945年までの日本統治期の朝鮮においても維持されることとなった。ただし、両国の間には現物税の徴税主体に大きな違いがある。近世の日本は、現物税の徴収主体である藩主が世襲制であり、かつ石高の割り当てという形で一定の資産を持つことが幕府から認められていたため、ある藩主がコメの増産を促すことで多くの収穫物を現物税として徴収し、それを資産として次世代の藩主に相続させるというインセンティブが作用するシステムになっていた。これに対し、朝鮮王朝下の地方長官は中央から3年ないし5年程度の任期で派遣されてくるという立場にあり、現物税の徴税主体が食糧の増産を推進することで税収を増やそうとするインセ

ンティブに乏しかった[2]。

　伊藤亜人は、似たような気候風土や稲作風景を有している日本と韓国の農村の間には、いくつかの文化的相違点があると強調している（伊藤、2013、pp. 41-44）。それによると、日本の幕藩体制に比べて著しく中央集権的であった朝鮮王朝の下においては、村落や郡、あるいは道といった地域が社会的共同体を形成する契機に乏しく、農民を含む住民が特定の村落に長期間居住し、地縁を形成することもあまり一般的ではなかったという。後述するように、韓国の農村における地縁的互助関係としては契と呼ばれるものが存在し、資金の運用や水利施設の管理などを目的として農民同士が契を結成することは珍しくなかったが、この契は一定の期限を持ったものであり、資金運用の満期や水利施設の老朽化などによって役割を終えれば解散するものであった（伊藤、2013、pp. 312-333）。この点について伊藤は、韓国農村では、血縁関係が永続性を前提とした人間関係として圧倒的なプレゼンスを有し、地縁の役割は副次的なものだったと指摘している（伊藤、2013、pp. 347-351）。

　加えて伊藤は、後に詳しく見るように、朝鮮儒教が先祖を崇拝することを規範とする一方、土地を守ることや職業を継承することを規範とみなしていないことに言及し、韓国では血縁を媒介とした互助関係や厳しい上下関係が存在する一方、農家や商店経営主がその土地や経営権を子孫に継承するなどといった意識は、極めて希薄になりやすい[3]と指摘している。この点を裏付けるように、農林部の傘下団体・韓国

---

[2] 担当地域の財政基盤を強化するインセンティブが乏しかった一方で、官職の地位が数年程度しか保証されない個々の官吏は、自身の私財を溜め込むことには強いインセンティブがあった。19世紀末に朝鮮を旅行したイギリス人イザベラ・バードは、地方官吏は徴収した国税の3分の1程度しか上納せず、こうした地方官吏の深刻な汚職が朝鮮王朝の財政基盤を脆弱なものにしていたと記述している（バード、1998、pp. 498-501）。
[3] 韓国農家において親子間の継承意識が希薄であるという点は、伊藤のほか李哉法（2014、p. 14-17）や李裕敬（2014、p. 18-26）も、親から子へ経営

農村経済研究院が2014年10月に行った意識調査では、調査対象となった現役農家経営主のうち、29.8%のみが「子女が農業に就労したいと希望したら、それを支持するか」との問いに「支持する」と答えている（キム・ドンウォン、2014、p. 5）。同調査は、自分の子が就農することに反対する理由について質問を設定しておらず、従って多くの農家がこの就農に否定的な理由が、収益性が低いなどといった経済的なものなのか、それとも文化的なものなのかは判別できない。しかし同調査では、「小学校や中学校、高校で農業体験を教科として義務化すべきか」との問いに現役農家経営主の73.1%が賛成しており（キム・ドンウォン、2014、p. 5）、次世代の人々が農業に理解を示し、それに関わろうとすることには肯定的であるという農民の姿勢がうかがえる。また同調査によると、「農業が立ち行かなくなれば、国家全体の経済も立ち行かなくなると思うか」との問いには、現役農家の70.2%が肯定の回答をしている（キム・ドンウォン、2014、p. 5）。つまり韓国の農家経営主は、農業という仕事に誇りを持ち、また次世代の韓国人にも農業への理解を深めるよう求める傾向が強い一方で、子女が農業の継承者になるよう期待する傾向は、それほど強くないといえる。これは、親の職業を子が継承する意識の強い日本とは大きく違う点である。

　後に詳述するように、韓国では2011年1月より、高齢化の進んだ農家を引退させ、彼らの農地をより生産意欲の高い若手農家に譲渡させるため、高齢の農家が政府系金融機関である農地銀行に農地を売却ないし貸与した場合、その売却益や運用益を年金として受け取れる農地年金制度が導入された。この制度は、高齢になった親の農地を子女が継承しないことを前提としたものである。

　ここまで見てきたように、朝鮮半島で歴史的に形成されてきた農耕文化は、稲作中心という点で日本と似た部分も多いものの、強固な血縁関係に比べてあっさりとした地縁関係、そして親から子への職業継

　権を継承する農家が2割にも満たないなどという形で言及している。

承意識の乏しさという特徴を持ったものであった。次節では、1910年に始まる日本統治時代の朝鮮農業を見ていく。

第2節　日本統治時代の朝鮮農政

　1910年の韓国併合条約発効を以って、朝鮮半島は朝鮮総督の統治下におかれる日本の植民地となった。日本は朝鮮を植民地として経営していくにあたり、現在の北朝鮮にあたる半島北部を工業地帯として整備する一方、現在の韓国にあたる半島南部を食糧基地と位置付けた。1918年に富山で起こった米騒動に象徴されるように、日露戦争以降の日本では増加するコメ需要を内地の稲作のみでカバーすることは限界に達しており、その解決策として朝鮮を穀倉地帯とすることが企図されたのである。この目的に沿い、朝鮮総督府は憲兵や文民官吏を農村へ派遣し、日本内地で用いられている営農技法を現地農民に教授するなど、地域に密着した活動を通じて、日本式の農作物や営農方法を普及させた（李熒娘、2015、pp. 104-105）[4]。この過程で、上述のように元々農民が特定の場所に長期間居住することが一般的ではなかった朝鮮半島では、農民の農村間移動、および都市への移住が加速していった。Soon and Lee（2012、p. 422）は、日本統治時代の朝鮮において婚姻や出稼ぎ、新たな土地でのより効率的な農業などを目的とした農民の移住が活発化したことを指摘している。農民が多様な理由で移住を行うようになったことは、小作地の賃借など、農業用地の取引を行うための市場が形成されることにつながっていった。

　しかし、この過程において、朝鮮の農地はその所有権や所有形態が

---

[4] 崔吉城（2015）は、1930年代の朝鮮で総督府主導の農業近代化事業が行われ、当時慶尚北道で小学校教師を務めていた朴正熙もその事業に関わっていた点に言及している。朝鮮に先んじて日本の植民地となった台湾では、警察官や学校教員などを通じて農民に日本式の農業を教授する事業が行われていたが、朝鮮においてもその手法が援用されたものと思われる。

複雑に入り組み、総督府による農地の管理や農業生産の指導が困難な状況へと陥っていった。併合直後の1910年代、朝鮮総督府は、朝鮮全土の地主の互助組織である地主会を通じて総督府の指定した米穀品種の作付けなどを断行したが、1919年の三・一独立運動の後になると、総督府の統治方針自体が武断統治から文治統治へと転換し、これに合わせて上からの農業近代化路線も見直されることとなった（李熒娘、2015、pp. 78-87, 105-108）。武断統治時代、朝鮮農地の所有・耕作をめぐる権利関係は、総督府が地主会に積極的に介入することにより、総督府によって厳格に管理・監督されていた。しかし、文治統治時代に入って総督府の農業への介入が弱まったことで、総督府が農地をめぐる権利関係を十分に把握できない地域が出てきた。こうしたことも、農地の所有・耕作をめぐる関係を複雑化させることとなった。

　これを受けて1934年、農地の所有権や売買、および小作料の上納方法を文書に記録するという近代的な土地取引法規である朝鮮農地令が施行された[5]。日本本国の政府の方針を受け、朝鮮総督令によって制定されたこの法規は、朝鮮王朝末期から日本統治期にかけて朝鮮半島全体に定着していた小作農のあり方について統一のルールを定めたもので、第3項において、農村に在住しない地主が小作人に農地を貸し付ける、いわゆる不在地主に対し、農村在住の土地管理人を置き、その人事について郡の認可を得ることを義務づけた。また第7項では、小作の期間を最低でも3年、長い栽培期間を要する作物については7年以上とすることを規定し、地主、特に不在地主が小作人に不利な取引を行うことに一定の規制をかけた。これにより、朝鮮の農村での農業経営は近代的な契約主義に基づいて行われるようになった。

---

[5] 朝鮮農地令の条項ごとの規定は、国家記録院
http://www.archives.go.kr/next/search/listSubjectDescription.do?id=004041&pageFlag=の記載内容に依った（2019年7月1日閲覧）。

第3節　大韓民国政府樹立と農地改革

　1945年8月15日の第二次世界大戦での日本の敗戦を受け、同月31日を以って朝鮮総督府はアメリカ軍政庁に権限を委譲し、解散した。総督府解散後、北緯38度線以南の朝鮮はアメリカ軍政の下に置かれ、土地制度の再構築も米軍の指導の下に行われた。朝鮮に在留していた日本人の大半が引き揚げていったため、農地保有についてはこの時期に以下のような動きがあった。まず、南部朝鮮の全農地のうち、総督府が所有していた接収地は米軍庁の所有地へと移管され、朝鮮人地主の保有地は、引き続き地主たる朝鮮人による保有権が認められた。これらに対し、日本人地主が所有していた土地は、日本人が引き揚げていったことを受け、基本的にその立地条件や利用状況に応じて朝鮮人地主の保有地へと編入されるか、軍政保有地へ編入されるかした。ただし山間部などには一部、朝鮮人地主の所有地にもならず、アメリカ軍政に接収されることもない土地が発生し、これが耕作者の所有へと帰属することもあった。これは、日本統治下で農地として耕作されていながら土地台帳への登録が行われておらず、従って所有者が不明瞭な土地があったためである。朝鮮総督府による最後の農地調査が行われた1942年時点における土地台帳未登録農地は79,323町歩[6]と、朝鮮全土の農地4,475,326町歩のうち約1.7%を占めていた[7]。逆に言えば、朝鮮の農地の約98%は、所有者こそ変わったものの、朝鮮農地令に基づく小作農制度を基本的に維持したまま、アメリカ軍政期を経て1948年8月の大韓民国政府樹立後へと継承されたのである[8]。

---

[6] 1町歩=0.99ha

[7] 統計庁・国家統計ポータル
http://kosis.kr/statisticsList/statisticsList_01List.jsp?vwcd=MT_ZTITLE&parentId=B#SubCont（2019年6月29日閲覧）。ただし、これは後に北朝鮮の施政下に入る地域も含めた数字であり、韓国の実効支配地域に限ったデータではない。

[8] ただし、解放直後の朝鮮は社会的に混乱していたため、統計の正確性には

韓国政府は、樹立直後の 1948 年 9 月に招集された第 1 代国会[9]に対し、小作農制度を解体し、全農民の自作農化を図る農地改革法案を提出した。この農地改革法案は、審議過程で条文の一部修正がなされ、また採決に際しては一部の地主出身議員から反対票を投じられたものの、翌 1949 年には本会議で可決・成立した。

　韓国政府が発足直後の段階で農地改革法の制定を図った理由については、3 つの要因を指摘することができる。第 1 の要因は 1948 年 9 月 9 日に朝鮮半島北部で朝鮮民主主義人民共和国（北朝鮮）政府が発足したことである。社会主義国家である北朝鮮が農業用地を含む全国の土地の国有化に踏み切ったことは、小作農制度を維持する韓国政府を「地主による搾取を容認する体制」として内外に印象付けてしまう恐れがあった。

　第 2 の要因は、結局実施には移されなかったものの、1948 年 3 月の時点でアメリカ軍政が農地改革の実施を宣言し、かつその方法として、地主から農地を没収するのではなく、地主への補償を伴う形をとるべきであると打ち出していたことだった（ブゾー、2007、pp. 118）。

　第 3 の要因は、大統領就任後の李承晩と地主勢力との関係が変化したことであった（ブゾー、2007、pp. 159-160）。1948 年に制定された第一共和国憲法[10]は当初、大統領を国会議員による間接選挙で選ぶこと

　　注意を要する。倉持（1985、p. 3-44）は、農地改革直前の段階で韓国農家の 16%が自作農であったとするデータを提示し、残る小作農についても、実質的な自作農化が一定程度進行していたと論じている。

[9] 韓国の国会は、日本のように各会期に通し番号を付すのではなく、総選挙による全議席の改選を区切りとして、代数を付すことで時期の区分を行っている。1948 年 5 月に制憲議会選挙として議員が選出され、憲法施行後に国会へ移行、1952 年 5 月に改選されるまでが第 1 代国会である。

[10] 韓国の憲法は、形式的には 1948 年に制定された大韓民国憲法がその名称を変えることもなく、規定に基づく改正を重ねることで現在まで効力を維持している。しかし、同憲法は現在に至るまで統治機構や人権規定を全面的に改正したことが 5 回あり、それらの改正を他の改正と区別する必要があることから、フランスに倣い、条文を全面改定した憲法に「第〇共和国

を規定していた。アメリカで長年朝鮮独立運動に携わり、その名声を主たる追い風として制憲議会の議長に選出された李承晩は、制定後の憲法に従って大統領に就任することを狙っていた。しかし、海外生活歴が長く、朝鮮半島内での知名度が必ずしも高くなかった李承晩は、定数200の制憲議会において自らの支持勢力を55議席しか確保できていなかった。そのため、大統領選挙で当選するためには、80議席を占めていた無所属議員の取り崩しに加え、29議席と一定のプレゼンスを持ち、地主を主たる支持基盤としていた保守政党・韓国民主党を取り込まざるを得なかったのである。従って李承晩は、大統領に選出されるまでは地主層の利益を決定的に損なう施策は打ち出せなかった[11]。しかし、一たび選挙に当選、大統領に就任した後は、もはや同党の利害関係に配慮する動機がなくなったのみならず、同党が有力政党として政治的プレゼンスを維持した場合、大統領の地位を脅かす危険性すら感じていた。そうした点からも李承晩率いる韓国政府は、地主制の解体に着手することとなった[12]。

このような背景の下で制定された農地改革法に基づき、翌1950年から1953年にかけて、大韓民国実効支配下における農業用地の全面的自作農化が進められた。全国の農地のうち、日本統治時代に制定された朝鮮農地令に基づき、不在地主が保有、在村管理人が管理・運営していた土地については、政府によって買い上げられ、耕作者へと分配された。農地改革の最中、朝鮮戦争によって釜山周辺の一部地域を除く朝鮮半島の大部分が朝鮮人民軍に支配された時期があったものの、

憲法」ないし「第○共和制憲法」という別名を充てる。1987年に全面的に改正された現在の憲法典は、正式には「第9次改正大韓民国憲法」であるが、一般には「第六共和国憲法」と呼称される。

[11] 李承晩が韓国民主党に接近し、政権基盤を構築していく過程については木村（2004）が詳しい。

[12] 李承晩の1期目在任中に憲法が改正され、2期目以降の大統領選挙は国民による直接選挙方式に移行したほか、李承晩は自らの主導による与党・自由党を作り、第2代国会議員選挙に臨んだ。

上述のように北朝鮮側への体制宣伝という側面も持っていた農地改革は短期的な中断を挟みつつも遂行された。この結果として、韓国全土の耕地に占める小作農地の面積比率は、表 2-1 に示される通りとなった。1945 年を境に朝鮮の統治主体が変わったため、統計の集計者が同一ではなく、また朝鮮戦争前後の混乱期について信頼性の高い統計が得られていないという制約はあるが、この表からは、日本統治時代朝鮮の全耕地面積の 8 割以上を占めていた小作農地および半自作農地[13]が、1950 年から 1953 年にかけての農地改革を経て大幅に減少したことが読み取れる。

表 3-1：朝鮮・韓国全土の耕地面積に占める自作農地・小作農地の比率

年　度	1935	1938	1945	1960
自作	19.2	19.0	13.8	73.6
半自作	25.6	25.3	34.7	19.6
小作	55.2	55.7	48.7	6.8

単位：％
出典：1935 年・1938 年＝企画財政部（2013）、1945 年＝朝鮮銀行調査部（1949）、1960 年＝韓国農村経済研究院（1988）
注 1）1945 年までは朝鮮全土の耕地を、1960 年は大韓民国の施政下にある耕地を、それぞれ対象としたデータである。
注 2）1945 年の朝鮮銀行による統計は、耕作を放棄した農家が数多く検出されたため、合計値が 100％にならない。

韓国における農地改革の成果を巡っては、日本や台湾などと比べて

---

[13] 半自作農とは、同一耕作者の下で自作農地と小作農地が混在している状況を意味する。耕作者が耕地の全てを所有できていないため、経営形態としては不安定で、農地改革に関連する議論では通常、小作農に準ずるものとして扱われる。

不完全だとする議論がある[14]。その議論によると、ほぼ同時期に農地改革を行い、改革後に残った小作地の全国耕地面積に占める比率が 5% 未満だった台湾や日本に対し、韓国では農地改革後も約 25% の耕地が小作農地のままであり、しかも 1960 年代にかけて小作地が増加したというデータもある（倉持、1985、pp. 5-13）。こうした点を指摘する研究では、韓国の農地改革は当初の目的を達成していないとされる（イ・ビョンチョン、2014、pp. 67-71）。しかしこの議論は、農地所有者と耕作者が異なる農業経営方式を全て小作農と定義してしまっており、縁戚者や自作農同士で農地の賃借が随時行われる韓国農業の実態を反映していない[15]。1990 年代以降の研究では、農地改革後の韓国における自作農地が全耕作地の 90% に満たなかったのは、小作農が残ったためではなく、土地が狭く、また複雑に入り組んでいる韓国の農村で、互いに血縁関係にある自作農同士が便宜的に土地の交換や融通を行っているためであるという可能性が指摘されている（倉持、1994、pp. 143-147）。また、引っ越しに際して前居住地の農地を他人に貸与し、引っ越し先の土地を他人から借り受けるということもデータ処理の方法によっては小作農となってしまうため、その場合、借地で営農する農家の大半が小作農に分類されてしまうのである[16]。ただし、建国直後から朝鮮戦争の時期にかけて行われた農地改革の徹底度を巡っては、今日もなお、韓国国内での進歩・保守両陣営による一種のイデオロギ

---

[14] 例としてイ・ビョンチョン（2014）。

[15] 農地改革法は、改革によって分配された農地の賃借を禁じる一方で、違反者への罰則規定を設けていなかった。それゆえ農地改革後の韓国では法文上は農地の賃借が禁じられる一方、実際にはしばしば農地が貸し借りされていた（近藤、2015、p. 33）。後述するように、韓国で農地の賃借が法文上も認められるようになるのは、1980 年代以降のことである。

[16] 政府は農地改革後、農地の賃借に関する条件を規定するべく農地法案を度々国会に提出したが、国会議員の間では地主制復活への警戒感が強く、李承晩政権から朴正煕政権にかけて起草された同法案は全て国会未提出ないし審議未了として廃案になるか、否決された。このことも、農地の賃借に関する正確な事情が把握されずにいる原因となっている。

一論争の対象となっており、判断や評価が大きく分かれるところとなっている（イ・ビョンチョン、2014、pp. 64-66）。本稿ではさしあたり、韓国の農地改革について、この改革を経て同国農地の 8 割以上が自作地に転換したことが、零細自作農の群立という同国農業の今日にまで至る性格を形作るものであった点を指摘するにとどめておく。

　農地改革を経て韓国農民の大半が自作農へと移行したことは、長期的には韓国農村部における所得格差の拡大や貧困の発生を抑制することにつながった。自ら所有する土地を耕作するということによって営農者にインセンティブが付与され、農業生産パフォーマンスが向上することとなったのはもちろん、離農を希望する農村住民が自らの土地を売り、それを都市へ移住するための資金にすることができるなど、農民が土地を資産として運用できるようにもなった。しかし一方で、1950 年代の同国は、都市・農村ともに著しい貧困を抱えていた。一人あたりの国民総生産は 1950 年代を通じて 100US ドルに届かず、朝鮮戦争の休戦を経てアメリカから供与された経済支援も、後述のように戦災からの復興という役割を果たすにとどまった（ブゾー、2007、pp. 161-162）。農村部の場合、朝鮮戦争の前後に北朝鮮からおよそ 10 万人の越境者が流入していたが、これらの人々を含め、農地改革時に大韓民国の施政下に居住していた全ての農業経営世帯に自作農地が割り当てられた。そのため、農地改革終了翌年の 1954 年時点の統計によると、全国 223 万戸の農家のうち、耕地面積が 1 町歩[17]以上の農家は 47 万戸と 2 割強に留まり、同 5 反以上 1 町歩未満の農家が 77 万戸、そして同 5 反未満という零細規模の農家は 99 万戸と、全農家の約 4 割にも達した[18]。このように、農地改革後の韓国では、多くの農家が零細

---

[17] 1 町歩=10 反=0.99ha。
[18] 統計庁・国家統計ポータル
http://kosis.kr/statisticsList/statisticsList_01List.jsp?vwcd=MT_ZTITLE&parentId=B#SubCont（2019 年 6 月 17 日閲覧）。

な規模にならざるを得なかった[19]。また、日本統治時代に建設され、その後アメリカ軍政を経て大韓民国へ継承された工業施設の大半は、朝鮮戦争によって破壊されてしまったため、工業や商業を中心とする都市部門が雇用吸収力を持ちえない状況にあった。休戦後に政府が行った最初の人口調査である 1955 年調査の結果によると、全国の専業農家世帯数は約 225 万戸、かつ専業農家世帯の構成員数は約 1294 万人であり、専業農家 1 世帯あたりの構成員数は平均 5.75 人に達していた[20]。なお、2010 年調査においては、農家世帯数 117 万戸に対して農業人口は 306 万人であり、農家 1 世帯あたりの構成員は 2.6 人にまで減っている[21]。つまり、農地改革直後の韓国農村部では、半数近い農家が 0.5ha にも満たない農地しか持っていない一方、1 世帯当たりの構成員数が 6 人近くであるという労働力過剰の状態にあった。こうした構造は、限られた農業所得を多くの世帯構成員が分け合い、結果として農民 1 人当たりの所得を低迷させるものとなった。

また、前述の北朝鮮からの越境者は、越境前の気候風土と異なる環境下での営農をせざるを得なくなり、このことも農家の農業所得を制約する要因として作用した[22]（イ・マンガプ、1980、pp. 151-165）。韓国の実効支配地域内での移動に目を向けた場合でも、朝鮮戦争では南東部・釜山市街地とその郊外を除く半島部国土のほぼ全域で地上戦が行われたことから、隣の郡や道などへ農村間移動する人々が少なくな

---

[19] 韓国以外に目を転じると、ビルマ式社会主義時代のミャンマーのように、自作農一戸平均の経営耕地面積が狭小となるのを防ぐため、一部の小作人に農地を振り分けない事例も見られる。（高橋、2000、p. 43）

[20] 統計庁・国家統計ポータル
http://kosis.kr/statisticsList/statisticsList_01List.jsp?vwcd=MT_ZTITLE&parentId=B#SubCont（2019 年 6 月 17 日閲覧）。

[21] 統計庁・国家統計ポータル
http://kosis.kr/statisticsList/statisticsList_01List.jsp?vwcd=MT_ZTITLE&parentId=B#SubCont（2019 年 6 月 17 日閲覧）。

[22] 朝鮮半島は南北に細長いため、たとえば北部の平壌周辺と南部の釜山周辺では、耕作可能期間の長短にも違いが生じる。

かった（イ・マンガプ、1980、pp. 165）。これらの人々は、気候や治水などの営農条件が大きく異なる場所への移住を余儀なくされるケースが少なくなく、さらに移動先に耕作適地が乏しいなどというケースもあったため、営農条件の違いのために移住前よりも農業収入が低下する傾向にあり、このことが農家世帯の貧困を促した（イ・ホンチャン、2003、pp. 576-577）[23]。更に、朝鮮戦争では韓国側の兵力は100万人以上が死傷したが、これは農作業における主たる労働力である成人男性を多く失うことにつながった[24]。

　一戸当たりの経営耕地面積が零細となった韓国の農家は、朝鮮戦争とそれに前後する混乱という困難も抱え込むこととなったが、こうした状況下、各農家間で結ばれる「契（계）」および「プマシ（품앗이）」という相互扶助関係は、農村住民の生活を安定化させることに貢献した（伊藤、2013、pp. 325）。農地改革前の小作制の下では、地主は小作人から地代を徴収する反面、小作人が資金を必要とする際に低利の貸し付けを行うなどの支援も行っていたが（ブゾー、2007、p. 160）、こうした地主による小作人への支援といった機能も、農地改革後は自作農民同士の互助関係に置き換えられるようになった。そのため農地改革後の農家間では、資金の融通や利殖、農作業の手伝いといった様々な相互扶助関係が発達してきた。

　伊藤は、1970年代から40年余りに渡って行ってきた南西部・全羅南道珍島郡でのフィールドワークを通じ、契およびプマシという韓国

---

[23] 朝鮮戦争では、大韓民国の施政下にある地域の居住者だけでも500万人を超える離散家族が発生した。親類との関係が途絶したことは、農民が婚姻や引っ越しの面で協力する相手を失うことを意味しており、このことも農家の生活苦を促すこととなった。

[24] なお、この点は北朝鮮も同様である。1961年に帰国事業で北朝鮮へ渡航し、その後脱北した元在日朝鮮人・金幸一は、居住していた旧ソ連国境の雄基（現・羅先）の住民構成について、朝鮮戦争で青年から壮年にかけての男性が戦死したため、女性人口比率が高く、特に未亡人の数が非常に多かったことを回想している（張、1995、pp. 154-161）。

農村における地縁的相互扶助関係について詳述している（伊藤、2013、pp. 307-413）。それによると、契は日本の頼母子講に相当するシステムであり、農村内の世帯主が利殖や農業器具購入、あるいは土地の整備など、特定の目的のために任意でグループを結成し、各メンバーが同額ずつ出し合った資金を運用ないし利用し、その目的を達成しようとするものである。契は、世帯主の任意によって結成されるものであること、各世帯主の拠出する資金が例外なく同額であること、契の代表となる契長はリーダーというよりもコーディネーターとしての役割を期待されること、および契の資金管理者は1年任期の輪番制とすることなど、加入者間の平等な関係に根差した組織原理を有している。そして契は、結成時の目的を達成した時点で解散するという、永続性を持たないものであった。

　伊藤は、契の中でも、貯蓄契とよばれる非正規金融活動が、農協や銀行などといった近代的な金融機関が登場する以前の韓国農村で、一定の役割を果たしていたとしている（伊藤、2013、pp. 325-326）。貯蓄契は、近隣に住む任意の農家世帯が契を結成し、各世帯が同額ずつ拠出して用意した資金を、グループ内の資金不足世帯や外部の企業に貸与するというものである。外部の企業に対して貸付を行う場合、貯蓄契の目的は純然たる利殖ということになるが、グループ内の世帯が与信対象となる場合、貯蓄契は相互金融としての役割を担うこととなった。資金を借り入れた世帯は予め定められた返済期限までにグループのリーダーに借入金を元本・利息ともに返済し、リーダーは返済された資金を2番目の世帯に貸し付ける。グループを構成する資金拠出世帯すべてが資金の借り入れとその返済を終えた段階で、リーダーは元本と利息をグループ内のメンバー数で等分し、各世帯へと振り分けていく。そして、すべての世帯が資金の貸与・返済を終え、その利息の付いた資金が拠出世帯へと行き渡ったところで契は満了となり、解散する。日本の頼母子講と同様、原理としては極めて単純であり、従っ

て銀行などがない場所でも容易に行える金融ではあったが、貯蓄契にはメンバー全員が同額の資金を拠出しなければならない点や、融資を受けるタイミングが自分の希望する時期と必ずしも合致しない点など、柔軟性に欠ける部分があった。

　上述のように契は、農業器具の購入や土地の整備など、営農活動を行っていく上で重要な役割を果たすものであったが、これとは別に農家の間では、農繁期に労働力を融通する仕組みとしてプマシが行われていた。プマシとは、AとBという二つの農家が農繁期の収穫作業を数日程度ずらし、ある日はBがAの収穫作業を行い、別の日に同じくAがBの収穫作業を行うといったものである。これによって農家は、繁忙期の農作業をスムーズに行うことができた。

　儒教を文化的背景とする韓国では、同姓同本[25]と呼ばれる血縁による同族間の結びつきが非常に強いものの、年齢や互いの血縁関係によってメンバー間の上下関係が厳格に規定される同姓同本は、資金の融通や利殖といった経済的利害関係を調整することが難しい。これに対し、契やプマシなどの地縁関係は平等性を重んじる原理に根差しており、上下関係の厳しい血縁関係を補う役割を担っている（伊藤、2013、pp. 347-351）。朝鮮戦争によって国土が荒廃した直後である1950年代の韓国農村で、こうした互助関係が各農家に与えた便益がどの程度のものであったのかを検証した先行研究は、無数に存在する契について統計がとられていないこともあり、極めて乏しい。しかし農地改革後の韓国農村で、平等性を重んじる地縁的互助関係が一定の役割を果たし、農家間で貧富の格差が生じることを抑制するメカニズムが作用していた点は、1980年代以降韓国農村で貧富の格差が拡大していく点を踏まえる時、留意しておくべき事柄であるといえる。

---

[25] 同姓であることに加え、本貫と呼ばれる先祖の出身地も共有することを、一般に同姓同本（동성동본）と呼称する。

第4節　アメリカによる食糧援助とそこからの自立

　1953年に朝鮮戦争の休戦が成立した後、戦火によって大きな損害を被った韓国は、アメリカから経済支援を受けて戦後復興に乗り出すようになる。既にアメリカ政府は、1945年8月の朝鮮総督府解散・軍政庁発足以来、朝鮮半島南部に対して食糧援助および工業原材料の供与という経済支援を実施していたが、休戦成立後、本格的な戦後復興を支援するべく、その規模を大きく拡大させた。1953年以降1961年までの間、アメリカ政府は2005年現在の価値にして100億ドルを上回る規模の経済支援を行い、これは同期間における韓国の輸入総額の69%にも達する巨額なものとなった（USAID、2009、pp. 1-2）。

　しかしながら、休戦成立後、1961年までの間にアメリカ政府が行った対韓経済支援は、戦災による著しい荒廃から立ち直るという点では一定の成果を上げたものの、その後の韓国経済の持続的な発展につながるものとはならなかった。1953年時点で66ドルであった1人当たり国内総生産は、1958年には80ドルにまで伸びるものの、翌1959年は81ドル、そして1960年には79ドル[26]と頭打ちになってしまう。

　この時期のアメリカの対韓援助は、大きく分けて3つの分野から構成されており、1つ目が食糧援助、2つ目が工業部門育成のための援助、そして3つ目が軍事物資および武器の供与であった。このうち工業部門育成のための援助は、俗に三白産業と呼ばれた繊維・小麦・砂糖の3部門を主としており、これら3部門を育成するべく、アメリカ政府が韓国政府に加工産業の育成資金と原材料を提供する体制をとっていた（イ・ホンチャン、2004、pp. 677-682）。しかし李承晩政権は、アメリカ政府から供与された物資を、産業発展のためというよりも政

---

[26] 統計庁・国家統計ポータル
　http://kosis.kr/statHtml/statHtml.do?orgId=301&tblId=DT_102Y002&vw_cd=MT_ZTITLE&list_id=301_A_A05_B01&seqNo=&lang_mode=ko&language=kor&obj_var_id=&itm_id=&conn_path=E1#（2019年6月17日閲覧）

権維持のための道具として利用した。すなわち、政権に忠実な政商に援助物資を供与し、これによって当該政商による政府への忠誠を確保する行為が繰り返されたのである（イ・ホンチャン、2004、pp. 691-697）。この点に関連し、アメリカ政府で対外支援を担当する USAID（United States Agency for International Development 合衆国国際開発庁）は、1950年代の対韓援助がドナーであるアメリカ政府の意図した通りに用いられず、また援助物資をアメリカ側の意図した通りに使わせるよう韓国政府に求める働きかけも不十分であったとして、極めて否定的な評価を下している（USAID、1985、p. 25）。

　三白産業育成のための援助が浪費されたことは、工業部門の発展と、それによる同部門の雇用吸収力を制約するものとなった。こうした中、食糧援助としては小麦を中心とする穀物がアメリカ側から供与され、これは1954年にアイゼンハワー政権下で農業貿易促進援助法（通称：PL 480）[27]が成立した後に本格化した。同法に基づき、当時アメリカ国内で余剰となっていた小麦が援助物資として韓国を含む西側諸国へ安価に有償供与されたのであるが、これは韓国国内の食糧不足を一定程度緩和した一方、食糧需要が援助物資によって賄われてしまったために、国内農業の生産が停滞するという副作用も招いた（李、2001、p.2）。そもそも1950年代当時、北朝鮮からの越境者や自然増加などにより人口過剰が深刻化する一方、営農の担い手である成人男性の多くが朝鮮戦争で死傷していたなど、韓国農村の貧困は著しいものがあった（イ・マンガプ、1980、pp. 150-152）。秋に収穫される作物の量が少なく、冬のうちに全て消費してしまうために春に食糧難が発生するという意味で春窮と呼ばれた当時の飢餓については、政府が詳細な

---

[27] 原語での表記は Agricultural Trade Development and Assistance Act of 1954。公法（Public Law）としての通し番号が480であるため、一般に PL 480 と呼ばれる。貧困国への食糧支援として、国内の余剰農産物を安価にて輸出する権限を政府に与える法である。U.S. Government Publishing Office http://www.gpo.gov/fdsys/（2019年6月17日閲覧）

記録や統計を残していないため、正確な状況が明らかになってはいない。ただ、後に詳述するように1961年に政府が農家世帯を対象に高利子債務の免除措置をとった際、債務免除を申請した農家世帯が全国の農家世帯総数の40％を超えたという事実は、1961年までに生計資金のやり繰りに困難を抱えるようになった農家がいかに多かったかを物語っている（全経連、1986、p. 667）。アメリカによる援助食糧が韓国国内市場に大量に流通したことは、農産物価格を押し下げる要因になってしまい、農家が農業所得を得て貧困を克服していくことを妨げてしまったのである。

　無論、李承晩政権期の韓国政府が、主に米穀の増産によって食糧不足を解消しようという政策を全く行わなかった訳ではない。1949年1月より、農地改革と並行させる形で米穀増産3カ年計画を実施し、政府による肥料の提供などを通じ、1946年から1948年までの平均で年181万トンあまりの生産実績があった米穀類を、1951年までに年280万トン以上に引き上げる目標を立てた[28]。だが、この計画は朝鮮戦争によって中止に追い込まれ、1951年の生産実績は163万トンあまりと、計画初年度を下回ってしまった。また、朝鮮戦争休戦後の1953年には農業増産5カ年計画を発表し、戦災によって荒廃した農地を、水利事業などを通じて復興させていく方針が示された。同計画は1957年に始まった第2次計画に引き継がれ、第2次計画終了時までに麦の作付面積を約92万haから約96万haへ拡張させるなど一定の成果を出した[29]。しかしこの計画は、前述したアメリカからの食糧援助が国内市場に出回る中で実施されたものであったため、増産が農産物価

---

[28] 「米穀増産3カ年計画」農林部、1949年. 国家記録院 http://theme.archives.go.kr/next/foodProduct/policy1950p2.do（2019年6月17日閲覧）

[29] 「農業増産5カ年計画樹立に関する件」総務処、1957年. 国家記録院 http://theme.archives.go.kr/next/foodProduct/archivesDetail.do?flag=1&evntId=0049272311&isPopup=Y（2019年6月17日閲覧）

格の下落を招いてしまうという問題を抱えていた。こうした構造がとられていた背景には、4年ごとに行われる大統領選挙および国会議員選挙で有権者の信を問わなければならなかった当時の政府が、国民の生活状況に配慮し、農産物価格の安定を考慮していたという事情もある。しかし、増産が農産物価格の下落につながるとあっては、農民の増産インセンティブは育たず、持続的な増産が実現しなかった[30]。

　表3-2は、朝鮮戦争が休戦した1953年から、李承晩政権が崩壊した1960年までの国内における農産物収穫量を示したものである。李承晩政権時代の韓国政府の統計は、欠落している値や時系列的な連続性に欠ける項目が少なくなく、本データも1959年の値が欠落している。そのため本データを読む際には慎重さを要するが、この統計に基づく限り、1953年から1960年までの間に韓国の農産物生産量は2269万石[31]から2641万石へと、20%弱増加している。しかしその増加ペースは、途中1956年に下落しているなど、コンスタントなものとなってはいない。また、米穀やイモ類の収穫量は、大規模な増産や生産調整を行わなくても、気候条件などによって年率10%程度は上下する[32]。そのことを踏まえれば、李承晩政権期に5年以上に渡って続けられた増産政策は、十分な結果をもたらしたとは言い難い。

---

[30] 国家記録院 http://theme.archives.go.kr/next/foodProduct/policy1950p1.do
（2015年8月6日閲覧）
[31] コメの場合、1朝鮮石は144kg
[32] 統計庁が集計した農産物収穫量データによると、大規模な増産や生産調整が行われていない2003年から2013年までの期間においても、気候条件によって収穫量は前年比10%程度変化している。
http://kosis.kr/statHtml/statHtml.do?orgId=114&tblId=DT_114_2014_S0002&vw_cd=MT_ZTITLE&list_id=F1F&scrId=&seqNo=&lang_mode=ko&obj_var_id=&itm_id=&conn_path=E1#（2019年7月2日閲覧）

表3-2：1950年代韓国の農産物収穫量

年度	1953	1954	1955	1956
生産量	22,696,831	24,801,963	24,429,761	21,752,428
対前年比	N.A.	+9.27	-1.50	-10.96
年度	1957	1958	1960	
生産量	24,181,253	26,389,608	26,413,743	
対前年比	+11.17	+9.13	+0.09	

単位：生産量＝石（朝鮮石）、対前年比＝％
出典：統計庁・国家統計ポータル
　　　http://kosis.kr/statisticsList/statisticsList_01List.jsp?vwcd=MT_ZTITLE&parentId=F#SubCont（2019年6月17日閲覧）
注1：1朝鮮石は、米を基準にすると約144kg
注2：対前年比は、小数点第二位未満を四捨五入した
注3：1960年の対前年比は、1958年の生産量との比

　上記の経緯を踏まえるならば、李承晩政権の産業復興政策は、アメリカから提供された援助物資を三白産業に投入するなど、積極性・主体性に欠けるものであった。そして農業部門においても李政権は、アメリカからの援助物資に大きく依存することで、韓国国内における農産物生産を停滞させ、農民の生活苦を長期化させる結果をもたらしてしまった。

　上述のように、李承晩政権が経済的自立のための政策を進めず、援助物資を浪費していたことは、アメリカ政府の対韓援助に対する評価を悪化させるものとなった。そしてアメリカ政府は、1956年以降、対韓経済支援を段階的に縮小していった（USAID、2009、p.2）。これを受け、韓国政府内でも農業部門を含む経済政策が本格的に検討されるようになっていくが（ブゾー、2007、p.168）、具体的な措置がとられ

る前の 1960 年 4 月、4.19 学生革命[33]と呼ばれる学生たちの反政府抗議運動激化を受けて大統領・李承晩が辞任、その後継として同年 7 月に発足した張勉内閣も翌 1961 年 5 月の軍事クーデタで退陣した。そのため、アメリカによる援助が削減された後の韓国の食糧調達や農業をめぐる問題は、クーデタ後の政権へと持ち越されることとなった。

第5節　小括

　前述のように、朝鮮半島は決して肥沃な農業地帯ではなく、またそこでの農業生産は、朝鮮農地令や農地改革によって一定の制度的近代化が行われたものの、朝鮮戦争による荒廃や人的喪失、そして食糧援助を遠因とする国内農産物の価格および需要の低下などにより、長らく停滞することとなった。そして特に朝鮮戦争の後、韓国の農村住民は、村落レベルでの互助関係を結ぶなどして生活を維持していたものの、春窮に象徴されるような貧困に陥っていた。

　政府の産業政策という観点から見れば、1948 年の大韓民国樹立後、1960 年の李承晩政権退陣に至るまでの韓国政府は、工業部門においては政治的意図に基づく援助物資の浪費が見られ、農業部門においてはアメリカからの食糧援助に大きく依存していた。すなわち、この時期の産業政策は援助物資の配分以上のものではなく、従って産業全体を振興させる中で農業部門をどのように扱うかという論点自体が存在しえないものだったのである。

　第 3 部では、こうした状況が変化していく過程を追う。

---

[33] ソウル大学ならびに高麗大学の学生らが中心となって、李承晩の大統領辞任を求めた運動。1960 年 3 月の大統領選挙で、李承晩陣営が野党候補者に投じられた投票用紙を集計前に廃棄するなど、大々的な不正を行ったことを直接的な契機とするものであった。

第 3 部

工業化時代の韓国農政

第 3 部

工業化時代の韓国農政

第 4 章

1960 年代の農業政策

―工業化政策の本格始動と食糧増産―

　1948 年の大韓民国建国当初、憲法は第 53 条にて大統領を国会議員による間接選挙制とし、かつ第 55 条にて大統領任期は 1 期 4 年、同一人物が 2 期 8 年を超えて大統領を務めてはならないことを規定していた[34]。従って、初代大統領である李承晩は、1952 年の選挙で再選されたとしても、1956 年には退任しなければならないことになっていた。しかも、先述のように海外生活が長く、国会内に強い支持基盤のなかった李承晩は、政権発足当初、その再選すら危ぶまれていた。また、国会議事堂で国会議員によって行われる大統領選挙は、票の水増しやすり替えといった不正を行いにくい性質を持っていた。そうした事情を背景として李承晩は、朝鮮戦争中の 1952 年、戦時下の臨時首都だった釜山で戒厳令を公布した上で憲法を改正し、大統領直接選挙制を導入する[35]。その上で再選を果たした李承晩は、さらに 1954 年、いわゆる四捨五入改憲[36]で憲法附則に「本憲法施行当時の大統領には、

---

[34] 韓国法令検索
http://www.law.go.kr/lsSc.do?menuId=0&p1=&subMenu=1&nwYn=1&section=&query=%ED%97%8C%EB%B2%95&x=12&y=19#AJAX （2019 年 6 月 17 日閲覧）

[35] 韓国法令検索
http://www.law.go.kr/lsInfoP.do?lsiSeq=53082&ancYd=19520707&ancNo=00002&efYd=19520707&nwJoYnInfo=N&efGubun=Y&chrClsCd=010202#0000
（2019 年 6 月 17 日閲覧）

[36] 当時在籍議員が 203 名だった国会の本会議で政府提出の改憲案を採決にはかったところ、賛成票数が 135 票となった。憲法上、改憲は国会在籍議員の 3 分の 2 の賛成がなければ発議できないことになっており、1954 年当

本憲法第 55 条に定める任期制限を適用しない」[37]と書き加え、自身に対する任期制限を撤廃してしまう。そして、1956 年に三選を果たした李承晩は、1960 年の選挙で四選される。しかし、この 4 回目となる大統領選挙では政府与党による大々的な不正が行われ、都市部を中心に激しい反政府デモが起こることとなった。結局、これを受けて李承晩は大統領を辞任し、ハワイへと亡命する。

その後、1960 年 6 月に憲法が改正され、同年 8 月には議院内閣制に基づく張勉内閣が成立する。韓国憲政史上唯一議院内閣制に基づく国政が展開されたこの体制は、李承晩政権時代の第一共和国に対し、第二共和国と呼ばれる。しかし、第二共和国は発足から 1 年にも満たない 1961 年 5 月の軍事クーデタで崩壊した。そして、以後 1979 年に至るまでの 18 年間、韓国は軍事クーデタの指導者であった陸軍少将・朴正煕の指導下に置かれる。

本章は、上記の経緯を経て発足した朴正煕政権の産業政策および農政のうち、前半期にあたる 1960 年代のものを見ていく。

第 1 節　1961 年 5 月のクーデタと徳政令

1961 年 5 月 16 日早朝、陸軍少将・朴正煕の率いる部隊がソウルで決起し、青瓦台（大統領官邸）、中央政府官庁、国会、および国営放送局・KBS（Korean Broadcasting System／韓国放送公社）の本社を制圧

　時、改憲案の発議には 203 名の 3 分の 2 である 136 名の議員の賛成が必要であった。そのため、改憲案は一度否決されたが、その後、国会議長団は「203 の 3 分の 2 は 135.3 であり、これは四捨五入すると 135 になる」との解釈を発表し、改憲案の可決・国会による発議を宣言した。この経緯から、1954 年の改憲を四捨五入改憲と呼ぶ。

[37] 韓国法令検索
　http://www.law.go.kr/lsInfoP.do?lsiSeq=53083&ancYd=19541129&ancNo=00003&efYd=19541129&nwJoYnInfo=N&efGubun=Y&chrClsCd=010202#0000
　（2019 年 7 月 1 日閲覧）

した。決起部隊は約 3000 人と、定員 69 万人の韓国軍のごく一部に過ぎなかったが、本来であれば反乱を鎮圧すべき立場にあった国務総理の張勉が国務総理室を放棄し、逃亡してしまったことなどから、クーデタは成功した。実権掌握に成功した直後、朴正煕率いるクーデタ勢力は、自らを軍事革命を起こした革命勢力と位置付け、以下の 6 項目からなる「革命公約」を、メディアを通じて発表した[38]。

革命公約
1. 反共を国是とし、現時点で形骸化している反共体制を立て直し、強化する。
2. 国連憲章を遵守し、諸外国との協約を履行することで、アメリカを始めとする自由主義友邦との紐帯を強めていく。
3. この国の社会に存在するあらゆる腐敗と旧悪を一掃し、国民の道義と民族精神に根ざした清廉な気風をもたらす。
4. 絶望と飢餓に苦しむ民生を早急に改善し、国家の自主性を再建することに総力を挙げる。
5. 民族の宿願である統一のため、共産主義勢力に対峙できる国力を培養する。
6. 以上の務めが果たされた暁には、我々軍人は本来の任務へと復帰していく準備がある。

この革命公約は、民衆のクーデタに対する支持を取り付け、権力の掌握を正当化するために発表された側面が強いものである。加えて、この公約は法令ではなく宣言に止まるものであり、具体的にどのような政策を実施するのか詳述したものではない。しかし、実権掌握後最初に発表されたこの声明の第 4 項は、民生の改善という表現で貧困問題に取り組むことを示唆し、また第 5 項は国力の培養という表現で経

---

[38] 『朝鮮日報』1961 年 5 月 17 日付. 筆者翻訳

済発展に取り組むことを示唆している。つまりこの革命公約は、クーデタ勢力が共産主義への対峙に加え、貧困対策と経済政策によっても政権掌握の正当化を図るという意思の表明であったと見ることができる。

　クーデタ勢力は、自分たちの意思決定機関として行政府と立法府[39]を兼ねた国家再建最高会議（以下、最高会議）を発足させた。最高会議は、政権掌握翌月の6月10日、農民の生活苦への対処として農漁村高利債整理法を公布し、即日施行した[40]。前章で見たように、1960年代始めの時点で韓国の農民は厳しい生活状況の下に置かれていたが、農民の中には、所得だけでは生活費を賄えない者も少なくなく、彼らの多くは高利貸からの借金によって当座の生活資金を確保しなければならなかった。農漁村高利債整理法は、こうした農民の生活苦を緩和する法として制定された（全経連、1986、p. 711）。具体的には、同法は以下のようなプログラムによって、農民の生活苦を緩和するものであった。まず、全国の農家世帯および漁師世帯のうち、年利12%以上の債務を抱えている世帯は、その元本と利子の正確な金額を最寄りの市庁・郡庁に申告する。次に、債務額の申告を受けた郡庁・市庁は、申告内容の真偽を調査し、申告内容が事実通りであると確認された場合、申告者の返済義務を全面的に免除する。そして、債権者には債権放棄への補償として、放棄させた債権の元本と同額の国債を発行するのである。つまりこの措置は、高利貸からの債務に悩む農民たちに対する徳政令であった。このプログラムにおいて高利私債を申告した農家は全国の農家世帯の40%以上にも及び（全経連、1986、p. 667）、当時の農民の生活苦を浮き彫りにするものとなった。

　全国の農家の40%以上が高利貸から借金をしていたという1960年

---

[39] 国会議事堂を制圧した後、クーデタ勢力は国会を解散した。
[40] 韓国法令検索 http://www.law.go.kr/lsInfoP.do?lsiSeq=2024#0000 （2019年6月17日閲覧）

代の状況は、当時の韓国農村部に正規金融機関が不足していたという事実とも関係している。農民を主たる加入者と想定し、正規金融を行いうる組織としては、李承晩政権末期の 1958 年に農業協同組合（以下、農協）が設立されたが、設立当時の農協は金融業務を行う体制が整っていないなど、農民の相互扶助および利益伸長を図る組織としては極めて不十分なものがあった。クーデタ後の 1961 年 8 月、最高会議は金融業務の設置を柱とする農協改革を進めることとなる。

第 2 節　農協組織と農村金融の整備

　韓国で農業協同組合が設立されたのは、1958 年である。1957 年に制定された農業協同組合法は、第 15 条で農民に対する生産指導や資材の共同購入、農産物の共同販売、文化施設等の運営、災害に遭った農民に対する支援、金融機関の運営、および政府事業の補助を農協の業務と定めており[41]、翌 1958 年、これを実施する組織として農業協同組合が設立された。しかし、この時の農協は、根拠法で金融機関の運営が業務に挙げられていたにもかかわらず、金融業務を行っていなかった。これは、1958 年に農協と同時に特殊銀行である農業銀行が設立され、これが農村部における正規金融機関と位置付けられていたためである[42]。しかし、日本と同様、韓国においても、農協が行う生産指導や共同購入・販売などの業務は互助目的であって営利目的ではないため、赤字に陥りやすい。そのため、農協組織はその構造上、金融業務を行うことによって利潤を獲得し、その利潤を原資として生産指導や

---

[41]　韓国法令検索
http://www.law.go.kr/lsInfoP.do?lsiSeq=6511&ancYd=19570214&ancNo=00436&efYd=19570301&nwJoYnInfo=N&efGubun=Y&chrClsCd=010202#0000
（2019 年 6 月 17 日閲覧）

[42]　「財政安定計画」総務処、1957 年. 国家記録院
http://www.archives.go.kr/next/search/listSubjectDescription.do?id=006090
（2019 年 6 月 17 日閲覧）

共同販売事業などを展開することになるのであるが、1958年当初の韓国農協は、その金融業務が農業銀行として切り離された形になっていたため、事業資金を十分に賄えない状況に陥っていた（藤野、2011、p. 67-68）。また農業銀行も、農村部における正規金融機関として設立・運営されていたものの、利益志向が強く、農民を与信対象として融資するようなものにはなっていなかった（藤野、2011、p. 67-68）。

　最高会議は、1961年7月、こうした農協の状況を改めるべく農業協同組合法の全面改正を行った[43]。この改正では、旧法第15条にあった金融業務の条項が死文になっていた状態を、農協と農業銀行の合併という形で解消した[44]。これにより、農協は金融業務を行い、農民への指導などに必要な資金を確保できるようになった。全国レベルの組織として農協中央会が置かれ、その下に市・郡レベルの単位農協、さらにその下に里・洞[45]レベルの単位農協が置かれるという組織形態自体は1957年制定の旧法でも規定されていたが、これに金融業務が加わったことで、韓国農協は今日まで至る総合農協としての地位を得る形となった[46]。西洋諸国の農協は、作物の種類ごとに組合が設立される、いわゆる専門農協の形態をとることが多いが、上記の経緯をたどった韓国は、日本と並び、世界的には少数派である、総合農協を基本とする体

---

[43] 韓国法令検索
http://www.law.go.kr/lsInfoP.do?lsiSeq=6513&ancYd=19610729&ancNo=00670&efYd=19610729&nwJoYnInfo=N&efGubun=Y&chrClsCd=010202#0000
（2015年8月4日）

[44] 1961年改正農業協同組合法の付則第12条に、農協が農業銀行の業務及び資産を引き継ぐ旨が記された。

[45] 里（리）・洞（동）は、基礎自治体である市・郡・区の下に置かれる行政区画である。法令や報道などでは、最小行政区画が里である地区を農村、洞である地区を都市と見なすことが多い。

[46] 韓国農協中央会は、そのウェブサイトにて、1961年の農業銀行との合併を以って現行の農業協同組合が成立したとみなしている。
http://www.nonghyup.com/Html/Nhnonghyup/Ustatus/Trace/1960.aspx （2019年6月17日閲覧）

制を構築した。ただし、同じく総合農協を基本とする日本が、その政治活動において法的制約を受けず、自民党政権の有力な支持団体になっていったのとは対照的に、韓国の総合農協は、農協法の規定で党派的活動が規制され、政治的中立を掲げた協同組合の国際原則により忠実な性格を持つものとなった。この点は 1990 年代、農協批判が展開される中で新たな農民団体が台頭し、農政に影響を及ぼす伏線となっていく。

　全国の農村に単位農協が設置され、そこで金融業務が行われるようになったことは、それまで銀行などの支店が乏しく、非正規金融や高利貸に依拠せざるを得なかった韓国農民に、正規金融機関を通じた資金運用の機会をもたらした。それまで韓国農村部における金融は、先に述べた貯蓄契など非正規のものが中心であり、この貯蓄契以外の金融としては本章 1 節で取り上げた高利貸が存在している程度であった（セマウル金庫中央会、2003、pp. 28-30）。各地に支部を持つ単位農協で金融業務が行われるようになったことは、韓国農村に正規金融機関が浸透していく契機になったといえる。

　しかし上述したように、1961 年以降の韓国農協は、金融業務と農民支援業務の双方を行う総合農協であり、その中で金融業務は農民支援業務に必要な資金を稼ぎ出す役割を担わざるを得なかった。従って農業銀行と合併した後の農協は、農民が預け入れた資金の多くを農村で運用せず、都市で運用せざるを得なくなった。これは、前節で見たように高利貸からの借入れが常態化していた当時の韓国農村では、資金の堅実な運用先に乏しく、利益を上げられる資金運用をするとなると、少なくとも貧しい農民以外を融資先とするほかなかったからである。無論、農協が金融業務で得た利益は、技術指導や共販事業の資金として用いられるので、長期的には農民の生活向上に資することになる。しかし同時に、農民が農協に預け入れた資金が農村内で運用されず、相互金融としては機能しないという点も否定できないものであった。

農協改革が進められた同じ年の 1961 年、最高会議は全国の都市・農村を対象とした啓発キャンペーンとして、再建国民運動を展開した。再建国民運動とは、国民の勤勉精神を鼓舞し、産業の生産性向上を企図するものであり、上述の農協改革や、次節で詳述する 5 カ年計画などが物質的な面で韓国経済の近代化を企図するものであったのに対し、いわばマインドの面で国民の意識を近代化に向けさせようというものであった（イ・マンガプ、1980、pp. 171-182）。もともとこの運動は朴正煕率いる最高会議が立案したものではなく、前政権で準備されていた啓発キャンペーンのスキームが最高会議に引き継がれたという性格のものであった[47]。そうしたこともあり、再建国民運動は後継の官製キャンペーンというべきセマウル運動が全国に広まった 1975 年の段階で終了したのだが、その間に同運動は、農村金融に関連するプログラムを実施している。1963 年 5 月、政府は再建国民運動の一環として、都市や農村の住民が里や洞といったコミュニティ単位で非営利の相互金融機関を設立・運営することを推奨するようになった。これは、マウル信用組合やマウル金庫[48]と呼ばれるものであり、財務部の指導・監督の下、住民が地域単位で正規の相互金融を営み、自分たちが生活する場所の経済事業を振興するよう奨励するものであった（セマウル金庫中央会、2013、pp. 32-36）。こうして設立されたマウル信用組合やマウル金庫は、1975 年に全国組織であるセマウル金庫中央会の下に集約され、セマウル金庫と名称を改めて現在に至るが[49]、農協金融と違

---

[47] 「再建国民運動中央会発足式挨拶」大韓民国政府、1964 年 8 月 5 日．国家記録院・大統領記録館
http://dams.pa.go.kr:8888/dams/ezpdf/ezPdfFileDownload.jsp?itemID=%2FDOCUMENT%2F2009%2F11%2F26%2FDOC%2FSRC%2F0104200911264149200041492013459.PDF（2019 年 6 月 17 日閲覧）
[48] マウル（마을）は、韓国語で村の意味である。またセ（새）は新しいという意味であり、従ってセマウル（새마을）は、新しい村という意味である。
[49] ただし、農業銀行との合併以前の農協組織との連続性を否定している農協中央会と違い、セマウル金庫は公式ウェブサイトにおいて、再建国民運動

って利益を追求する必要性が高くなく、また村落レベルでの相互金融として設立・運営されることが奨励されたセマウル金庫は、農村住民が預け入れた資金が当該住民の居住地域に投下され、その振興に用いられるようになったという点で、農協に代わって対農村与信を行う正規金融機関としての役割を担うこととなった。

第3節　第1次経済開発5カ年計画

　クーデタ翌年の1962年1月、政府は1966年末までの経済政策の基本方針として、第1次経済開発5カ年計画を発表した。李承晩政権末期にもこうした中期的なマスタープランは作成されており、またこの第1次5カ年計画の草案そのものは張勉内閣の下で作成が開始されたものであったが、1961年5月のクーデタを受け、最高会議によって決定・発表された。以下では、同計画における農政の位置付けと内容を見ていく。

　第1次5カ年計画を見る中でまず注目するべきは、計画の巻頭言である。1979年まで続いた朴正熙政権下では、5カ年計画は4次まで作成・発表されているが、そのいずれにも最高指導者である朴正熙と、各計画発表時の実務責任者が巻頭言を記している。第1次計画の場合、まず最高会議議長である朴正熙、次いで内閣首班の宋堯讃、そして経済企画院長である金裕沢の順で巻頭言が記されているが、このうち、朴正熙と後者2人の巻頭言では、計画全体の中で重点目標として強調されている内容が微妙に異なっているのである。

　最高会議議長である朴正熙が寄せた巻頭言には、次のような一節がある（大韓民国政府、1962、p.3、筆者翻訳）。

当時の1963年を以って、今に至るセマウル金庫が全国各地のコミュニティで発足したとしている。https://www.kfcc.co.kr/gumgo/gum0102.jsp（2019年6月17日閲覧）

本計画は、産業人口の大半を占める農業部門に重点的な開発目標を置き、農業生産力の向上と所得増進によって経済の不均衡を是正し、工業化の準備段階としての電力、石炭等動力資源の確保と肥料、セメント等基幹産業の拡充に最大の目標を置いたものである。

この一節の後半には、電力や燃料といったエネルギー資源と資材の確保が「最大の目標」であると明記されており、朴正熙がこの計画を工業化の足がかりを掴むものと位置づけていたことは疑問の余地がない。しかし同時に、この一文の前半には、農業部門もまた「重点的な開発目標」であると記されている。

これに対して内閣首班の宋堯讚は、計画の目標について以下のように述べている（大韓民国政府、1962、p. 4、筆者翻訳）。

この度の第1次経済開発5カ年計画は、我が国経済の急速な成長を妨げている様々な病理的隘路を克服し、工業化への道筋をつけ、歪められた産業構造を改変し、究極的には自立経済を達成しようとすることにその目的を置くものである。

また、経済企画院長の金裕沢は、計画中特に注力すべき内容として、以下のように言及している（大韓民国政府、1962、p. 5、筆者翻訳）。

電源の開発や基幹産業の建設、輸送施設の拡充等に注力し、民間の投資を誘導・促進していく。

つまり、巻頭言を寄せた3人はいずれも、第1次5カ年計画の重点項目として工業化の隘路となっているインフラの整備・拡充を挙げているのであるが、この3人の中で朴正熙だけは、曖昧な表現ながら開

発目標として農業部門に言及しているのである。あくまで巻頭言であり、具体的な施策に言及する部分ではないものの、工業化を目標に掲げた計画の冒頭で最高指導者が農業部門の生産力向上や所得増進にも触れている点は注目に値する。

　計画本文に入ると、まず政府は、李承晩政権並びに張勉内閣時代の韓国経済について、朝鮮戦争からの復興こそ成し遂げたものの、それ以上の成果は見られなかったと批判的に見ている（大韓民国政府、1962、pp. 11-13）。そして、アメリカからの援助に依存していた経済を自立させるために、資本主義制度の大枠を維持しつつも政府が直接・間接に民間の活動に関与していく「指導される資本主義体制」を構築・運営していくと言明した（大韓民国政府、1962、p. 16）。その上で政府は、計画最終年である1966年までに、1人あたり国民総生産を1960年時点での94,100ファン[50]から112,000ファンへと19％増加させる目標を提示し、当該目標を達成させるために以下の6点を重点項目に挙げた（大韓民国政府、1962、p. 16、筆者翻訳）。

1. 電力、石炭等エネルギー供給源の確保
2. 農業生産力の増大による農家所得の上昇と、国民経済の構造的不均衡是正
3. 基幹産業の拡充と社会間接資本の充足
4. 遊休資源の活用、特に、雇用の増加と国土の保全および開発
5. 輸出増大を主軸とする国際収支の改善
6. 技術の振興

---

[50] 韓国の通貨単位は、大韓民国政府樹立後も日本統治時代に続き「圜（원）」が用いられていたが、朝鮮戦争中のインフレを受け、1953年に100圜を1ファン（환）に切り替えるデノミネーションが行われた。そして、李承晩政権後半期から1961年5月のクーデタに至る一連の政情不安で通貨価値が暴落したことを受け、1962年に再びデノミネーションが行われ、10ファンが現行通貨である1ウォン（원）に切り替えられた。

第 1 項および第 3 項から第 6 項までの 5 項目には、インフラの整備、国内資源の積極的動員、そして輸出の振興という、その後の朴政権による工業化政策の特徴が見て取れる。だが同時に、工業化を志向し、そのための基盤作りに力を注ぐとするこの計画の第 2 重点項目に、農業生産力の増大と農家所得の上昇が挙げられている点にも注目するべきである。

　農業生産力の増大は、前章でみたように李承晩政権時代の韓国国内の食糧供給がアメリカからの援助に大きく依存していたことと関係している。アメリカから食糧援助を受けている限りでは、深刻な飢餓を回避することはできても、農産物の販売によって農家が所得を得て、貧困から脱却することはできない。そして、国民の多くが農村に居住していた当時、農家の貧困が解消されないことは、クーデタによって成立した新たな政権が有権者から支持を取り付ける上での障害にもなりかねなかった。そのため、国内農業の生産力を増大させ、自国農産物を流通させることは、農家の所得向上と結びついた、経済的にも政治的にも極めて重要性の高い課題だったのである。この点についてユ・ヨンマンは、この時期の韓国農政が、国内の農業生産を振興し、農家が所得によって食べていける環境を作ることを課題としていたのみならず、工業化と同時並行で増産を進めなければならず、それだけに一層、生産性を向上させる必要性に迫られていたと指摘している（ユ・ヨンマン、2005、pp. 217-219）。すなわち、政府が土地や労働力といった資源を総動員して工業化を進める中にあっては、労働力の工業部門への移動と農地の工業用地への転用は避けられず、従って農業部門は、労働力と土地の双方を削減される中で、工業部門の従事者を食べさせていけるよう増産を実現しなければならないという厳しいハードルを課せられていたのである。

　こうした中、本計画は農業部門に対し、計画最終年である 1966 年

までに、主食であるコメを重量ベースで1960年比29％増産させるという目標値を設定した（大韓民国政府、1962、p. 17）。無論、エネルギーや工業インフラに関連する項目ではこれ以上に野心的な目標値が設定され、石炭は同119.4％、セメントは同217.9％と2倍以上の増産が企図され、発電量も同165.4％増加させることが目標とされている。しかし、天候や気温、降水量といった自然の条件に左右されかねない農業分野でコメをおよそ3割増産させるというのは、決して達成容易な目標ではなかった[51]。

この目標を達成するために、政府は農業分野における産業政策で、以下の取り組みを行うとしている（大韓民国政府、1962、p. 23、筆者翻訳）。

1. 全農村を地域別に区分し、農業経営の類型に従った地域農政を確立し、適正規模の農家を維持創設することに注力する。
2. 農村人口増加に備え、新たな耕地および酪農用地を造成する。
3. 農産物の適正価格を保証し、営農資金及び肥料資金を確保する。
4. 農村を画期的に振興するため、畜産業の企業化を促進し、加工処理を積極的に育成する方向へと農政の転換を図る。
5. 森林資源の造成と荒廃した林野の復旧を促進する。
6. 農政の民主化と農業団地の民主的管理を期する。

野心的ともいえる農産物の増産目標を打ち上げた第1次5カ年計画であるが、こうして具体的な産業政策の内容を見てみると、新たな耕

---

[51] 比較例として、前述の李承晩政権下では8年かけて20％程度コメが増産されるに留まった。また、近年の例になるものの、中国では2004年以降、政府の積極的なイニシアティブによって4大作物であるコメ、トウモロコシ、小麦および大豆の増産が進められてきた。しかし、政府による増産奨励のノウハウが豊富に蓄積された中国においてさえ、2004年比で4大作物の生産量が30％増に達したのは9年目の2012年であった（阮、2014、p. 73）。

地の造成と肥料資金の確保によって増産を可能にしつつ、農産物価格の保証によって農家の所得向上も配慮した内容になっている。無論、まだ主食であるコメの増産を目指す段階であるにもかかわらず、酪農用地の確保や畜産業の振興に言及したりと、やや理想が先走っている感は否めない。しかし、後述する第2次から第4次のものを含め、朴正煕政権下で作成された5カ年計画ではいずれも、農業・農村の振興について、各々の計画期間である5年間の施政方針が提示されるとともに、計画期間終了後をも見据えた長期的展望に一定のページが割かれている。そしてそれらの中には、結果として当該5カ年計画期間には実現されなかったものの、10年後、あるいは15年後に実現されたものも少なくない。この第1次計画で列挙された項目に関して言えば、「全農村を地域的に区分し」、これを一種の「農業団地」として運営していくという方針は、結果的には同計画期間中には実現しなかったものの、1970年代にセマウル運動という形で実施されることとなる。

　以上の点を踏まえるならば、第1次5カ年計画で政府は、中長期的な観点から工業化の基盤作りに注力する一方、国産農産物の増産を通じて農業部門の所得向上を実現することが、著しい経済不均衡を招くことなく工業化に邁進できる環境の形成につながるという認識を持っていたということができる。

　この第1次計画と同時に、農林部の下部機関として農村振興庁が設置された。農村振興庁は、農林部が担当する農業・農村部門の各種政策のうち、主として農村を現場として行われるものを担当する機関である[52]。いわば、農村における政府の農業指導の出先業務を一元的に

52　農村振興庁
　http://www.rda.go.kr/board/board.do?mode=html&prgId=ogi_visnmisnQuery
　（2019年7月1日閲覧）。なお、同庁のこの基本的性格は現在も変わっておらず、例えば後述する農村での就労を希望する者への農業教育は、希望者が都市に在住している間は農林部の管轄であるが、希望者が農村に移住した後は農村振興庁の管轄となる。

担う機関であり、農村で生じた営農上の具体的な問題が中央官庁に迅速に報告され、また中央官庁で決定された事項を遅滞なく営農現場に伝える役目を果たすこととなった。

第4節　食糧増産の奨励

　1961年5月のクーデタで発足した最高会議は、軍政の意思決定および執行機関として農漁村高利債整理法の制定や第1次5カ年計画の作成・発表などを行っていたが、クーデタ直後に発表された革命公約に「我々軍人は本来の任務へと復帰していく準備がある」という一文があったことからも伺えるように、民政に復帰するまでの暫定的な統治機構という性格が強いものだった。そのため最高会議は1962年7月、民政復帰のための第一段階として憲法の全文改正に着手し、同年11月、大統領中心制への復帰を柱とした改憲案を発表する。後に第三共和国憲法と呼ばれるようになったこの改憲案は、大統領に行政首班としての権限を与え[53]、その選出方式を国民による直接選挙とした上で、任期を1期4年、同一人物の在任期間を最大2期8年までとするものであった。この改憲案は同年12月の国民投票において承認され、即日公布された。翌1963年10月、新憲法に基づく大統領選挙が行われたが、朴正煕はこの選挙に先立って予備役に編入された。そして、文民として同選挙に出馬、当選した朴正煕は、1963年12月に大統領に就任し、これを以って第三共和国が発足、韓国は名目上民政に移行した。軍政が民政へと移行したものの、政府の最高責任者が朴正煕である点は変わらず、軍政下で開始された第1次5カ年計画は、第三共和国にも引き継がれた。

---

[53] ただし、首相に相当する国務総理のポストは残され、省庁間の調整業務を担当することとなった。なお、大統領中心制でありながら国務総理のポストが設けられたのは第一共和国も同様であった。

第 1 次 5 カ年計画の期間中に第三共和国政府が行った農業政策は、増産を実現するべく、農家が増産に取り組める環境を整備するものであった。

　増産のためにまず取り組まれたのは、行政機構の整備であった。第三共和国発足当初の中央省庁のうち、食糧増産を管轄業務としていた官庁は農林部である。しかし、政府が食糧増産を具体的に指導するにあたっては、水利施設を管轄する建設部や、農村へ通じる道路の整備を管轄する交通部、そして食糧の流通機構を担当する商工部など、複数の官庁に跨った事業を行う必要があった。そこで 1964 年、食糧の具体的な買上げ量や販売量を決定し、外国から輸入した食糧の配分方法を決定し、かつ食糧増産のための情報を取りまとめ、農家に周知させていくための機関として中央食糧対策委員会が設置された[54]。同委員会は国務総理を委員長とし、農林部、建設部、交通部、商工部の各長官、および再建国民運動の本部長を主要メンバーとする省庁横断型の機関であり、農地や水利施設、道路、市場など、農産物の収穫から販売に至るまでのあらゆる事項がこの委員会で審議、決定された。

　中央食糧対策委員会は、増産に必要な技術的情報の迅速な周知徹底に大きな役割を果たしたが、同委員会は、農民に必要な情報を伝えたり、現場で必要とされる指導や事業を速やかに行うことには貢献したものの、農民が増産のために必要とされる資金を調達する権限まで持つものではなかった。そこで、生産性を向上させ、増産を円滑に実現させるための金融面での措置として、1966 年に農地担保法が制定されている[55]。これは、1 戸あたり 3 町歩を上限として、各農家が自分たち

---

[54] 「中央食糧対策委員会設置」総務処、1963 年. 国家記録院
http://theme.archives.go.kr/next/foodProduct/archivesDetail.do?flag=1&evntId=0034626671&isPopup=Y （2019 年 7 月 1 日閲覧）

[55] 韓国法令検索
http://www.law.go.kr/lsInfoP.do?lsiSeq=697&ancYd=19660803&ancNo=01813&efYd=19660803&nwJoYnInfo=N&efGubun=Y&chrClsCd=010202#0000 （2019 年 7 月 1 日閲覧）

の保有する農地を、大統領が指定する正規金融機関から融資を受けようとする際の担保に充当できると保証するものであった。農家が近代的な肥料など増産に必要な資材を購入しようとすれば、そこに一定の出費が伴う。無論、前述したように、1961年以降は総合農協が金融部門で得た利益で農家向けの各種支援事業を実施するようになっていたが、農協の活動内容には当然限界があり、農民自身が増産のために一定の投資をせざるをえない場面があった。しかし、1960年代前半当時の貧しい農家には、融資を受けようとする際に担保と出来るものが農地以外にないということも珍しくなかった。そこで、大統領が指定した正規金融機関において、農民が農地を担保に出来ることを政府が保証することにより、営農資金の借入れを容易にしたのである。また同法は、農民たちがインフォーマルな相互金融や高利貸に頼るのではなく、マウル金庫を利用することで、金融面での近代化を実践するよう促す側面も持ったものであった（韓国開発研究院、1995、p. 260）。

　中央食糧対策委員会によって迅速かつ円滑な意思決定、および情報提供のスキームを作り、かつ農地担保法によって農民が増産に向けた投資を容易に行える環境を作るなど、第1次5カ年計画下の韓国農政は、李承晩政権に比して積極的な増産政策を進めたといえる。しかし、1960年代半ばの韓国は水害や冷夏による記録的な大凶作が相次ぎ、増産政策の結果は計画目標に達しなかった。表4-1上段は、1960年代の韓国におけるコメの収穫量を示したものである。下段は、第1次5カ年計画で設定された、1960年比29％増という増産目標に対し、実際の生産量がどの程度増加したのかを示したものである。第1次計画最終年度である1966年には基準年度である1960年に比べて25.4％の増産が実現し、計画目標に近い実績にはなっている。ただ、計画当初に目標とされていたコメ29％増産の目標は実現せず、また第1次計画終了後の1967年および1968年には2年続けて旱魃による大凶作が

起こっている[56]。

表 4-1：韓国におけるコメ収穫量

年度	1960	1963	1965	1966	1967	1968
収穫量	3,123	3,374	3,501	3,919	3,603	3,195
基準年比	N.A.	+6.5	+12.1	+25.4	+15.3	+2.3

単位：収穫量＝千トン、基準年比＝％
出典：統計庁・国家統計ポータル
　　http://kosis.kr/statisticsList/statisticsList_01List.jsp?vwcd=MT_ZTITLE&parentId=F#SubCont（2015 年 8 月 6 日）
注：1960 年のデータのみ、原典で「朝鮮石」単位で示されていたものを、引用者が「1 朝鮮石＝コメ 144kg」の計算式でトン表示に直した。

　周知のように第 1 次 5 カ年計画は、韓国が工業化を進めていく上での基盤づくりに貢献したのであるが[57]、同時に農業部門においても、生産性向上による増産、そしてそれによる農業部門の所得向上を目指すものであった。そして実際に、農業部門での目標を達成するべく省庁横断型の中央食糧対策委員会を創設し、農地担保法によって農民が営農資金を借りられる環境も整備した。ただ、土壌改良に数年の時間を要することの珍しくない農業において、5 年という時間は、国全体のレベルで増産体制を整え、増産による所得向上を実現させていこう

---

[56] 朴正熙政権期の韓国では、1967 年から 1968 年にかけて、および 1979 年から 1980 年にかけての 2 度、コメ収穫量が前年比で 10%前後下落する大凶作が発生している。この点については国家記録院 http://theme.archives.go.kr/next/foodProduct/policy1950p1.do を参照（2019 年 7 月 1 日閲覧）。

[57] 第 1 次 5 カ年計画が韓国の工業化に果たした役割については、キム・ジョッキョ（2012、pp. 78-95）を参照。

とする上では決して十分なものではない。グラフ 4-1 は、1960 年代の都市勤労者世帯と農家世帯の所得を見たものである。現行通貨・ウォンへの切り替えが完了し、所得統計がとられるようになった 1963 年

グラフ 4-1: 1960 年代韓国における都市勤労世帯所得と農家所得

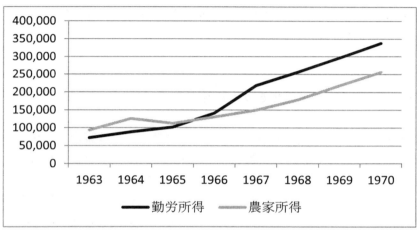

年度	1963	1964	1965	1966
勤労所得	71,880	87,840	101,400	141,000
農家所得	93,179	125,692	112,201	130,176
年度	1967	1968	1969	1970
勤労所得	218,160	255,240	295,800	338,160
農家所得	149,470	178,959	217,874	255,804

単位：ウォン
出典：統計庁・国家統計ポータル
　　　http://kosis.kr/statisticsList/statisticsList_01List.jsp?vwcd=MT_ZTITLE&parentId=C#SubCont　　（2019 年 7 月 1 日閲覧）

の時点では、農家世帯所得が都市勤労者世帯所得を上回る状態にあり、またその後も農家所得は上昇し続けている。しかし、都市勤労者所得の上昇ペースは農家所得のそれを上回り、第1次5カ年計画最終年である1966年には、両者の値は逆転している。このように、工業部門に比べて農業部門で政府の施策の成果が出にくいという状況の中で第1次5カ年計画は期間満了を迎え、第2次計画期へと移行していくこととなった。

第5節　第2次経済開発5カ年計画

1967年1月より、政府は第1次計画に続く経済政策のマスタープランとして、第2次経済開発5カ年計画を開始した。第2次計画はまず、第1次計画期間中の1人あたり年平均GNP成長率が7.6%に達したという実績を踏まえ、工業化をさらに進め、1980年代初頭には海外からの経済支援を必要としない中進国としての地位を確立するという展望を提示している（大韓民国政府、1966、p. 27）。そして、その目標を実現するために、以下6項目の重点目標を達成するとした（大韓民国政府、1966、p. 27、筆者翻訳）。

1. 食糧を自給し、山林緑化と水産開発に注力する。
2. 化学、鉄鋼および機械工業を建設し、工業高度化の足掛かりを築く一方、工業生産を倍加させる。
3. 70億米ドルの輸出を達成し、輸入代替を促進し、画期的な国際収支改善の基盤をつかむ。
4. 雇用を増大する一方、家族計画を推進することで、人口増加を抑制する。
5. 国民所得を画期的に増加させ、特に営農の多角化により、農家

所得の向上に注力する。
6. 科学および経営技術を振興し、人的資源を培養し、技術水準と生産性を高める。

　このように、第1次計画の成果の上に立ち、引き続き工業化を進めていく方針を示した第2次計画は、農業部門については、まず、その生産性が低い水準にあるという厳しい見方を示している（大韓民国政府、1966、p.9）。その上で第2次計画は、従来以上に食糧増産に取り組む必要性があると指摘し、第2次計画の最終年である1971年までに食糧、中でも米穀の完全自給化を達成しなければならないという目標を設定した（大韓民国政府、1966、p.10）。そして、食糧の増産と自給化を達成するための具体的な施策として、まず化学肥料を増産し、その国内供給量を増やすことで、土地あたり収穫量を増大させる方針を示している（大韓民国政府、1966、p.20）。無論、農業部門の所得向上について言及がないわけではなく、「これまでの工業化による恩恵を農業発展に広めていくことが望まれる」とし、農工間の交易条件の改善を通じた農業所得の改善に取り組む姿勢が示されている（大韓民国政府、1966、p.26-29）。しかしながら、食糧増産とそれによる農業所得の向上を掲げていた第1次計画に比べ、第2次計画における農業部門の目標は、増産重視の姿勢が鮮明になっている。これは、中央食糧対策委員会の設置や農地担保法の制定など、第1次計画期間中に増産に向けた基盤づくりが行われ、結果的に25％のコメ増産が実現したものの、これが第2次計画作成時において決して十分なパフォーマンスとみなされていなかったためと思われる。表4-2は、1960年代の韓国の人口を示したものであるが、この時期、人口は年率2％以上という高いペースで増えている。1960年代後半になるにつれ、増加率は低下傾向にあったものの、それでも年率2％を超えていることに変わりはなかった。上記重点項目の第4項に「家族計画を推進することで、

人口増加を抑制する」という一節があることは、当時の政府がこの高い人口の伸び率を脅威と捉えていたことを示唆する。従って第2次計画は、より現実的に、当面の農政上の課題として増産に注力する方針を示したものといえる。

表4-2：1960年代韓国の人口

年度	1960	1961	1962	1963	1964
人口	25,012	25,765	26,513	27,261	27,984
前年比	N.A	+3.0	+2.9	+2.8	+2.6
年度	1965	1966	1967	1968	1969
人口	28,704	29,435	30,130	30,838	31,544
前年比	+2.5	+2.5	+2.3	+2.3	+2.2

単位：人口＝千人、前年比＝％
出典：統計庁・国家統計ポータル
　　　http://kosis.kr/statisticsList/statisticsList_01List.jsp#SubCont（2019年7月1日閲覧）

　同時に、第2次計画が農業部門において、第1次計画よりも現実的な増産の方針をとった理由には、食糧輸入が国際収支を圧迫していたという事情もある。すなわち第2次計画は、第1次計画期のコメを始めとする食糧増産が目標値に達しなかったことで、大量の食糧を海外から輸入せざるを得なくなり、それが韓国の国際収支を圧迫していると指摘している（大韓民国政府、1966、p. 25）。そして、1965年時点での食料輸入額は年間約5400万ドルと、計画初年である1962年の約4000万ドルの1.3倍以上に膨れ上がり、1965年の輸出総額の3分の1を相殺してしまう規模となっていた（大韓民国政府、1966、p. 25）。つまり、食糧の増産が進まない限り、大量の食糧を輸入し続けることになり、それが貴重な外貨を浪費することになるという危機感を表明

しているのである。こうした危機感ゆえに、第2次計画は5年目の終了までに食糧、少なくともコメの完全自給を達成するという目標を設定したといえる。

　こうした食糧増産計画の財源には、一般会計のほか、1965年の対日修交に伴う日本からの資金協力、いわゆる請求権資金も充当された。有償2億ドル、無償3億ドルの計5億ドルからなる請求権資金のうち、農林業分野には有償資金枠から230万ドル、無償資金枠から3400万ドルが割り当てられ、農業機械の導入、農産物流通機構の整備、および肥料・農薬工場の増設などの原資として活用された[58]。そして、これらの資金は、長期的には韓国の農業インフラを整備し、同国農業従事者の所得にも資する部分があったと評価される（キム・ジョンシク、2000、p. 9）。5億ドルの請求権資金全体のうち、農林業に充当された額は3630万ドルと一部ではある。しかし、工業化を推進していた当時の朴政権が農業部門にも請求権資金を割り当てていた点は、同政権が農業を一定程度重視していたことの現れと見ることもできる。

　上述のように、第2次計画は食糧増産、特にコメの増産に力点を置いていたが、同計画にも農業部門の所得拡大および所得の安定化に関する記述は存在する。すなわち、重点目標の5番目にある営農の多角化がそれであり、具体的には「畜産業の振興などによる農業の多角化が望ましい（大韓民国政府、1966、p. 27）」と記されている。コメの自給化が向こう5年で達成すべき目標とされ、そのために化学肥料の生産拡大を行うとしている一方で、畜産業の振興を図るという記述はいささか理想が先行している感が否めない。というのも、広い放牧地の確保や家畜小屋の建設など、畜産業は稲作や畑作に比べて多額の初期投資を要するものであるからである。ただ、第1次計画の項目でも

---

[58] 国家記録院
http://contents.archives.go.kr/next/search/showDetailPopup.do?rc_code=1310377&rc_rfile_no=200041048420&rc_ritem_no=000000000001 （2019年7月1日閲覧）

述べたように、朴正熙政権下で作成された5カ年計画には、計画期間終了後の未来を見据えた長期的なビジョンが言及されている箇所がある。これは、本文中の「望ましい」という表現に見られるように、コメの自給化という必須目標を達成した後に取り組むべき課題として示されていると解釈するべきであると思われる[59]。

　以上のことから第2次5カ年計画は、第1次計画の実績に基づいて引き続き工業化の推進を図るとした上で、農業部門の生産力を向上させずにいることが、外国からの食糧輸入の増大による外貨の浪費を招くという認識に立っていたものと言える。そして、食糧輸入による外貨の浪費が、本来であれば工業部門に還元され、同部門の拡大再生産に用いられるべき資本を食いつぶすものになりかねないという認識に立ち、食糧、少なくとも主食たるコメの自給達成を目指したものであったと見ることができる。

第6節　高米価政策と農漁民所得向上特別事業

　1968年、政府はコメの買上げ価格を前年1967年に比べ、単位量当たり17％引き上げることを発表した[60]。これは、本章第4節で触れたように2年連続の凶作によってコメの生産量が大きく落ち込む中で発表されたもので、単位量当たりの米価を大幅に引き上げることで、農民に増産のためのインセンティブを付与するものであった。その後、1969年、1970年、1971年と3年連続で、政府はコメ買上げ価格を前年比で25％引き上げると発表し、結果的にコメの買上げ価格は4年間

---

[59] なお、政府による畜産の奨励は、1977年に始まる第4次計画と、1982年に始まる第5次計画において本格的に取り組むべき課題として明示され、推進されることとなった。

[60] 「1966年度穀価調節米放出に関する建議」1966年、大統領秘書室. 国家記録院 http://theme.archives.go.kr/next/foodProduct/pricingPolicy.do （2019年7月1日閲覧）

で2倍以上に引き上げられることとなった。

グラフ4-2：農家の穀類販売価格指数

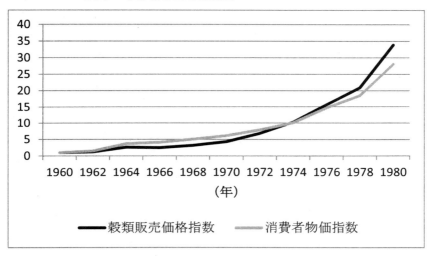

注1：2005年を100とした、農家が穀類を卸売にかける際の価格指数
注2：2005年を100とした、消費者物価総指数
出典：統計庁・国家統計ポータル
　　　http://kosis.kr/statisticsList/statisticsList_01List.jsp?vwcd=MT_ZTITLE&parentId=F#SubCont（2019年7月1日閲覧）

　グラフ4-2の黒線は、2005年を100とした、コメを中心とする穀類の農家販売価格指数を追ったものである。以下で述べるように、1960年代後半以降コメの生産量は増えているのであるが、それにもかかわらず、農家の穀類販売価格は上昇している。無論、急速な経済成長を遂げていた1960年代から1970年代にかけては物価が全体的に

上昇した時期でもあり、同じくグラフ 4-2 において灰色の線で示した通り、消費者物価全体の指数[61]も大きく上昇している。しかし、穀類の販売価格指数と消費者物価全体の指数の上昇パターンは概ね一致しており、特に 1970 年代に入ってからは、穀類の販売価格指数が消費者物価全体の指数を上回るようになっている。この点からは、1960 年代末以降、実質的な穀類販売価格が下落したり停滞したりすることなく、着実に、そして実質的に上昇したことがうかがえる。

　他方で政府は、コメの消費者に対する小売価格については物価にスライドさせ、買上げ価格のような大幅な引き上げは行わなかった。買上げ価格が大幅に上昇する一方、小売価格が物価にスライドするとなると、コメの統制主体である政府が逆ザヤを抱え込む形になる。特に 1970 年代に入ってからは、グラフ 4-2 でも示されたように農産物の買上げ価格は大きく上昇し、逆ザヤの規模も無視できないものとなっていった。この逆ザヤを負担する方法として、1968 年の時点で食糧管理特別会計が設定され、一般会計とは別の財政スキームによって食糧の価格および流通量が管理されるようになった。必然的に同特別会計は赤字となるが、この赤字の財源は特別国債を発行し、かつ特別国債を中央銀行たる韓国銀行が引き受ける形で捻出された（全経連、1986、pp. 710-713）。

　グラフ 4-3 は、朴正熙政権下におけるコメの生産量を示したものである。高米価政策が実施された 1968 年が凶作だったという事情を考慮しても、買上げ価格が引上げられた後、収穫量は顕著に増えている。1970 年代半ば以降は、次節で論じる高収穫品種のインディカ米が導入されたという背景もあるが、生産量年 500 万トンと、1960 年代の 300

---

[61] 韓国政府による物価統計が食料品や燃料、住宅など、支出項目別に細かく集計・公表されるようになったのは 1985 年以降のことであり、1970 年代当時は消費者物価については全項目の総指数のみが公表されていた。そのためここでは、穀類価格指数との比較対象として消費者物価総指数を用いている。

万トン台と比べ、100万トン以上の増産を達成した年もある。こうした収穫実績を踏まえれば、1968年以降の高米価政策は、農民に増産のインセンティブを付与することに貢献したといえる。

グラフ4-3：朴正熙政権下でのコメ収穫量

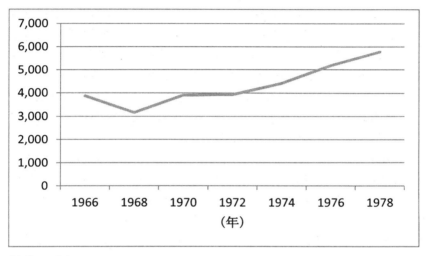

単位：千トン
出典：統計庁・国家統計ポータル
　　　http://kosis.kr/statisticsList/statisticsList_01List.jsp?vwcd=MT_ZTITLE&parentId=F#SubCont（2019年7月1日閲覧）

　以上のように、1968年は増産へのインセンティブ付与を目的としてコメの買上げ価格が引き上げられた年となったが、翌1969年に政府は、高米価政策を継続する一方、農漁民所得増大特別事業と呼ばれるプログラムを実施している[62]。これは、全国の農民および漁師のうち

---

[62] 韓国法令検索 http://www.law.go.kr/lsInfoP.do?lsiSeq=18565#0000（2019年7

45万人を対象として、稲作の一方で商品作物を栽培させたり、あるいは漁をする一方で養殖を行わせたりと副業を営ませ、経営の多角化によってこれら第一次産業従事者の所得向上がどの程度上昇するのかを検証したものである。農民を対象としたプログラムの場合、果樹の栽培や蚕の飼育による絹の生産など、少ない資本で行える副業を営ませ、彼らの所得が稲作専業の農家に比べてどの程度上昇するのかが検証された。農林部および農村振興庁による検証の結果、副業を営んだ農家はそうでない農家に比べて約10%所得が増加したと判明した（大韓民国政府、1971年、pp. 40-41）。また、実際に事業に従事した農民らによる座談会が行われ、そこでの議論を通じて、農村部の限られたインフラでは副業による所得増大にも限界があることなどが指摘され、当該問題点は事業終了後に大統領に報告された[63]。

　1960年代末行われた農漁民所得増大特別事業は、政府が引き続き農産物、特にコメの増産を推進しつつも、同時に第一次産業従事者の所得向上をも推進し始めたものであった。同事業はあくまで試験的な取組みであり、長期間に渡って実施されたものではなかった。また、第2次5カ年計画で畜産業による営農の多角化が掲げられていたものの、同事業で実際に行われた副業は果実や絹の販売という小規模なものであった。しかし、政府が増産を推進する一方で農業部門の所得を向上させる具体的な試みにも着手したことは、1972年以降、セマウル運動を軸とする農村近代化・農村所得向上を大々的に行っていくに当たって一定の知見を政府に提供したと考えられる。

　農漁民所得増大特別事業が進められていた1969年7月、政府は憲法を改正する方針を発表した。この憲法改正の要点は、第三共和国憲

　月1日閲覧）

[63] 「農漁民所得増大特別事業の問題点と対策」青瓦台、1969年．国家記録院
http://theme.archives.go.kr/next/chronology/archiveDetail.do?flag=1&evntId=0049286260（2019年7月1日閲覧）

法が規定していた2期8年までという大統領任期の制限を、3期12年まで緩和するものであった。朴正煕は1963年の大統領選挙で初当選し、1967年に再選されていたが、この改憲で1971年の大統領選挙にも立候補できることとなる。この改憲は、国会で野党の強い抵抗に直面し、国会議事堂に野党議員が籠城する事態も招いたが、結局、議事堂本館に隣接する別館に与党・民主共和党の議員だけが集まり、そこで本会議を開催、改憲を発議した。そして同年12月、改憲案は国民投票で可決され、成立した。元々クーデタによって当時の政府首脳を追放するという、民主的正統性に欠ける形で権力を掌握した朴正煕であったが、この時期以降、権威主義色が次第に色濃くなっていく。

1969年から1970年にかけて、南東部を流れる河川・洛東江の流域で大規模な洪水が発生した[64]。この洪水では、流域の複数の集落が浸水被害に遭ったが、住民間の交流・協力関係が緊密であり、住民組織が形成されていた集落で復興が早く進んだ一方、そうした関係の乏しい集落では復興に長い時間を要するという差異が生じた。この状況を地方視察で目の当たりにした朴正煕は、1970年4月に閣僚と全国の道知事を集めて開いた全国地方長官会議において、集落住民が相互に団結し、自助努力を行うことによって農村開発を進めていく方針を発表し、同方針を「新しい村づくり（새마을가꾸기）」と名付けた[65]。この施策は、1972年以降、セマウル運動として本格実施されていくこととなる（Kim、2004、p. 190）。

---

[64] 洛東江洪水統制所 http://www.nakdongriver.go.kr/html/about/history.jsp（2019年7月1日閲覧）もともと洛東江流域は平坦な地形であり、洪水が発生しやすい場所であった。このことから1987年には、大統領令第12103号により、水位監視機関である洪水統制所が開設されたほどであった。

[65] 「第1次国土総合開発計画」大韓民国政府、1972年. 国家記録院 http://www.archives.go.kr/next/search/listSubjectDescription.do?id=001372（2019年7月1日閲覧）

第7節 小括

　1961年5月の軍事クーデタを指揮した朴正熙は、実権掌握直後に発表した革命公約の中に貧困の追放と国力の増大を盛り込んでいた。そして実際、実権掌握の翌月に農漁民の高利債務を免除し、さらにその2カ月後に農協と農業銀行を合併させたりと、当時の人口の多くが従事していた農業部門を強く意識した政策を推進した。1962年からは第1次5カ年計画を開始したが、そこでは中心的な課題として工業化の基盤作りに取組む一方、農業部門も増産によって所得向上を図ることが強く志向されていた。無論、実際には政府は、高い人口の伸び率などを背景として増産重視の農政を推進することとなり、第2次5カ年計画ではコメの自給達成を達成目標として強調することとなる。しかし、第2次計画の中にも農家経営の多角化といった形で農業部門の所得問題への言及があり、また第2次計画実施期間中には、増産へのインセンティブ付与が目的だったとはいえ、高米価政策により、農民が増産を所得の増大につなげられる環境も作り出した。さらに1969年には、農漁民の所得向上のためのパイロットプログラムにも取り組んでいる。

　つまり1960年代の朴正熙政権は、工業部門を含めた産業政策全体との兼ね合いから、農政において増産重視の姿勢を決して崩すことはなかったが、同時に、農業部門の所得向上という目標も決して放棄してはいなかったといえる。そして、1970年代入るとこの目標は、農村の近代化と、それを通じた農村所得の向上を奨励するという形で具体化していくこととなる。

第 5 章

1970 年代の農業政策

―農村所得向上の本格化―

　1960 年代韓国政府は、第 1 次経済開発 5 カ年計画で農業所得の向上を意図しつつも、高い人口増加のペースや、食糧輸入が国際収支を圧迫する点などを踏まえ、食糧増産を重視する農政を展開した。そして、干ばつによる凶作に見舞われつつも食糧生産量は一定程度増加した。しかし、1960 年代後半には工業部門の成長ペースが農業部門の成長ペースを上回り、都農の所得格差は拡大を見せた。こうした中の 1972 年、政府は第 3 次経済開発 5 か年計画の開始とともに農業部門の所得向上につながる政策を打ち出していくこととなる。

第 1 節　第 3 次経済開発 5 カ年計画と第 1 次国土総合開発 10 カ年計画

　1972 年、政府は第 3 次経済開発 5 カ年計画を開始した。第 3 次計画は、これに先立って行われた第 1 次および第 2 次の両 5 カ年計画が韓国の工業化を軌道にのせたことを評価しつつ、その成果を踏まえ、「農漁村経済の革新的開発、輸出の画期的増大、および重化学工業の建設」の 3 項目を主軸と位置付けた（大韓民国政府、1971、p. 2）。その上で第 3 次計画は、重点的な達成目標として以下の 8 項目を挙げている（大韓民国政府、1971、p. 2、筆者翻訳）。

1. 食糧を増産し、主食となる穀類を自給し、農漁民所得を積極的に

増大させるとともに、耕地整理と機械化を促進する。
2. 農漁村の保健及び文化施設を充実化し、農漁村の電化と道路網整備を進める。
3. 輸出を目標年度までに35億ドルに増やし、国際収支を改善する。
4. 重化学工業を建設し、工業の高度化を図る。
5. 科学技術の急速な向上と教育施設の拡充によって人材を育成し、雇用を最大限増大させる。
6. 電力、交通、通信など、社会インフラの均衡ある発展を図る。
7. 4大河川[1]流域開発を始めとする国土の効率的開発と輸出工業団地等開発団地の造成により地域開発を進め、人口を適正に分散させる。
8. 住宅と衛生施設及び社会保障を拡充し、労働環境を改善しつつ、国民の福祉と生活の向上を図る。

　第1次および第2次計画と比較した時、第3次計画の重点目標において特徴的なのは、引き続き工業化を推進しつつも、経済成長の恩恵やさらなる成長の機会を、均衡のとれた形で分配していこうとしている点である。第1次および第2次計画の重点目標にはなかった「社会保障」や「福祉」といった文言が登場し、「労働環境の改善」といった表現も盛り込まれている。また、工業化の推進にあたっても、「インフラの均衡ある発展」や「地域開発」といった表現で、地域間の均衡がとれた開発を進めていこうという姿勢が鮮明である。

　農業部門を含む農漁村については、8項目中最初の2項目が充てられ、増産と所得の増大だけでなく、保健および文化施設の拡充と、電化・道路整備というインフラ整備も目標に掲げられている。つまり第3次計画は、第1次計画の重点目標で言及されていたものの、第2次

---

[1] 韓国の河川のうち、全長が100kmを超える漢江、錦江（白村江）、洛東江、栄山江の4つを総称したもの。

計画の重点目標では後退していた農民の所得向上という目標を復活させ、強調しているのである。

　上記達成目標を踏まえた農業部門における重点課題としては、以下の点が挙げられている（大韓民国政府、1971、pp. 34-44、筆者翻訳）。

1. 食糧増産と米穀類の自給達成
2. 近代的な畜産の振興
3. 蚕業の増産と輸出拡大
4. 農業用水の拡充
5. 機械化のための耕地整理
6. 所得増大特別事業の推進
7. 農産物価格の適正化
8. 農産物流通および加工施設の改善
9. 農業技術開発と指導の強化

　第1次および第2次計画と同様、第3次計画でも、食糧増産が農政上の重点課題に掲げられている点は変わりない。そしてその課題達成のために第3次計画は、農業用水の確保や耕地整理などに取り組むとしている。所得向上策としては第2次計画で言及されていた畜産の振興が挙げられており、営農の多角化という方向性がうかがえる。同時にこの第3次計画の重点課題には、所得増大特別事業や農産物価格の適正化など、第2次計画期間中に行われた農業部門の所得向上策を継続するものも含まれている。総じて言えば、第2次計画よりも農業政策に力を入れ、増産と農業部門の所得向上を両立させる姿勢が鮮明になっているのである。

　この第3次経済開発5カ年計画と同じ1972年、政府は国土利用に関するマスタープランとして第1次国土総合開発10カ年計画を開始

した[2]。国土総合開発計画は、経済開発5カ年計画よりも長い10年というタイムスパンで国土の効率的な利用を実現してこうとするものである。その第1次計画では、商工業のソウルへの一極集中を緩和するべく、以下の基本目標が設定された[3]。

1. 直轄市[4]を中心とした地方都市の産業開発等、効率的な国土開発
2. 国土全域における社会間接資本の拡充
3. 自然を踏まえた国土開発と自然の保全
4. 国民生活環境の改善

　第1次国土総合開発計画も、第3次経済開発5カ年計画と同様に、ソウル首都圏以外の地域におけるインフラ整備を推進する意向を示している。両計画に見られる国土の均衡発展を目指す姿勢は農業部門においても具体化され、両計画の初年である1972年、政府はセマウル運動を本格的に実施していくこととなる。

第2節　セマウル運動

　1972年政府は、1970年より進められてきた新しい村づくり運動を、「新しい村運動」を意味する「セマウル運動（새마을운동）」へと改称した上で、全国的に進めることとした[5]。

---

[2] 「第1次国土総合開発計画」大韓民国政府、1972年. 国家記録院
http://www.archives.go.kr/next/search/listSubjectDescription.do?id=001372
（2015年8月7日閲覧）
[3] 「第1次国土総合開発計画」大韓民国政府、1972年. 国家記録院、筆者翻訳 http://www.archives.go.kr/next/search/listSubjectDescription.do?id=001372
（2019年7月1日閲覧）
[4] 日本の政令指定都市に相当。1994年、朴正熙政権成立以降凍結されていた公選制地方自治が再開されるにあたり、広域市へと名称を変更した。
[5] 国家記録院
http://www.archives.go.kr/next/search/listSubjectDescription.do?id=001372

セマウル運動は、全国の農村部を約3万2000の集落に分けた上で、各集落にセマウル指導者と呼ばれる運動員を一名ずつ選出させ[6]、そのセマウル指導者を中心に各集落が団結して共同作業を行い、農作業の効率化や農道や用水路などのインフラ建設を進めていく形で進められた[7]。既に1970年以降の新しい村づくり運動において、その基本的な活動内容は定まっていたが、1972年1月にはソウル近郊の京畿道高陽市に農家研修院[8]を設立し農家の技術教育が始められるとともに、同じくソウル近郊である京畿道水原市にセマウル教育院を設置し、各地のセマウル指導者の指導力を向上させるための研修が始められた。

　セマウル運動は、その達成すべき目標として、①電化や農道敷設といった農村におけるインフラの拡充を図り、農業所得を向上させる、②虚礼や迷信に基づいた非能率的生活スタイルを近代的価値観に根ざした変化へと変化させる、③農業、中でも稲作に特化した農村の産業構造を改めて、農村における多様な所得源を実現する、④セマウル運動とほぼ同時期に本格化した重化学工業化と併せ、都市と農村、および第二・三次産業と第一次産業の双方がともに発展した、経済強国としての韓国を作り上げる、という4項目を設定していた（セマウル運動中央会、2000、pp. 1-7）。

　これら目標達成のため、政府はセメントなど農村におけるインフラ建設に必要な資材を上記の3万あまりの集落に配布し、各集落がセマウル指導者のリーダーシップの下、それら配布資材を効果的に利用して近代化事業を行うことを奨励した。そして、各集落の取組みを中央

　（2019年7月1日閲覧）
[6] 里長など既存の自治体の役員がセマウル指導者を兼任することは禁止されていなかったが、制度上、セマウル運動の組織は自治体とは別個に設けられていた。
[7] セマウル運動中央会 http://saemaul.com/aboutUs/history （2019年7月1日閲覧）
[8] 現在は一部がソウル特別市農業技術センターの農業教育施設になっている（2014年8月26日筆者訪問）。

レベルで指揮監督する組織として、内務部長官を委員長とし、建設部や交通部など関連官庁の次官を委員とするセマウル運動中央協議会を設置した[9]。

セマウル運動は、公式には各村落の自主的な取り組みによる近代化運動という形をとっていたが、実際には、政府の運動方針に呼応しない集落には不利益が生じるものでもあった。例えば、政府から支給された資材を用いて共同事業を行い、農道や水路を整備した集落については、セマウル運動中央協議会の推薦を経て大統領自らがこれを表彰した一方、政府から資材を受け取りセマウル運動に参加したものの、所得向上に向けた自主的な努力が見られない集落に対しては、中央協議会が次年度以降の支援物資を削減するなど懲罰的措置をとった（イ・ジス、2010、pp. 131-157）。またセマウル指導者に対する研修においても、政府の推進する近代化政策の重要性を理解させるという詰め込み式の教育が行われ（Kim、2004、pp. 191-234）、セマウル指導者に政府の意図した通りの施策を行うよう圧力をかけるという側面を伴っていた[10]。この点についてハン・スンミは、セマウル運動において政府の行った教育が、近代化の重要性を精神論的に説くものであり、疑似宗教的な色合いを帯びるものですらあったと、批判的な観点から指摘している（Han、2004、pp. 69-83）。しかし、セマウル運動が政府による農村住民動員を伴うものであったことは事実だが、農村住民の意向を全く無視したものではなく、当時多くの韓国農村住民が

---

[9] 「セマウル運動に関する報告」大統領秘書室、1972 年. 国家記録院 http://theme.archives.go.kr/next/semaul/time01.do （2019 年 7 月 1 日閲覧）

[10] セマウル運動の教育が詰め込み式になった理由の一つとして、その教育内容が朴正熙による権威主義体制の安定につながるよう企図されたという点が挙げられる（チョ・ヒヨン、2013、pp. 167-182）。また、日本統治時代の 1937 年から 1940 年にかけて、慶尚北道の聞慶で小学校教師を務めていた朴正熙は、当時朝鮮総督府が進めていた農業振興政策・農村振興運動の実習を指導しており、この経験がセマウル運動に生かされたとする指摘もある（崔吉城、2015、p. 119-120）。

抱いていた豊かな生活への願望に政府が応じるという形で進められたとされる点（チョ・ヒヨン、2013、p. 197）も無視することはできない。

このように、セマウル運動は村落レベルでの共同作業と、その共同作業に基づく開発の推進を企図するものであった。その推進の結果として所得向上につながる事業が行われていったことは事実であるが、同時期に都市部で行われていた工業化が低賃金および長時間労働という負担を工場労働者にかけていたのと同様、セマウル運動もまた、農民側に相当の負担のかかる運営方式がとられたということは否定できない。特に、事業の遂行に必要な人件費が政府から拠出されず、住民を無償労働者として徴用したことは、徴用対象となる住民にとって負担となるだけでなく、徴用の主体であるセマウル指導者にとっても住民のモチベーションを確保しなければならないという課題を背負わせるものとなった（嶋、1985、pp. 87-92）。実質的には大統領が主導する農村振興事業でありながら、名目上は自主的な運動とされ、その遂行に必要な人件費を政府が支出しないという一見矛盾した形態がとられたのは、1972年を開始年とする第3次経済開発5か年計画が、それまでの軽工業の振興を継続しつつ、同時に自動車生産や製鉄といった重工業および重化学工業の振興も始めていったことと関係している。重工業および重化学工業は、労働集約的な軽工業に比べ、生産工程のオートメーション化が進むために大量の労働力を必要としない代わりに、大規模な生産設備を導入するための費用と、その複雑化した生産工程を管理できる高度な能力を持った人材を必要とする資本集約的な産業である。政府としては、農村の所得水準向上を図る必要性を理解しつつも、限られた予算を資本集約的な重工業・重化学工業へと投入する必要があったため（Woo、1991、pp. 175-181）、セマウル運動関連予算に人件費を計上することが困難な状況にあった。なおかつ、1970年代当時の韓国は労働集約的な輸出向け製造業も奨励され、1960年代に引

き続き、その労働力を農村から供給する人口移動パターンを維持していたため、農村に都市から労働者を供給することも容易ではなかった。そのような中でセマウル運動は、集落における地縁的互助関係をベースとして農民を動員することにより、農村振興事業に必要な労働力を確保したのである。

表 5-1：セマウル運動に基づく 1970 年代韓国農村部におけるインフラ整備事業実績

年度	1971	1972	1973	1974	1975
橋梁架設	9,430	12,800	9,963	9,662	10,550
共同倉庫建設	N.A.	1,699	1,647	6,367	4,865
農道建設	24,855	9,177	8,336	7,674	3,351
道路拡張	9,624	12,000	10,862	5,361	1,815
年度	1976	1977	1978	1979	
橋梁架設	6,918	7,052	5,549	4,271	
共同倉庫建設	3,154	2,188	1,094	778	
農道建設	2,578	1,561	2,882	787	
道路拡張	1,146	1,453	1,074	171	

単位：橋梁建設＝箇所、共同倉庫建設＝棟、農道建設・道路拡張＝km
出典：セマウル運動中央会（2000、pp. 12-22）を元に筆者作成

セマウル運動は、上記のような問題点が指摘される政策であったものの、政府による農家・農村へのインセンティブ付与とそれに基づくインフラ整備という点では、一定の実績を示す結果となった。表 5-1 は、新しい村づくり運動およびセマウル運動によって行われた農村インフラ建設事業の主要実績である。セマウル運動中央会の編纂した公式資料集に新しい村づくり運動初年度である 1970 年の実績が掲載されていないため、実質的には 1971 年以降の事業実績のみを把握でき

るデータとなっているが、これに基づくと、セマウル運動初期である1970年代、韓国の農村部では毎年1万カ所前後の橋がかけられ、毎年数千から1万km以上の農道が建設されたり、道路が拡張されたことになる。また、1970年代半ばから後半にかけては、毎年数千棟の共同倉庫が建設された。農道の整備は農作業を円滑に進めることにつながり、道路の拡張は自動車を使った農産物の出荷・買上げを可能にする。加えて、倉庫が建設されれば、収穫された農産物や農業用資材の保管環境が向上する。そうした施設が急ピッチで整備されていたことは、農産物の増産に大きく貢献するものであるといえた。

第3節　農村機械化計画

　1972年のセマウル運動本格化と同時に、政府は農業機械化5カ年計画を開始した[11]。これは、セマウル運動を円滑に実施し、農業・農村の近代化を着実に実現するためには、農作業等の人力への依存を減らし、近代的な動力を積極的に導入していく必要があるという認識の下、農業機械の導入を図っていこうとするものである。

　農業機械化5カ年計画は、セマウル運動を推進していく中で農業機械を普及させるための施策として、機械契の結成を奨励した[12]。機械契とは、先に述べた契を、農業機械の導入に援用しようとするものであった。契は、近隣の住民同士が協力し合って1つのグループを組み、全ての世帯が同額ずつ出した資金を運用するという互助の形態である。この形態を機械化に援用することは、各地の農民の自発的な努力と協調関係によって農村を近代化させていこうという、セマウル運動の趣

---

[11] 国家記録院 http://theme.archives.go.kr/next.hoodProduct/mechanization.do（2019年7月1日閲覧）
[12] 「農業機械化5カ年計画」、農林部、1972年. 国家記録院 http://theme.archives.go.kr/next/foodProduct/archivesDetail.do?flag=1&evntld=0025210（2019年7月1日閲覧）

旨にも合致したものであった。具体的には機械契は、農家同士で合計耕地面積が20haから30ha程度になるよう契を組ませ、各農家が拠出した資金を元手に農業機械を購入、運用するというものであった。金融目的の契などと違い、資金の運用益が契加入者に配分される仕組みにはなっていなかったものの、各加入者は農業機械の運用による増産および増収により、資金を拠出した分をカバーすることができた。

結果的には、政府の奨励に基づいて結成された機械契は全国で1012か所に留まり、面積ベースで見ると、3万ha未満[13]と、同計画最終年である1976年当時の全国の耕地約223万haの1%あまりをカバーするに過ぎないものであった。機械契が普及しなかった背景には、当時の農民にとって、外国製のものが多くを占める農業機械を購入することが、たとえ契を用いたとしても大きな負担であり、容易ではなかったことが考えられる。次章で詳しく述べるように、1980年代に入ると、機械契に代わる農業機械の導入奨励策として機械化営農団の結成が政府によって推奨されるようになるが、機械化営農団は機械契と同様、農民たちに機械を共同購入させるスキームを採用しつつも、機械契と異なり、政府と農協が機械購入費用の一部を補助する制度を設けた。

第4節　維新体制の発足

第3次5カ年の初年度であり、セマウル運動が本格開始された1972年の10月、朴正煕は非常戒厳令を宣布し、第三共和国憲法を停止した。同年7月、南北朝鮮の両政府が分断後初となる共同声明[14]を発表

---

[13] 国家記録院
http://theme.archives.go.kr/next/foodProduct/archivesDetail.do?flag=1&evntld=0025210（2019年7月1日閲覧）

[14] 「7.4南北共同声明」大韓民国政府、1972年. 国家記録院
http://www.archives.go.kr/next/search/listSubjectDescription.do?id=003345
（2019年7月1日閲覧）

し、統一に向けた期待感が世論の間に広まっていた中での措置であった。朴正熙は大統領声明を発表し、この措置を十月維新と自ら名付けた上で、北朝鮮との対話を進め、祖国統一を主導できる強固な政治体制を構築するためという名目にて、憲法改正を実施するとした[15]。

　これに続いて政府が作成・発表し、国民投票により承認された憲法は、第四共和国憲法、通称・維新憲法と呼ばれる。維新憲法は、大統領任期を1期6年とし、再選に制限を設けず、かつその選出方法を、統一主体国民会議による間接選挙制と規定した。また、大統領に法律と同等の効力を持つ大統領緊急措置の発令権を付与し、定数の3分の1に相当する国会議員の指名権も与えた。統一主体国民会議は、大統領の選出と、大統領が指名した国会議員人事に対する一括承認を行う機関であり、その代議員は国民の選挙によって選ばれるとしたが、過去3年以内に政党に在籍した者が統一主体国民会議代議員となることが禁じられ、事実上、野党関係者は大統領選挙から排除された。

　維新憲法は、朴正熙が事実上の終身大統領になることを可能とするものだった。先述の通り、朴正熙は1969年の改憲で大統領任期制限を緩和したが、3期目をかけて出馬した1971年の大統領選挙では、当選こそしたものの、野党候補の金大中が善戦したことにより、その得票率は54%にとどまった[16]。これは、1963年選挙の55%、1967年選挙の61%に比べて低い値であり、第三共和国憲法の規定する大統領直接選挙方式を維持する限り、朴正熙の四選は危ういと言わざるを得なかった。そうした中、政府は憲法を全文改正し、大統領直接選挙自体を廃

---

[15] 『朝鮮日報』1972年10月25日付
[16] 中央選挙管理委員会
http://info.nec.go.kr/electioninfo/electionInfo_report.xhtml?electionId=0000000000&requestURI=%2Felectioninfo%2F0000000000%2Fep%2Fepei01.jsp&topMenuId=EP&secondMenuId=EPEI01&menuId=&statementId=EPEI01_%2399&oldElectionType=0&electionType=1&electionName=19710427&electionCode=1&cityCode=-1&proportionalRepresentationCode=-1&townCode=-1&x=22&y=15（2019年6月17日閲覧）

止したのである。

　1972年11月、国民投票での承認を経た維新憲法が公布され、同年12月、統一主体国民会議代議員選挙、および同選挙によって選出された代議員による大統領選挙が実施された。この間接選挙方式による大統領選挙で朴正熙は99%の得票率にて四選された。

第5節　統一米の導入

　1974年以降政府は、高収穫品種である統一米の栽培を促進した。統一米とは、フィリピンにある国際稲作研究所[17]で開発された高収穫のインディカ米'IR8'をベースにしつつ、元来ジャポニカ米を栽培する土地であってきた朝鮮半島南部の圃場でも、より多くの収穫が見込めるよう韓国で品種改良が加えられたものであった。1960年代から1970年代にかけて、IR8は世界各地の途上国で栽培され、コメの増産を実現させるという、いわゆる緑の革命をもたらしていた。そのIR8を韓国の気候および土壌に合わせる形で改良した統一米は、同一面積の圃場あたりで見た収穫量が従来のジャポニカ米の1.4倍にも達した[18]。政府は、セマウル運動における農業奨励キャンペーンや農協による農業技術指導事業を通じて統一米を奨励し、コメのさらなる増産を図った。セマウル事業を通じた農業インフラの整備も追い風となり、グラフ5-1に見られるように、1974年から1977年までの3年間で、コメ生産量は100万トン以上もの増加を見せた。

---

[17] 英語での名称はInternational Rice Research Instituteで、通称・IRRI。フィリピン政府のほか、アメリカのフォード、ロックフェラー両財団が資金を拠出して設立した、稲作農業の研究を行う国際機関である。そこでの研究成果は、フィリピンのほか、本書で見たように、韓国など、周辺諸国でも応用が試みられることとなった。

[18] 「新品種米育成結果報告」経済企画院、1969年. 国家記録院
http://theme.archives.go.kr/next/foodProduct/newVariety.do（2015年8月8日閲覧）

グラフ 5-1：1970 年代韓国におけるコメ生産量

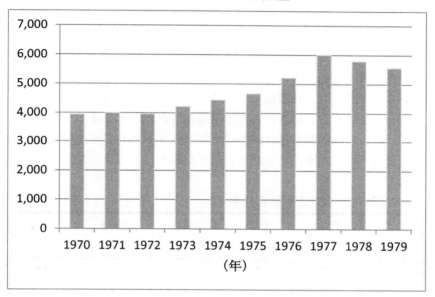

単位：千トン
出典：統計庁・国家統計ポータル
　　　http://kosis.kr/statisticsList/statisticsList_01List.jsp?vwcd=MT_ZTITLE&parentId=F#SubCont（2019 年 6 月 17 日閲覧）

　統一米の導入によってコメの増産が進む一方、政府は 1968 年に導入した高米価政策を維持した[19]。通常、コメの増産が進むと米価は下落し、その下落幅によっては、農家がいわゆる豊作貧乏に陥る可能性もあるが、政府が高米価を維持したことにより、増産はそのまま農家の増収につながった。

---

[19] 韓国法令検索 http://www.law.go.kr/lsInfoP.do?lsiSeq=18565#0000（2019 年 6 月 17 日閲覧）

高米価政策とセマウル運動による農業インフラの整備に加え、高収穫品種である統一米の普及を図ったことは、コメの増産をもたらし、コメの自給化を達成することにつながった。表 5-2 は、1970 年代のコメ自給率を示したものであるが、1976 年にコメ自給率は 100% を超え、その後冷夏による大凶作となった 1979 年まで 100% 以上の値を維持している。統一米導入後、コメ自給化を達成したことは、1962 年の第 1 次 5 カ年計画以来、韓国農政の主要目標であった食糧増産と農業部門の所得向上のうち、前者が一定程度達成されたことを意味する。そしてこれ以後の同国農政は、引き続き食糧全体の自給率向上を目指しつつ、農民の生活水準により関心を払うものとなっていった。

表 5-2：韓国におけるコメ自給率

年度	1970	1971	1972	1973	1974
自給率	93.1	82.5	91.6	92.1	90.8
年度	1975	1976	1977	1978	1979
自給率	94.6	100.5	103.4	103.8	85.7

単位：%
出典：農林畜産食品部（2013、pp. 20-21）

　1974 年より政府は農産物価格例示制を導入し、同制度は 1977 年 7 月、農水産物流通法として立法化された[20]。これは、コメなど政府が買上げによって価格を統制している農産物のみならず、果実など従来原則として市場での自由な取引に任せている農産物についても、政府が参考価格を提示するというもので、この参考価格は農家の所得状況を勘案して設定されることとなった。この制度は、あくまで農産物の参考価格を例示するものであり、実際の市場における価格を必ずしも拘

---

[20] 韓国法令検索 http://www.law.go.kr/lsInfoP.do?LsiaSeq=2045&ancYd=1 （2019 年 7 月 1 日閲覧）

束するものではなかったが、農協を通じて販売される農産物が原則としてこの参考価格に基づいて販売されるなど、市場に対して一定の影響力を持つものであった[21]。これは、コメ以外の農産物についても政府が価格支持を行い、生産を促すことにより、第3次5カ年計画で述べられていた営農の多角化による農業所得の向上につなげようとするものであった。営農の多角化が具体的な施策として取り組まれるようになるのは次章で見るように1980年代に入ってからのことであり、さらに韓国で実際に稲作以外の農業が広まっていくのは、1990年代に貿易自由化を見据えた農政が展開されるようになってからのことである。ただ、それに先立ち、1970年代の時点で政府が営農多角化のインセンティブ付与に取り組んでいたことには留意しておく必要がある。

第6節　第4次経済開発5カ年計画

　1977年1月、政府は第4次経済開発5カ年計画を開始した。第4次計画はまず、第3次計画終了までの15年間で韓国が「高い経済成長率を持続させ、経済規模は大きく拡大し、農林水産業中心の後進的な産業構造も、重化学工業の推進によって高度化され、工業国家へと変貌を遂げてきた」として、過去3次の計画のパフォーマンスに対する自信を見せている（大韓民国政府、1976、p. 1）。その上で第4次計画は、「成長、均衡、能率」という理念を掲げ、以下の目標を達成するとしている（大韓民国政府、1976、p. 13-16、筆者翻訳）。

1. 自力成長構造の実現。特に投資財源の自力調達、国際収支の均衡、産業構造の高度化。

---

[21] 韓国の農協が国内各地に展開する直営スーパーマーケットでの販売価格などに反映された。韓国農協の販売事業については直営スーパーマーケット・ハナロマートのウェブサイト http://www.nhhanaro.co.kr/ を参照（2019年7月1日閲覧）。

2. 社会開発の推進。経済開発の利益を生活環境や所得分配の改善につなげていく。
3. 技術革新と能率の向上。 特に、国民の総意力を啓発し、高度化・専門化する経済に対応できるようにしていく。

　まず第4次計画の重点目標は、自力成長を強調している。第3次計画までの工業化政策は、第1次計画に記されていた「指導される資本主義体制」の下、政府が諸外国から借款や援助を調達し、それを投資に充てるパターンが見られてきたが、第4次計画はそうした方針を軌道修正するとともに、いわゆる加工貿易体制をとり、完成財の組立てと輸出を進めてきた従来の工業化路線が、中間財の輸入を誘発する状況の改善も目指したものであった。またここには、当時のアメリカの動向も影響を及ぼしていた。1969年に発足したアメリカのニクソン政権は、泥沼に陥っていたベトナム戦争を終わらせるべくインドシナから軍を撤退させたほか、在外戦力再編の一環として在韓米軍の一部撤退にも着手した。またニクソンは1972年、1949年以来一貫して台湾・中華民国政府を正当な中国政府と見なしてきた立場を改め、大陸の中華人民共和国を訪問した。これらニクソン政権の外交・安保政策を目の当たりにし、アメリカ政府の対韓コミットメントに不信感を抱いた朴正熙は、政治的、経済的にアメリカからの自立を模索していた（ブゾー、2007、pp. 204-207）。

　次に、第4次計画は所得分配や生活環境といった表現で、工業化の恩恵を均衡ある形で配分していく方針を掲げている。第3次計画期までに高い成長パフォーマンスが実現されていながら、その利益が生活上の実感に十分に反映されていないという認識に立ったものである。

　また第3次までの計画と異なり、第4次計画は重点目標に農業部門に関する項目を含んでいない。これは、前述の統一米普及により、コメの自給化が達成されたことが影響していると思われる。従来の5カ

年計画は、いずれも食糧ないしコメの増産を目標としていたが、それが達成されたことが、計画の中心的達成目標から農業に関する条項がなくなることにつながったと考えられるのである。

　しかし、3つの重点目標に含まれていないものの、第4次計画は部門別の産業政策を詳述する部分で、農業部門について以下のような課題を掲げている（大韓民国政府、1976、p. 46、筆者翻訳）。

1. 農業生産基盤の拡充と農業の機械化などにより、成長を持続させ、農業経営構造を近代化しなければならない。
2. コメの自給を維持し、その他の農産物を増産することで、食糧を安定的に供給しなければならない。
3. 農漁民の所得を持続的に増大させ、都市と農村の社会的経済的格差を縮小しなければならない。

　セマウル運動によって推進されてきた生産基盤の拡充や、統一米普及で達成されたコメ自給の維持、そして農漁民所得の向上と、第3次計画までと同様の課題が列挙されていると同時に、「農業の機械化」という表現が第一の課題に登場している。この計画および後述する1982年の第2次国土総合開発10カ年計画には農業機械の普及を志向する文言が登場するようになり、それは次章で述べる通り、1984年の機械化営農団促進法という形で具体化される。

　以上のことから、第4次5カ年計画は、コメ自給化が達成されたこともあり、計画全体の達成目標に農業についての目標を盛り込みはしなかったものの、自給の維持や農民の所得向上など、第3次5カ年計画までの農政の方針を基本的には維持していたといえる。そして、農民の所得向上を志向すると同時に、その経営構造近代化につながるものとして機械化に言及するなど、中長期的課題に踏み込む点でも第3次計画までのアプローチを基本的には踏襲していた。

第 7 節　小括

　1961 年のクーデタ当初から農業部門の所得向上に取り組む姿勢を見せていた朴正熙政権であるが、人口増加が進む中で工業化政策を進める過程においては、農産物の増産を重視した農政を進めざるを得なかった。しかし他方で、政府は農民の所得水準を向上させるという意思を決して放棄してはおらず、それは農漁民所得増大特別事業や新しい村づくり運動といった形で実施されていたものであった。そして、工業化を推進すると同時に農漁民の所得増大も図るという朴正熙政権の方針は、第 3 次 5 カ年計画と、それに続くセマウル運動や価格例示制度などといった形で本格化する。結果として、セマウル運動によるインフラ整備と高米価政策、そして統一米の導入といった施策が組み合わさったことにより、1970 年代の韓国農政は、食糧増産と農業所得の増大を両立させ、工業化を進める一方での農業部門の発展を図ることに成功する。

　グラフ 5-2 に示されるように、都市と農村の所得水準の格差は 1970 年代半ばまでに急速に縮小し、1974 年には農村の所得水準が都市を上回っている。その後、農家所得が都市勤労世帯所得を 1 割ないし 2 割程度上回る状況は 5 年に渡って継続している。しかし、1979 年には再び都市勤労所得が農家所得を上回っている。この点については、1979 年が冷夏となりコメの記録的凶作につながったこと、およびセマウル運動下において栽培が奨励された統一米などの作物が販売不振に陥ったことなどが原因とされる（チェ・ジングン、2009、pp. 251-254）。また、1970 年代を通じて農家 1 世帯当たりの構成員数は緩やかな減少傾向を示しているため、1 人あたりの農業所得は世帯単位の所得以上に伸びているといえる。

グラフ 5-2: 1970 年代韓国における都市勤労世帯所得と農家世帯所得および農家世帯人数

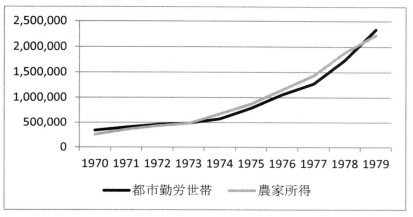

年度	1970	1971	1972	1973	1974
都市世帯	338,160	400,800	456,960	484,560	573,360
農家世帯	255,804	356,382	429,394	480,711	674,451
世帯人数	5.92	5.83	5.71	5.72	5.66
年度	1975	1976	1977	1978	1979
都市世帯	786,480	1,059,240	1,270,920	1,734,120	2,336,988
農家世帯	872,933	1,156,254	1,432,809	1,884,194	2,227,483
世帯人数	5.63	5.54	5.52	5.38	5.20

単位：ウォン

出典：統計庁・国家統計ポータル

　　　http://kosis.kr/statisticsList/statisticsList_01List.jsp?vwcd=MT_ZTITLE&parentId=C#SubCont　（2019 年 7 月 1 日閲覧）

注：元データでは、勤労者の世帯所得は月単位で、農家所得は年単位で記録がとられている。本表では両者の比較を容易にするため、勤労者所得に便宜的に 12 をかけ、年単位の所得とした。

こうした経緯を踏まえれば、セマウル運動による農村近代化に象徴される 1970 年代の韓国農政は、都農の格差に対する応急処置的なものなどではなく、1960 年代から政府が持っていた農業部門の所得向上という意思が、巧みな政策の組み合わせによって実現可能となり、実行に移されたものであったと見ることができるのである。

　また、第 1 次計画以来、政府が長きに渡って目標としてきたコメの自給化が、1976 年に達成されたことは、1970 年代韓国農政の大きな成果であった。最終的には食糧全体の自給までは達成できなかったものの、主食である農産物の自給化が実現した意義は小さくない。1962 年に開始された第 1 次 5 カ年計画以来、政府は食糧増産と農業部門の所得向上を志向し、この 2 つの目標のバランスをとりながら農政を展開してきた。そして 1970 年代に入り、高米価による増産のインセンティブ付与に高収穫品種の普及、および農業インフラの整備を巧みに組み合わせることにより、農業部門の所得を上昇させつつ自給化を達成したのである。コメ以外の自給化は達成されなかったため、1980 年代以降も政府は食糧自給を農政の目標に掲げることとなる。しかし、そこでは 1970 年代までとは異なり、政府が増産を積極的に促す姿勢は後退することとなった。

第6章

1980年代以降の農業政策

―機械化・大規模化の推進期―

　1970年代末から1980年代初頭にかけての韓国は、国際的要因としては第2次石油危機による不況と物価急騰、また国内情勢としては、18年あまりに渡って政権を率いてきた朴正熙の暗殺と、その後の政治的混乱に見舞われていた。そのため、1980年に発足した全斗煥政権は、喫緊の課題として経済の安定化に取り組みつつ、それまでの「指導される資本主義体制」を見直し、民間主導の経済成長を模索することとなる。

　この時期は、韓国農政も大きな変化を経験することとなった。すなわち、第4次5カ年計画で言及されていた農業経営の近代化を進めつつも、農村の過疎化と農産物貿易の自由化に対処する政策を本格化させることとなったのである。

　本章では、全斗煥政権以降、政府が営農の近代化による生産性向上を通じて貿易自由化と農村過疎化に対処しようとする過程を追う。

第1節　朴正熙大統領の死去とセマウル運動の「打ち切り」

　1961年5月の軍事クーデタで政権を掌握し、韓国の工業化を促進した朴正熙大統領は、1979年10月、側近の一人であった中央情報部長によって暗殺された。その後同年12月、朴政権下で国務総理を務めていた崔圭夏が新たに大統領に選ばれたものの、外交官出身の崔圭夏は軍部出身の高官を統制することができず、1980年5月の軍の内部クー

デタを阻止できなかった。この軍内部クーデタを主導した全斗煥は、同年8月に大統領に就任した後、憲法改正に着手し、同年12月に第五共和国憲法と呼ばれる新憲法を施行した。第五共和国憲法は、朴正煕が大統領選挙で繰り返し当選を重ね、暗殺されるまで16年間もその地位にあったことを踏まえ、大統領任期を1期7年までに制限したほか、大統領による国会議員指名枠も廃止するなど、1972年の維新憲法に比べて権威主義色が薄められたものであった。しかし他方で、1期限りとはいえ、7年という近代的な成文憲法を持つ共和制国家の大統領としては極めて長い任期が設定され、その選出方法についても維新憲法と同じく選挙人団による間接選挙制が採用されたほか、大統領に国会解散権が付与される[22]など、その内実は権威主義的統治を継続させるものであった。

　第五共和国憲法が制定された1980年当時、韓国は、第二次石油危機に記録的な冷夏による大凶作が重なり、急速な景気後退と物価の上昇が起こるという深刻な状況に陥っていた。朴正煕暗殺とその後の政治的混乱も対韓投資を冷え込ませる要因となり、1980年の実質経済成長率は-1.5%と、マイナス成長を記録した[23]。このマイナス成長の一方、1970年代を通じて年平均15.2%となっていた消費者物価指数の伸び率は、1980年に28.7%という高水準を記録した[24]。こうした状況に対し、全斗煥政権の経済首席秘書官に任命された金在益は、緊縮財政の実施と賃金上昇率の抑制によってインフレに対処し、輸入と金利の自由化を推進するという、新古典派経済学の考えに沿った経済安定化・

---

[22] ただし、1988年2月の第六共和国体制発足まで、実際に行使されることはなかった。

[23] 統計庁・国家統計ポータル
http://kosis.kr/statisticsList/statisticsList_01List.jsp?vwcd=MT_ZTITLE&parentId=C#SubCont（2019年7月1日閲覧）

[24] 統計庁・国家統計ポータル
http://kosis.kr/statisticsList/statisticsList_01List.jsp?vwcd=MT_ZTITLE&parentId=C#SubCont（2019年7月1日閲覧）

経済改革を実施した（ナム・ドグ、2003、pp. 13-25）。これは、朴正熙政権期に見られた、政府が経済に深く介入し、積極的な役割を果たす「指導される資本主義体制」を改めるものであった。

　全斗煥政権下の政策転換は、農政の分野においても見られた。まず、政府の強力な指導の下で農村インフラの建設を進めてきたセマウル運動が見直しの対象となった。そもそもセマウル運動は、前身である新しい村づくり運動が朴正熙による指示で始まったという経緯からもうかがえるように、官僚機構内部の政策検討を経て発表・実施されたものというよりも、朴正熙個人の意思によって推進されてきたという側面が強かった。そのため、1979年10月26日に運動の提唱者である朴正熙が暗殺されると、朴正熙が直接関与する国策事業として推進されてきたセマウル運動は、そのパトロンを失う形となった。この時期の韓国政府内における政策路線の変更やそれに関わる権力闘争については、内部クーデタで権力を掌握した全斗煥の視点から描かれた文献が近年わずかに刊行されるようになったものの[25]、朴正熙の後任大統領であった崔圭夏が回顧録の出版や公開インタビューを拒否し続け[26]、そのまま2006年に死去したことなどから、今なお不明な点が多い。セマウル運動の事務局であるセマウル運動中央会（2000、pp. 21-34）も、朴正熙暗殺直後から1980年代半ばにかけての時期が、同会にとって「最も困難な時期であった」と記述しているものの、その困難が具体的にどういったものであったのかについては詳述していない[27]。その

---

[25] 例としてコ・ナム（2013）が挙げられる。

[26] 2015年2月13日付『ハンギョレ』は、崔圭夏を「記録の義務を放棄した大統領」と批判している。

[27] 維新体制下で大統領秘書室長を務めた一人である金正濂はこの点について、「粛軍クーデタで権力を握った全斗煥が、セマウル運動の持つネットワークを総選挙のキャンペーンに利用しようとしたものの、セマウル運動本部がこれを拒否した。そのため全斗煥は、一種の懲罰として、セマウル運動に対する財政支援を大幅に縮小した」と述べている（キム・ジョンヨム、1997、pp. 217-234）。

ため、朴正熙の死後、暫定大統領としての側面が強かった崔圭夏の政権を経て全斗煥が新たな大統領となる過程において、農村をめぐる政策がどのように議論され、決定されたのかを知ることは容易ではない。しかし、朴正熙の暗殺後、「ソウルの春」と呼ばれる民主化運動の時期を経て、後に事実上朴正熙の後継者として権威主義政権の指導者となった全斗煥は、1980年夏に憲法を改正するなどして前政権との差別化を図っており、その中で前任者である朴正熙個人の政策という側面が強いセマウル運動は、見直しの対象になったものと思われる。

　1980年4月、それまで内務部長官を委員長とする形で運営されてきたセマウル運動中央協議会は政府組織から分離され、同部傘下の社団法人・セマウル運動中央会として再編成された。同会の下でセマウル運動は、「必要に応じて内務部の監督・指導、および助言を受けつつ[28]、農村住民が農業の生産性拡大や農村の地域活性化に自発的に取り組む活動」と再定義されることとなった（セマウル運動中央会、2000、pp. 8-23）。こうして、1970年代を通じて政府の公式事業として推進されていたセマウル運動は、1980年代以降、ライオンズクラブやロータリークラブと同じような、ボランタリーな社会奉仕団体へと転換されることとなった。政府の公式な政策から民間のボランタリーな活動へと性質を変えたことの影響は大きく、1980年代前半から半ばにかけて韓国農村のフィールドワークを行った嶋（1985、pp. 86-94）は、1970年代のセマウル運動が村内の農民全員を半ば強制的に動員し、参加に消極的な農民に対するセマウル指導者の叱責を伴うものであったのに対し、1980年代以降のセマウル運動は強制的な動員が伴わなくなり、住民の参加率も下がったと記述している。セマウル運動中央会は2015年現在でも存続し、全国各地に支部を持つ形で活動しているが、その活動

---

[28] その後、省庁改編が何度か行われ、それを受けてセマウル運動中央会の監督官庁も変更されてきた。2015年8月現在の同会の監督官庁は安全行政部である。

内容は環境保全や農村住民間の交流支援など、非政治的な活動が中心となっているほか、その主たる財源は個人・団体からの寄付金となっている[29]。

第 2 節　第 5 次経済開発 5 カ年計画と第 2 次国土総合開発 10 カ年計画

　1982 年 1 月、政府は第 5 次経済開発 5 カ年計画を開始した。朴正熙暗殺後に作成・発表された最初の 5 カ年計画である第 5 次計画は、暗殺事件による社会的混乱、そして第 2 次石油危機に起因する物価急騰などの経済的混乱を背景として作成されたものとなった。

　第 5 次計画は、第 4 次計画期までの 20 年間で韓国が工業化を実現し、中進国の仲間入りを果たしたことを高く評価しつつ、その次の段階として、同国が成熟した先進国となるべく、経済の体質転換を図る必要があるという認識を示している（大韓民国政府、1981、p. 1）。その上で第 5 次計画は、1980 年代前半から半ばにかけて取り組むべき重要目標として、以下の点を挙げている（大韓民国政府、1981、p. 2-4、筆者翻訳）。

1. 物価の安定を最優先させつつ、貯蓄の増大と投資効率の極大化を図り、市場秩序に根ざした成長を目指す。
2. 引き続き輸出の振興を図りつつ、経済の対外的な開放を促進する。
3. 国土の均衡ある発展を促進し、国民にとって快適な生活環境を作り出す。

---

[29] セマウル運動中央会ウェブサイト http://www.saemaul.or.kr/より（2019 年 7 月 1 日閲覧）。ただし、2010 年に閣議決定された『セマウル運動 ODA 基本計画』に基づき、韓国政府がセマウル運動の経験を南アジアやアフリカなど後発国に対する ODA プログラムに盛り込むようになって以降、同会が政府の事業に関与する場面は増加傾向にある。

続いて第5次計画は、以上の重要目標を達成するため、以下の課題に取り組む姿勢を示した（大韓民国政府、1981、p. 9-14、筆者翻訳）。

1. 物価の安定、特にインフレーションの収束を実現する。
2. 輸出振興策を持続させつつ、国内貯蓄を奨励し、国際収支を改善させる。
3. 技術革新と民間企業の投資を促進し、40万人から45万人の雇用を創出する。
4. 民間企業の自律性と創意工夫が最大限発揮されるよう、市場の与件を整備していく。
5. 技術革新の担い手たる中小企業を育成する。
6. 農業の生産性を向上させ、農漁村の所得増大を図る。
7. 全ての産業分野においてエネルギー効率を向上させる。

　上記の目標および課題からは、第5次計画が次のような特徴を持っていると読み取ることができる。
　まずは、第4次計画に続き、第1次5カ年計画で言及されていた「指導される資本主義体制」路線の修正を志向している点である。第3次までの5カ年計画は、国家がどの産業をどのように育成し、そのためにどのような資源を投下するかまで規定するものであった。例えば第2次5カ年計画は、農業部門について増産による食糧自給という目標を立て、そのために化学肥料の投入を増加させるとしていた。しかし、第4次計画では「国民の創意力啓発」という形で国家の指導性が後退し、そしてこの第5次計画で、その傾向がさらに顕著になっている。この計画に先立ち、1980年6月に商工部長官に就任した徐錫俊は、就任記者会見の席上、1960年代以来の量的拡大路線を見直す一環として、輸入の自由化に取り組む姿勢を示している（ソ・ソクチュン、1985、

pp. 231-232)。

　第二の特徴は、しかし政府の経済介入路線を見直しつつも、依然として政府が経済に深く関与する路線そのものは放棄されていないという点である。輸出の振興や中小企業の育成など、政府の指導性を必要とする事柄が上記の課題には複数含まれている。

　そして第三の特徴は、産業政策全体における農業の優先順位が、過去の5カ年計画に比べてはっきりと低下していることである。まず、従来の5カ年計画に必ず含まれていた食糧の増産ないし自給といった文言が登場せず、生産性向上と所得増大が取り組まれるべき課題として指摘されている。これは明らかに、1970年代を通じ、統一米の普及によってコメの増産が実現したことを反映している。前章で述べたように、統一米の普及が進められた後、1976年以降韓国のコメ自給率は100%を達成し、第2次5カ年計画で目標とされていたコメ自給が実現した。それゆえ、1980年代初頭時点では、増産を奨励する必要性が大きく低下していたのである。

　しかしこれは、当時の政府が農政を軽視したということを意味しない。第5次計画は、従来の5カ年計画が増産ないし営農の多角化によって農業部門の所得増大を目指していたのに対し、農業の生産性向上によって所得を増大させようとしているのである。換言すれば、この時点で韓国政府の農村・農業部門に対するアプローチは、農家経済の生産性向上と所得上昇により、都農間の所得水準均衡を図るという、先進国に近い段階へと進んだと言える。

　そして、農業の生産性向上のために政府がなそうとする取組みは、同じ1982年を開始年とする第2次国土総合開発10カ年計画で具体的に示された。1981年までの第1次10カ年計画は、ソウルへの産業の集中を緩和することを企図して作成されたものであったが、第2次10カ年計画は、1970年代を通じ、そうした産業の集中が人口の過疎・過密を引き起こしたとし、第5次5カ年計画が重要目標の3番目の項目

に掲げられた「国土の均衡ある発展」を実現する具体的な課題として、以下の5点を掲げた（大韓民国政府、1982、p. 6-7、筆者翻訳）。

1. ソウル、釜山両都市への産業集中の緩和
2. 公害など環境汚染の最小化
3. 資源節約型土地利用の推進
4. 住宅普及率の上昇等を通じた国民生活基盤の拡充
5. 過疎地域の機能強化

農業については、第5項目で詳述されている。そこでは、1970年代の第3、4次計画期間にセマウル運動によって農村の近代化が実現し、所得向上も大いに進んだものの、工業化が進む中で離農が止まらず、農村人口の減少が深刻化してきたことが指摘されている（大韓民国政府、1982、p. 9）。その上で第2次10カ年計画は、農村の人口減少に対応し、かつ農業従事者の生活安定化に資する方法として、営農の大規模化・機械化を図るとした（大韓民国政府、1982、p. 9）。また第2次10カ年計画は、農村における商工業の振興を図るべきだとしつつ、それが長期的に自然環境と両立する開発とならなければならないとし、生活環境だけでなく、自然環境も重視した産業政策を進めるべきだとした（大韓民国政府、1982、p. 10）。

このように、第2次10カ年計画は営農の大規模化と機械化、および農村商工業の振興という2つの目標を掲げたが、ここで示された農村政策のうち、1980年代に具体化され、実施されたのが、次節で述べる大規模化と機械化[30]であった。

---

[30] Biggs, Justice, and Lewis（2011）は、農業の機械化が単純な農業機械の導入のみならず農村生活全体への機械の導入を伴う多様かつ複雑な現象であると指摘している。本稿は農村住民が農業から得る収入に重きを置いて議論を展開しているため、ここでは、農業機械の導入と、農業における手作業の機械への代替を以って機械化としている。

第 3 節　大規模化および機械化の推進

　政府が 1980 年代に大規模化と機械化を進めたことは、1980 年以降輸入の自由化が順次開始され、そこに食品も含まれていたこと[31]に加え、1973 年から 79 年まで GATT（General Agreement on Tariffs and Trade：関税および貿易に関する一般協定）の貿易自由化交渉・東京ラウンドが行われたことと関連している。貿易自由化に伴う関税の撤廃や引下げ、或いは非関税障壁の廃止を進めた場合、韓国にも外国から農産物が流入してくる可能性が高まる。また、農産物を含む貿易自由化の圧力は多国間交渉だけでなく、当時輸出入ともに最大の貿易相手国であったアメリカからもかけられていた。1980 年代半ばのアメリカ連邦議会では、対日韓貿易における赤字を是正するべきだとの主張が民主党議員を中心になされており、ホワイトハウスはこれに応える形で 1988 年、米韓政府間で通商協議を立ち上げ、韓国政府に農産物貿易の自由化を明示的に要求することとなった（柳、2011、pp. 7-9）。当時の韓国は、多国間交渉における貿易自由化については中所得国である点[32]を以って一定程度留保できる可能性を有していたが、韓国側の輸出超過となっており、また韓国の安全保障にとって死活的な重要性を持つアメリカからの貿易自由化要求については、回避することがより困難であった。

　しかし、前章で検討したように、農家を含む韓国の所得水準は 1970 年代を通じて向上していた。そして、農民の農業所得の向上は、国内農産物価格を引き上げるものともなった。自国農産物価格が上昇する

---

[31] 『官報』第 9755 号、総務処、1984 年．国家記録院
http://www.archives.go.kr/next/search/listSubjectDescription.do?id=003489
（2019 年 7 月 1 日閲覧）

[32] 韓国が国際機関の統計資料などで本格的に高所得国として扱われるようになるのは、1996 年の OECD 加盟以後のことである。

ということは、自国農産物の価格競争力が低下するという結果につながるため、政府はこれに対処する必要性に迫られた。以上の背景も手伝って政府は1980年代、大規模化と機械化による生産性向上を企図したのである（Ahn、1997、pp. 30-34）。

　加えて当時の全斗煥政権には、農村の所得水準を安定的に向上させ、農工間の所得格差を拡大させないためにも、農業の生産性を向上させなければならない事情があった。前章で検討したように、1970年代を通じて韓国の農家所得は大きく向上し、都市と農村の所得格差が急速に縮小することとなったが、その原動力となったセマウル運動は、もっぱら農業インフラを整備し、農業所得の向上によって農工間格差を縮小させていた。換言すれば、セマウル運動は、農外所得源を拡充させるものではなかった。これは、朴正熙政権の工業化政策が、集積による効率性向上を狙い、工業施設を都市部に集中的に立地させる方針を採用していたためでもあるが、全斗煥政権下においても、この工業施設を都市部に集中立地させる方針は継承された（産業資源部、2007、pp. 43-65）。そのため、1980年代においても農村部の所得水準を都市に見劣りしない水準に維持しようとするためには、引き続き農業の生産性向上を図る必要があった。既に韓国の農村では、1970年代にセマウル運動を通じて農道や水利施設などのインフラの整備が大々的に展開されていたため、農地の保有や耕作権をめぐる権利関係を調整すれば、大型の農業機械を比較的導入しやすい状況にあった[33]。前章で見たように、農業の機械化を推進する政策としては1970年代の時点で機械契の奨励がなされていたが、この機械契は全国の農村のごく一部をカバーするものにしかならなかった。従って、セマウル運動を通じてインフラの整備された農地において大規模化・機械化を推進するために

---

[33] 嶋（1985）は、1970年代後半から1980年代前半にかけて韓国農村で行ったフィールドワークに言及する中で、複数のトラクターを用いた共同での農道整備作業が当時から行われていたことを写真付きで説明している。

は新たなアプローチが求められた。

　大規模化と機械化という2つの主要政策のうち、農家一個あたりの耕地面積を拡大させる政策は、前章で検討したように、農地改革後の自作農家一戸当たりの耕地面積が1ha未満と零細規模であった状況を改めようとするものであった（カン・ジョンイルほか、1993、p. 7）。零細規模による農業経営は規模の経済を用いた効率的な耕作を行う上で支障となり、コメを中心とする農産物の生産者価格が高止まりする原因となっていた。こうした状況下の1983年、政府は朴政権下で採用されていた統一米などに対する高米価政策の見直しに着手した。セマウル運動期、政府によるコメの買上げ価格と市場への卸売り価格との間で生じる逆ザヤは政府の特別会計に基づく財政支出によって賄われていたが、先述の通り、この特別会計は政府が韓国銀行に国債を買い取らせることで資金を捻出していた。しかし、1980年代になると中央銀行による公債の引き受けが問題視されたこともあり、1984年以降、食糧管理のための特別会計は一般会計に組み入れられると同時に、政府による食糧への補助額を当該食糧の小売価格の13％以内にするというシーリングが設定された（チャ・ドンセ、1995、p. 498-502）。この政策はコメの生産者価格の引下げを伴わなければ遂行できないものであるため、政府は農地の売買や賃借を通じた経営規模の拡大を奨励することとなった。また、農家一戸当たりが経営する耕地面積が増大した場合、農作業を人力に頼って進めることが困難となる。機械化は、セマウル運動下で進められていたよりも積極的に、かつ営農者に過度の負担がかからないようにしつつ農業機械の導入を図ることで、これに対処しようとするものであった。

　大規模化と機械化のうち、大規模化については、1970年代を通じて全国的に離村が進行し、農家人口が減少する中で進められた。表6-1は、1970年代の韓国における農家世帯数と農村人口の推移であるが、1970年時点で1850万人いた農村人口は、1980年には1600万人弱と、

13％減少している。これと同様に、1970年に約248万世帯あった農家は、1980年の時点で約215万世帯と、およそ13％減少している。農村人口の中には農業以外に従事する世帯も含まれうるため、若干の誤差が発生しうるものの、農村人口と農家世帯の減少ペースがほぼ同一である事実からは、この時期の離農が、世帯構成員全員が農村外へ移住する挙家離村の形態か、後継となる営農者のいないまま農家経営主が引退していく形態を主流にしていたことが読み取れる。農家世帯と農村世帯が等しく、そして着実に減少する傾向が続けば、いずれは農業従事者が不足することが危惧される。こうした事情を踏まえ政府は、新たな農業従事者を募り、彼らを大規模な農地を効率的に運用する近代的な専業農家へと育てる方針をとった。

表6-1：1970年代における農家世帯数と農村人口の変遷

年度	1970	1975	1980
農家世帯数	2,487	2,379	2,157
1970年比世帯減少率	N.A.	4.34	13.26
農村人口	18,504	17,905	15,996
1970年比人口減少率	N.A.	3.23	13.55

単位：世帯数＝千世帯、人口＝千人、減少率＝％
出典：統計庁・国家統計ポータル
　　　http://kosis.kr/statisticsList/statisticsList_01List.jsp?vwcd=MT_ZTITLE&parentId=C#SubCont　（2019年7月1日閲覧）

このような背景の下、1983年1月、政府は農漁民後継者育成基金を創設し、その運用を始めた[34]。同基金は、全斗煥政権が朴正煕前政権の

---

[34] 韓国法令検索 http://www.law.go.kr/IsInfoP.do?IsiSeq=225#0000 （2019年6月17日閲覧）

幹部から寄付金として集めた458億ウォン[35]を原資とし、新規に農業に就労する者の場合、設備投資や技術教育の受講費用を年率2%の低利にて融資し、機械技術を駆使した大規模かつ近代的な農家を育成していこうとするというものであった。この基金は、現在まで続いているが、新規就農者か、就農してから間もない若手農家を対象とした制度ということもあり、貸与対象者の数も年間1万人前後に限られている。そのため1986年、より広範に大規模農家を育成する一環として農地貸借管理法[36]が制定された。1950年の農地改革以来、韓国では農地の売買や貸借をめぐる法制度が整備されておらず、縁戚などの縁故者を通じた非公式な農地取引が行われる状況が続いていたが、農地賃貸管理法はこうした状況を改め、離農者の農地の貸借に関する権利関係を法文化した（倉持、1994、pp. 228-229）。農地賃貸管理法の狙いは、全国各地の農家に対し、農地の借入れを積極的に行い、自作農の経営耕地面積が2haを超える水準になるよう推奨することにあった（チャ・ドンセ、1995、p. 488）。ただ、表6-2に見られるように、一戸当たりの経営耕地面積は1980年代に入って徐々に拡大する傾向にあったが、農地貸借管理法制定後の1980年代後半に同経営耕地面積は一時的に減少しており、同法が大規模化を即座に促したとはいえない。そもそも同法は、離農者の土地の賃借に関する権利関係を規定してはいても、農地の売買を巡る権利関係までを網羅したものではないなどの課題を抱えていた。そのため、農地の貸借や売買を巡る本格的な権利関係の法整備は、後述する第6次5カ年計画期以降に持ち越す形となった。

---

[35] 全斗煥政権は、発足当初、朴正煕政権下で不正蓄財を働いた幹部の摘発を進めていたが、不法に得た財産を同基金に寄付した者については、刑事処罰を免除する措置が取られた。農林部「1983年総務処大統領令記録1-1」1983年. 国家記録院
http://www.archives.go.kr/next/search/listSubjectDescription.do?id=004822
（2019年6月17日閲覧）
[36] 韓国法令検索 http://www.law.go.kr/lsInfoP.do?LsiSeq=694#0000 （2019年6月17日閲覧）

表 6-2：韓国農家一戸当たりの経営耕地面積

年度	1971	1973	1975	1977	1979	1981
面積	10,850	10,519	10,146	10,367	10,641	10,876
年度	1983	1985	1987	1989	1991	1993
面積	15,269	14,390	14,843	12,724	13,398	14,063

単位：平方メートル
出典：統計庁・国家統計ポータル
　　　http://kosis.kr/statisticsList/statisticsList_01List.jsp?vwcd=MT_ZTITLE&parentId=F#SubCont　（2019年6月17日閲覧）
注：経営耕地とは、耕地のうち自給目的で耕作されている土地などを除外し、生業としての農業に用いられている土地のみを示すものである。

　農業の機械化は、1970年代から一定の取り組みがなされていた分野であった。1972年に始まった第3次5カ年計画および1977年に始まった第4次5カ年計画には農業の機械化が目標として盛り込まれており、それに従って機械契の奨励も行われていた。しかし、朴正煕政権期における農政は、1976年のコメ自給化まで増産を優先課題としていたという事情もあり、統一米の導入やセマウル運動によるインフラ建設、そして農産物価格の引き上げに重きが置かれたものとなっていた。
　他方、表6-1でも見たように、1970年代を通じて農村部では人口が減少しており、希少化する農業労働力を大量に必要とする営農形態は、人件費の上昇を招き、それが転嫁されることによる農産物価格の上昇をもたらしかねなかった。こうした中では、農作業の機械化を本格的に進め、機械契のように単に農業機械を共同購入するだけでなく、田植えから収穫に至るまでの稲作に要する作業を一貫機械化し、作業に要する人手を減らせるようにする必要があった。

しかしながら、1980年時点での韓国は中所得国に位置づけられる新興工業国であり、一人当たりの年間国民所得も1778米ドルと、同時期の日本の9307米ドルに遠く及ばない水準であった[37]。同じ1980年時点で見ると、日本製のトラクターの新車価格は米ドル換算で1万ドル以上であり[38]、1人あたり年間国民所得の5倍以上にもなる水準であった。加えて、農業機械の中には田植え機などのように、大型で購入費用や維持費も高額であるにもかかわらず、初夏など特定の時期にしか稼働しないものも少なくない。各農家がこのような一人当たりの年間所得を上回る高額な機械を購入することは現実的ではなく、先述の通り、1970年代に政府が機械契の結成を奨励した際にも、機械契は全国の農地の1%程度を占めるのみに終わっていた。従って政府は、農家の機械購入費負担を軽減しつつ、農業の機械化を推進する必要があった。

　このような事情を踏まえ、政府は1982年、全国各地の農村でセマウル機械化営農団（以下、機械化営農団）[39]と呼ばれる互助組織を結成することを奨励する方針を打ち出し、（農林水産部、1983、pp. 1-9）。これは、同一農村内に居住する農家5〜6世帯程度が機械化営農団を結成し、その下で農業機械の共同購入、保有、および運用を行う場合、

---

[37] World Bank Indicator http://data.worldbank.org/indicator/NY.GDP.MKTP.CD （2019年7月1日閲覧）

[38] 総務省統計局 http://www.e-stat.go.jp/SG1/estat/List.do?id=000000730071 （2019年7月1日閲覧）なお、韓国が乗用車やトラクターなど大型機械の本格的な国産化に成功するのは1980年代以降のことであり、それまでは外国製品の輸入化、外国メーカー品のノックダウン生産に依っていた。

[39] 「セマウル」の名を冠してはいるが、セマウル運動中央会の管轄するキャンペーンではなく、セマウル運動とは別個の事業である。第五共和国体制の権力基盤が安定したこの時期、政府は全面改正されたマウル金庫の根拠法に「セマウル金庫法」の名称を付したり（1982年）、1974年から1980年まで運行されていた国鉄の優等列車「セマウル号」を復活させたり（1984年）と、セマウル運動を再評価する動きを見せていた。

政府と農協が必要経費の最大 90%[40]を支給し、農家の費用負担を大幅に引き下げるというものである。農家で共同して機械を購入し、運用するという基本的なスキームは、1970 年代に推奨された機械契と共通するものがあったが、機械化営農団は、機械の購入に対する政府及び農協による補助があることに加え、コンバインやトラクターなど、土起こしに始まり、田植え、農薬散布、そして稲刈りに至るまでと、農作業、特に稲作の全工程を一貫して機械化するべく、複数の種類の農業機械を共同購入するという違いがあった[41]。この制度を用いることによって、各農家が農業機械を導入する際の費用負担を節約することができるようになり、農業機械 1 台当たりの稼働率も、農家が個別に機械を購入する場合に比べて向上することとなった。また、農家人口が減る中、全作業工程を機械化することにより、農業の省力化を図ることができることとなった。

　政府にとっては、機械化営農団への助成を行うことは一定の財政負担となるものの、農家が機械の購入費用のために債務超過に陥る状況を回避できたほか、輸入品が大半を占める農業機械の需要を抑制し、外貨を節約できるという利点もあった。ただし、機械化営農団を結成することや、居住地で結成された機械化営農団に加入することは義務ではなく、あくまで任意であった。また機械化営農団の結成を行う場合、近隣のどの農家をメンバーとして結成するかも各農家の裁量に任されていた[42]。そのため、機械化営農団はセマウル運動のように政府が

---

[40] 政府および農協による補助金の給付対象はトラクターやコンバインなど実際に農地で用いる機械のほか、乾燥機など収穫物の加工や保管に関するものにまで及び、購入する機械の種類が多ければ多いほど、手厚い補助金を受給できる仕組みになっていた（カン・ジョンイル、1990、pp. 22-24）。

[41] 農林畜産食品部
www.mafra.go.kr/list.jsp?board_skin_id=&depth=3&division=H&group （2019 年 7 月 1 日）。

[42] 農林部「農業機械化基本計画」1983 年、国家記録院
http://theme.archives.go.kr/next/foodProduct/mechanization （2019 年 7 月 1 日

事実上の官製組織を通じて農民を積極的に動員する性質のものではなく、1960年代まで農村で広範に見られた契などと同様の、ボランタリーな相互扶助組織と見做すことができる。

表6-3：10a当たり農業生産総費用および機械費用

年度	1970	1975	1980	1985	1990
総費用(A)	17,160	53,291	143,752	252,140	385,851
機械費用(B)	922	3,018	10,023	18,539	42,001
B/A	5.37%	5.66%	6.97%	7.35%	10.88%

単位：ウォン
出典：『統計庁・国家統計ポータル』
　　　http://kosis.kr/statisticsList/statisticsList_01List.jsp?vwcd=MT_ZTITLE&parentId=F#SubCont　（2019年7月1日閲覧）

　機械化営農団は、政府による奨励が始まってから8年目となる1989年末の時点で約4万4000件が政府に登録されるに至った[43]。表6-3は、韓国の農家1世帯が経営耕地10a当たりにかける生産総費用と、そのうちの農機具関連費用とを併記したものであるが、1980年代の10年間を通じ、農業生産総費用に占める農機具費用の割合は、約7％から約11％と、4ポイントの増加に留まっている。上述の通り機械化営農団は、土起こしから収穫まで農作業の全工程を機械化するべく、農業機械をフルセットで購入するという大掛かりなものであった。

閲覧）
[43] 国家記録院 http://theme.archives.go.kr/next/foodProduct/mechanization（2019年7月1日閲覧）

グラフ 6-1: 1980 年代韓国における都市勤労世帯年間所得と年間農家所得

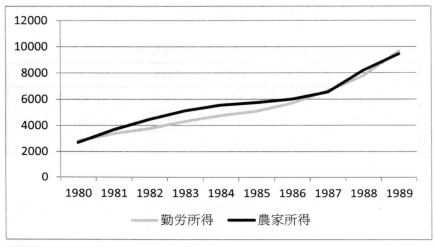

年度	1980	1981	1982	1983	1984
勤労所得	2,809	3,372	3,768	4,308	4,752
農家所得	2,693	3,688	4,465	5,128	5,549
年度	1985	1986	1987	1988	1989
勤労所得	5,085	5,688	6,636	7,764	9,660
農家所得	5,736	5,995	6,535	8,130	9,437

単位：千ウォン

出典：統計庁・国家統計ポータル

　　　http://kosis.kr/statisticsList/statisticsList_01List.jsp?vwcd=MT_ZTITLE&parentId=C#SubCont　　（2019 年 7 月 1 日閲覧）

　この点が反映され、1980 年代に農業生産費用に占める農機具費用の比率が上昇したことは否めないが、省人化の効果が乏しい機械契の結成が部分的に見られた 1970 年代の 10 年間でも、この比率は、5.37%

から6.97％へと1.6ポイント増加している。これらの点を踏まえれば、1980年代に推進された機械化が農家に負担をかけるものであったとは言い難い。

　農家一戸当たりの耕地面積拡大と農業機械の導入を促進し、農業の生産性を向上させるという政府の方針は、農家の所得水準を押し上げ、1970年代に続き、1980年代においても農工間格差を抑制することに成功した。グラフ6-1は、1980年代における都市勤労世帯所得と農家所得を並列させたものであるが、前章で見た1970年代の数値と同様、農家所得、都市勤労世帯所得ともに一貫して高い伸び率を示している。また、年によっては農家所得が勤労世帯所得を上回ることもあり、工業化が継続する一方で、農家の所得水準も伸び続けたことが分かる。このように、大規模化および機械化によって農業を近代化し、農業生産性を向上させるという政策は、第6次5カ年計画期に入っても続くこととなった。

第4節　第6次経済社会発展5カ年計画

　1987年1月、政府は第6次経済社会発展5カ年計画を開始した。6回目の5カ年計画となる同計画は、名称に「社会」という語句が含まれていることからもうかがえるように、引き続き経済開発を進めつつも、民生の向上を強く意識したものとなった。

　第6次計画はまず、計画の目標を「能率と均衡を土台とした、経済先進化と国民福祉の増進」とし、その上で、重点推進課題として以下の3分野10項目を掲げている（大韓民国政府、1986、p. 9、筆者翻訳）。

1. 経済社会の制度発展と秩序の先進化
・自律性と競争原理に立った自由市場経済秩序の確立
・企業、労働者、消費者等、各経済主体間の均衡と合理性を土台と

した経済倫理の定着
  ・市場経済秩序の定着と国際化の趣勢に対応した、政府機能の立て直し
 2. 産業構造の改編と技術立国の実現
  ・産業構造調整の促進と経営合理化
  ・機械類、部品および素材生産を担う中小企業の育成
  ・人的資本の開発および技術水準向上努力の強化
 3. 地域社会の均衡発展と国民生活の質的向上
  ・地域間の均衡発展のための制度改善と条件整備
  ・農漁村総合対策の着実な推進
  ・社会福祉制度の拡充と、都市零細民等低所得層の生活向上
  ・経済発展にあわせ、教育、文化、芸術分野の発展を図る

全体として、第4次、第5次計画以上に地域間の均衡発展を重視した内容になっている。その中で農業部門については、均衡発展および民生向上の一環として農漁村総合対策を実施するとしている。農漁村総合対策について第6次計画は、過去十数年来で韓国農村の所得は向上したとしつつも、例えば都市の電話回線が自動化されているのに対し、農村の電話は未だ交換手を介さなければ使用できないなど、生活環境の面で都農間の格差は大きいとして、以下のような施策を行うとしている（大韓民国政府、1986、p. 18、筆者翻訳）。

 1. 農漁業所得源の拡充と並行して、農漁村の工業化と生活環境の改善を進める。
 2. 増産中心の農業政策を、需給の安定と流通構造の改善を中心としたものに改める。
 3. 野菜や果実、畜産物の消費増加に従い、農地の利用体系を改める。
 4. 専業農家については、農地購入資金の融資などにより、営農規模

拡大を促す。

　第6次計画の農業部門に対する方針は、第1次計画以来の増産重視の姿勢を明示的に転換したものであるといえる。既に第4次計画の段階でコメ自給化が達成され、第4次、第5次の両5カ年計画は、自給率の維持・向上と並んで農家経営の多角化を志向し始めていたが、第6次計画では農家経営の安定化へと完全に軸足を移したのである。そして第6次計画は、農村の工業化や、果実など商品作物の育成を通じた農家所得の多角化、もしくは1982年の第2次国土総合開発10カ年計画でも触れられていた専業農家の規模拡大のいずれかにより、各農家が安定した生活を営めるようにしていこうとするものであった。こうした農外所得源の拡充促進は、農地を他の用途へと事実上転用し、農村への第2次・第3次産業誘致を図った1970年代以降の日本の農政とも重なるものとなった。そして、農業部門における主要な関心事項が増産による食糧不足への対処から農家経営の安定へと移行したこの時期から、韓国農政は次第に農業および農業従事者の維持・保護という、先進国型の課題を抱え込むようになっていく。

第5節　民主化と第六共和国体制の発足

　1981年2月に第五共和国憲法に基づいて大統領に就任した全斗煥は、1988年2月に大統領任期の満了を控えていた。第五共和国憲法は大統領任期を1期7年とし、再選を禁止していたことから、全斗煥は次の大統領選挙に立候補することができなかった。こうした中、野党や学生勢力は権威主義色が濃く残る第五共和国憲法を改正し、次期大統領を直接選挙によって選出するなどといった政治改革を求めるデモを展開していた（キム・イリョン、2004、pp. 425-426）。

1987年4月13日、全斗煥は「護憲措置」と呼ばれる声明を発表した[44]。この声明は、憲法改正をめぐる議論を先送りし、1988年2月に就任する次期大統領を第五共和国憲法の規定に基づき、間接選挙で選出するという内容のものであった。しかし、第五共和国憲法下の大統領間接選挙は、選挙人5,278名のうち、3,667名が全斗煥政権の与党・民主正義党に所属するという政府・与党に著しく有利なものとなっていたため[45]、この声明が発表されるや否や、野党各党は憲法を改正し、次期大統領を直接選挙によって選ぶべきであると強く求めるようになった。特に同年春、ソウル大学の学生で民主化運動に参加していた朴鍾哲が警察の拷問によって死亡したことが明るみに出たことで、野党各党や学生団体の活動は一層活発化し、6月10日、これらの団体は憲法を全面的に改正し、次期大統領を直接選挙で選出するよう求める大規模な街頭デモを実施した（キム・イリョン、2004、pp. 426-427）。

　改憲と大統領直接選挙制を求める街頭デモはその後も連日続き、ついに6月29日、与党・民正党代表であった盧泰愚は、次期大統領を国民による直接選挙で選ぶ旨、およびそのための憲法改正を野党との協議を通じて行うとする声明、通称「6・29宣言」を発表した[46]。その後、7月より与野党合同による憲法改正会議が開かれ、10月、同会議で作成された改憲案が国民投票で可決されたことを受け、現在に至るまで効力を有する第9次改正憲法、通称・第六共和国憲法が公布された。同憲法は大統領任期を1期5年までとし、その選出方法を国民による直接選挙方式と明記するなど、維新憲法・第五共和国憲法に比して民主的体裁を整えた法典となった。12月、新憲法に基づき、1971年以来16年ぶりとなる大統領直接選挙が実施された。選挙では、与党の後継

---

[44] 『朝鮮日報』1987年4月14日付
[45] 韓国中央選挙管理委員会
http://elecinfo.nec.go.kr/eps/election/candidate/cand_l.jsp?electycd=A&electname=16（2019年6月17日閲覧）
[46] 『朝鮮日報』1987年6月30日付

候補が盧泰愚に一本化されていたのに対し、野党候補が一本化に失敗、金泳三と金大中が共に出馬することとなったため、野党票が分散してしまい、結局、盧泰愚が当選することとなった。当選した盧泰愚は、翌 1988 年 2 月に大統領に就任し、これによって第六共和国体制が発足した。

第 6 節　農漁村発展総合対策

　1989 年 12 月、政府は農漁村発展総合対策を発表した[47]。これは、第 6 次 5 カ年計画で言及されていた農漁村に対する政策をより明確にしたものであり、農業分野の場合、①大規模化・機械化による構造改善、②農産物価格の安定、③農外所得源の開発、④農村居住圏の再開発、および⑤開発推進過程における農民の負担軽減の 5 項目を基本理念とし、その理念の実現のために以下の政策を行うとしている[48]。

1. 農業の大規模化および機械化の継続的推進
2. 農産物価格を安定させるために価格支持を行う
3. 地域に合わせた農外所得源の開発を進めていくため、地方自治体に必要な権限を付与する
4. 面[49]を単位とした、地域および生活に密着した農村開発の推進

---

[47] 国家記録院
　http://www.archives.go.kr/next/search/listSubjectDescription.do?id=004886
　（2019 年 7 月 1 日閲覧）

[48] 「農漁村発展総合対策」大韓民国政府、1989 年、筆者翻訳. 国家記録院
　http://www.archives.go.kr/next/search/listSubjectDescription.do?id=004886
　（2019 年 7 月 1 日閲覧）

[49] 「面（면）」は、「邑（읍）」とともに韓国農村部における最小行政区画を成す単位である。規模としては、おおむね日本の「字（あざ）」に相当する。

農漁村発展総合対策は、従来の5カ年計画のような中央集権的なマスタープランでは農漁村振興を図ることが困難であるという認識に立ち、自治体[50]やその下の行政区画などに許認可権限や予算を割り当てるという、いわば農業・農村政策の地方分権化を志向した点に特徴があった。その後政府は、1992年度予算に大規模化や機械化を支援するための財源として農漁村構造改善対策費用を計上し、2001年までの10年間に総額42兆ウォンを支出した[51]。また、この財源を用いて各地の農地改良や区画整理、機械化営農団の設立を指導する組織として農漁村振興公社が農林部の傘下組織として設立された[52]。

　多額の財源を得たこの時期の農漁村発展総合対策は、第6次5カ年計画で言及されていた農村の工業化にも着手した。1991年、政府は全国の農村のうち約150箇所を農工団地に指定し、食品加工など農業に関連した産業のほか、各種製造業などの工業を誘致し、農家所得の多角化を推奨した[53]。ただし、こうした農村への工業誘致は上記の150か所という限られた場所での取り組みにとどまり、韓国農家の本格的な兼業化という問題は2000年代以降へと持ち越されることとなった。

---

[50] 第六共和国憲法施行後、政府は第三共和国以来凍結されていた公選制地方自治の再開に着手していた。
[51] 国家記録院
http://www.archives.go.kr/next/search/listSubjectDescription.do?id=004887
（2019年7月1日閲覧）
[52] 同公社は、2000年に農業基盤公社、2008年に韓国農漁村公社、2014年に農漁村研究院と、度々名称を改めている。
[53] 農林部「農工団地開発計画」1994年. 国家記録院
http://www.archives.go.kr/next/search/listSubjectDescription.do?id=003702
（2019年6月17日閲覧）

第7節　第3次国土総合開発10カ年計画と金泳三政権発足、新経済5カ年計画

　1992年1月、政府は第3次国土総合開発10カ年を開始した。この第3次10カ年計画は、第2次10カ年計画までにソウル首都圏への人口、産業の集中が一定程度緩和されたことを評価しつつも、なおその成果が十分ではないとし、以下の基本目標を掲げている（大韓民国政府、1992、p. 10、筆者翻訳）。

1. 道など広域自治体レベルに着目した、開発戦略の再構成
2. 資源節約型の土地利用
3. 公共の福祉と自然保護の改善
4. 祖国統一に向けた国土基盤の整備

　第1目標が自治体に言及しているのは、この時期、朴正熙政権以来停止されていた公選制の地方自治が、1994年から1995年にかけて再開されることに決まったことと関連している。また、第4項目に統一についての言及があるのは、同じくこの計画の作成時、南北首相会談など、北朝鮮との政治対話が進展していたことを反映している。このように、1990年代に入ると政府のマスタープランも、1960年代の第1次5カ年計画などと異なり、10年先、20年先を見据えた長期的なビジョンを示すというよりも、その時々の政治状況を反映したものという側面を強くしていくことになる。

　こうした中、第2目標で資源の節約、および第3目標で自然保護が取り上げられるなど、第3次10カ年計画は、環境問題により強い関心を示すものとなっている。1990年代半ば以降、政府は農業政策を環境保全とリンクさせていくことになるが、この点については次章で詳しく述べる。

第3次国土総合開発10カ年計画が始まった1992年の12月、盧泰愚の大統領任期満了に伴う大統領選挙が行われ、金泳三が当選した。その後、1993年2月に大統領に就任した金泳三は、同年4月に新たな経済計画の作成を経済関連官庁の次官らに指示し、同年7月、通算7次目の5カ年計画となる新経済5カ年計画を発表した（大韓民国政府、1993、p. 8）。新経済5カ年計画は、重点課題として以下の7項目を掲げ、これらに計画発表から100日で着手すると宣言している（大韓民国政府、1993、p. 22、筆者翻訳）。

1. 投資促進による景気の活性化
2. 中小企業の育成
3. 技術開発への投資による効率性向上
4. 規制緩和による企業活動活発化
5. 農漁村構造の改善
6. 生活必需品の価格抑制
7. 国民意識改革運動の推進

　農漁村構造の改善については、農産物取引をめぐる国際化、すなわち外国農産物の流入という事態に対応するため、農業技術の改良や、それを担いうる人材の育成が不可欠であると強調し、産官学連携による「技術農業」の実現が不可欠だとしている（大韓民国政府、1993、pp. 40-41）。新経済5カ年計画に先立つこと4年前に農漁村発展総合対策が発表されており、既にこれに基づいた予算装置も講じられていた中であったため、新たな政策の方向性が示されたという訳ではなかったが、金泳三政権は1994年、農漁村構造の改善をより実効性あるものとしていくための国税として農漁村特別税を設定した。これは、投資運用などによって生じた財産所得に対し、通常の所得税を非課税とする代わりに特別税を課し、その税収を農業機械の購入など、農漁村振

興の予算に充当するというものである。この農漁村特別税により政府は、2004年までの11年間に15兆ウォンに及ぶ新たな税財源を確保した[54]。

第8節　1990年代以降の近代化政策

　1993年、政府は委託営農会社設立法案を国会に提出し、可決・成立させた[55]。委託営農会社とは、農業機械を保有ないしリースし、営農工程が機械化されていない農家の田植えや収穫、肥料散布などの作業を有料で代行する企業のことである。いわば、機械化営農団を営利目的の民間企業として運営するものであり、農業機械の導入が進んでいない農家にとっては、手作業ゆえに非効率となりがちな営農工程の一部を機械化することができ、他方で受託する側にとっては農業機械の効率的な運用と、農作業代行に伴う手数料収入が期待できた。これを促すため、政府は委託営農会社の設立に伴う農業機械導入に、機械化営農団と同じ助成を行った。また、委託営農会社による作業代行が、受託する側にとって利益を生み出せるものであり、かつ委託する側にとっても手数料が農家経営上の負担とならないよう、委託に伴う手数料の水準は、委託者と受託者の双方への聞き取り調査を踏まえ、基礎自治体である市ないし郡によって設定され、かつその水準は毎年更新されることとなった。

　委託営農会社が機械化営農団と最も異なる点は、後者と違い前者では、営農団に加入せず、従って農業機械購入のための資金を拠出して

---

[54] 国税庁 http://www.nts.go.kr/call/income_tax/2013/htm/07.html（2019年6月17日閲覧）。なお、当初農漁村特別税は2004年までの措置であったが、その後延長手続きがとられ、2019年現在でも徴収され続けている。
[55] 農林部「農政に関する年次報告書」2006年. 国家記録院
http://www.archives.go.kr/next/search/listSubjectDescription.do?id=004823
（2019年6月17日閲覧）

いない農家も、一定の手数料をその都度支払うことにより、農作業を機械化できるという点である。こうしたスキームが採用された背景には、1990年代に入っても農家人口の減少が止まらず、農業の担い手不足が深刻化していたという事情があった。グラフ6-2は、1980年から委託営農会社設立法が制定された1993年までの農家数および農家人口を示したものである。1980年時点で200万戸以上あった農家は1993年の時点で200万戸を切っており、減少傾向にある。農家人口の減少はより顕著であり、1980年時点で1000万人以上いたものが、1993年時点では500万人あまりと、ほぼ半減している。こうした中では、農家そのものは一定数存在し、営農の担い手に対する需要も漸減傾向ながら存在するのに対し、農作業を担いうる人手は足りなくなる。そこで政府は、農業機械を用いた農作業の代行サービスを営利目的で行える制度を整えることで、更なる機械化の推進を図ったのである。

　先述の農漁村発展総合対策予算、農漁村特別税などの財政措置に加え、こうしたスキームが採用された結果、機械化営農団と併せ、1990年代半ばに韓国農業の機械化は加速的に進んだ。表6-4は、韓国で納車された耕運機および農業用トラクターのうち、1994年に創設された農漁村特別税を財源とした補助金の交付を受けたものの台数である。耕運機は補助金創設直後である1995年から1997年にかけての時期に年間8万台前後が納車され、1998年以降は納車ペースが激減し、特に2004年以降は年間数百台前後まで減っているが、農地における土起こしに不可欠な機材である耕運機が補助金制度創設後3年間に急速に売れたということは、この時期に多くの耕運機が普及したということを意味するだけでなく、この機械購入への助成金制度が、それほど営農者の需要に合致するものであったということ、したがって助成金制度創設後、助成金を受けて耕運機を導入する機械化営農団や委託営農会社が相次いだということを示唆してもいる。

グラフ 6-2：1980 年代以降の韓国農家人口の推移

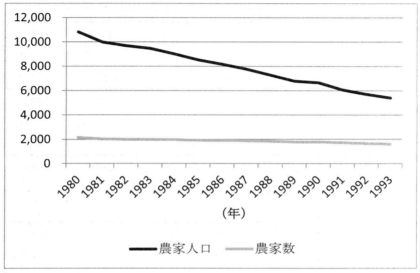

単位：農家数＝千戸、農家人口＝千人
出典：統計庁・国家統計ポータル
　　　http://kosis.kr/statisticsList/statisticsList_01List.jsp?vwcd=MT_ZTITLE&parentId=F#SubCont（2019 年 7 月 20 日閲覧）

　トラクターに関しては、耕運機ほど激しい納車台数の増減を見せておらず、また納車台数がピークを記録したのも 1998 年と補助金制度創設から数年が経過した後のことであるが、これは、逆に言えば年間 1 万台前後、あるいはそれ以上のトラクターが政府補助を受けて納車されていることを意味している。農林部が 2003 年から 2006 年にかけて行った農業機械保有現況調査によると、韓国国内の農家が保有する

表6-4：政府補助金を受けて納車された耕運機およびトラクター台数

年度	1995	1996	1997	1998	1999
耕運機	79,750	83,269	79,171	10,077	7,501
トラクター	17,282	19,605	22,622	25,377	17,919
年度	2000	2001	2002	2003	2004
耕運機	7,808	3,894	1,652	1,332	903
トラクター	22,716	14,198	10,494	8,059	9,123
年度	2005	2006	2007	2008	2009
耕運機	742	883	675	547	416
トラクター	10,121	10,350	11,805	12,894	12,381
年度	2010	2011	2012	2013	(2018)
耕運機	374	326	287	232	(76)
トラクター	13,891	12,992	12,246	11,688	(9,811)

単位：台
出典：韓国農機械工業協同組合
　　　http://www.kamico.or.kr/homepage/ariMachineStatic.do（2019年6月17日閲覧）
注：集計データが異なるため、2018年の値は、2013年以前とは連続性を持たない参考値として掲載した。

農業用トラクターの総台数は23万台あまりであり、また同期間、毎年9000台から1万台の農業用トラクターが旧型機の置き換えや新規導入などの理由で購入されている[56]。表6-4によると、2003年から2006

---

[56] 統計庁・国家統計ポータル
　　http://kosis.kr/statisticsList/statisticsList_01List.jsp#SubCont（2019年6月17日閲覧）

年にかけて政府の補助金を受けて納車されたトラクターの台数は毎年 8000 台から 1 万台前後であり、同期間の農家によるトラクター購入の大半が政府の補助金を受けたものであったことが窺える。

　委託営農会社設立法の制定と同じ 1993 年、政府は 1977 年に創設された価格例示制度の根拠法である農水産物流通法を改正した[57]。従来の同法が政府に農産物の参考価格を例示する権限のみを与えていたのに対し、1993 年改正法では、参考価格による取引を実現できるよう、政府に生産調整を行う権限を与えた。すなわち 1993 年改正法は第 7 条において、生産調整によって農産物価格を維持する必要がある場合、農林部長官が農産物の出荷を行える業者・団体を制限できると規定した。これにより、政府が農産物の価格支持をより実効性のある形で行えるようになった。

　また 1994 年には、農地の貸借および売買をめぐる権利関係を規定した農地法が制定された[58]。農地貸借管理法と異なり、農地法は農地の売買についてもその要件や効力を法で規定しており、これにより、農地の取引を通じた営農の大規模化をより行いやすくする環境が整備された。表 6-5 は、農家 1 戸平均の経営耕地面積を示したものであるが、大規模化が徐々に進んでいる様子が見てとれる。

---

[57] 韓国法令検索
http://www.law.go.kr/lsInfoP.do?lsiSeq=2165&ancYd=19930611&ancNo=04554&efYd=19940501&nwJoYnInfo=N&efGubun=Y&chrClsCd=010202#0000（2019 年 6 月 17 日閲覧）

[58] 韓国法令検索
http://www.law.go.kr/lsInfoP.do?lsiSeq=683&ancYd=19941222&ancNo=04817&efYd=19960101&nwJoYnInfo=N&efGubun=Y&chrClsCd=010202#0000（2019 年 7 月 1 日閲覧）

表 6-5：農家 1 戸あたり経営耕地面積

年度	1976	1978	1980	1982	1984
農家世帯	2,335,856	2,223,807	2,155,073	1,995,769	1,973,539
耕地面積	2,239,692	2,221,918	2,195,822	2,180,084	2,152,357
平均面積	0.96	0.99	1.01	1.09	1.09
年度	1986	1988	1990	1992	1994
農家世帯	1,905,984	1,826,344	1,767,033	1,640,853	1,557,989
耕地面積	2,140,995	2,137,947	2,108,812	2,069,933	2,032,706
平均面積	1.12	1.17	1.19	1.26	1.30
年度	1996	1998	2000	2002	2004
農家世帯	1,479,602	1,413,017	1,383,468	1,280,462	1,240,406
耕地面積	1,945,480	1,910,081	1,888,765	1,862,622	1,835,634
平均面積	1.31	1.35	1.36	1.45	1.47

単位：農家世帯数＝戸、耕地面積・平均面積＝ha
出典：統計庁・国家統計ポータル
　　　http://kosis.kr/statHtml/statHtml.do?orgId=101&tblId=DT_1EB002&vw_cd=MT_ZTITLE&list_id=F1G&seqNo=&lang_mode=ko&language=kor&obj_var_id=&itm_id=&conn_path=E1（2019 年 7 月 1 日閲覧）

第 9 節　農家所得の向上と農家間の所得格差問題

　ここまで見てきたように、1980 年代から 1990 年代にかけて、生産構造の改善や近代化を図る農政が展開された。グラフ 6-3 は、1990 年代の農家所得と都市勤労者世帯所得を見たものである。農家所得は 1980 年代より引き続き上昇を続け、1990 年から 1999 年までの間に 2 倍以上に増加している。しかし、1970 年代および 1980 年代と異なり、

この時期は都市勤労者世帯の所得が農家所得以上の伸びを見せ、都農間の格差は拡大した。1980年からの13年間で農家人口がほぼ半減し、これが農業従事者の不足を招くことが予想された中、政府は機械化営農団や委託営農会社を通じた農作業の機械化を積極的に奨励し、それを支える予算措置も講じたほか、農産物価格を支持するための法改正も行うなど、積極的な農業政策を実施した。しかし、政府がかつての増産志向農政から大きく転換し、生産構造の改善を志向するようになった1990年代、皮肉なことに都農間の所得格差は拡大し始めてしまったのである。

　過去20年余りに渡って抑制され続けてきた都農間格差が再び拡大を始めた1990年代は、農家の高齢化が顕著に表れた時期でもあった。続く表6-6は、5年に一度行われる農業総調査の結果をもとに、1970年代以降2000年までの農家人口を年齢層別に分け、かつそれぞれの調査年次における農家人口の年齢別比率を示したものである。1970年から1985年まで、およそ800万人から1000万人の間で推移していた30代以下の農家構成員は、1980年代後半に激減し、1990年の時点で350万人あまりにまで減っている。

　その後も30代以下の農家人口は減り続け、1995年には200万人あまりとなり、2000年代には150万人を切るに至っている。それぞれの調査年次における人口比率で見ると、1970年に74.9%と、全農家人口の4分の3を占めていた30代以下の世代は、2000年代には4割を切っている。これほど明瞭な減少ペースではないものの、40代農家構成員の数も、1985年の時点では100万人以上いたものが、1995年には50万人台にまで減っている。50代農家構成員についても、1990年までは100万人以上いたものが、1995年と2000年には100万未満に減少している。

グラフ6-3：1990年代韓国における都市勤労世帯年間所得と年間農家所得

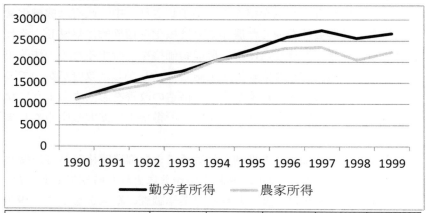

年度	1990	1991	1992	1993	1994
都市勤労所得	11,319	13,903	16,273	17,733	20,415
農家所得	11,025	13,105	14,505	16,927	20,315
年度	1995	1996	1997	1998	1999
都市勤労所得	22,932	25,832	27,448	25,597	26,696
農家所得	21,802	23,297	23,488	20,493	22,322

単位：千ウォン

出典：統計庁・国家統計ポータル
http://kosis.kr/statisticsList/statisticsList_01List.jsp?vwcd=MT_ZTITLE&parentId=F#SubCont（2019年6月17日閲覧）

注1：千ウォン未満切り捨て

注2：都市勤労世帯所得は、原データでは月収で集計されているため、便宜的に12をかけて年収に換算した。

表 6-6：1970 年から 2000 年にかけての世代別農家人口およびその割合

年度	39歳以下	40歳代	50歳代	60歳以上	合計
1970	10,794 (74.9)	1,373 (9.5)	1,105 (7.7)	1,142 (7.9)	14,414 (100.0)
1975	8,371 (69.6)	1,402 (11.6)	1,107 (9.2)	1,163 (9.7)	12,043 (100.0)
1980	10,248 (74.1)	1,371 (9.9)	1,073 (7.8)	1,137 (8.2)	13,829 (100.0)
1985	8,516 (69.0)	1,076 (8.7)	1,128 (9.1)	1,630 (13.2)	12,350 (100.0)
1990	3,572 (53.7)	786 (11.8)	1,110 (16.7)	1,184 (17.8)	6,652 (100.0)
1995	2,139 (44.2)	586 (12.1)	867 (17.9)	1,252 (25.8)	4,844 (100.0)
2000	1,486 (36.9)	530 (13.2)	676 (16.8)	1,330 (33.1)	4,022 (100.0)

単位：人口＝千人、括弧内＝%
出典：統計庁・国家統計ポータル
　　　http://kosis.kr/statisticsList/statisticsList_01List.jsp?vwcd=MT_ZTITLE&parentId=A#SubCont（2019 年 6 月 17 日閲覧）を元に筆者作成
注 1：括弧内は各世代が農家人口全体に占める比率
注 2：比率は小数点第 2 位を四捨五入しているため、合計値は必ずしも 100 にならない
注 3：人口は千人未満切り捨て

これに対し、60歳以上の農家構成員は1970年から2000年まで一貫して100万人以上いるだけでなく、50代以下の年齢層がいずれも減少傾向となった1990年以降、緩やかながらも人数が増えており、各調査年次の農家人口に占める比率も1970年の7.9%から2000年の33.1%へと上昇している。

　50代以下の農家人口が減少する中、60代以上の農家人口だけが増加し、全体として農家の高齢化をもたらしているのであるが、この60代以上の農家構成員は、1980年代以降政府が推進した大規模化政策から取り残されやすいという問題を抱えていた。表6-7は、2005年時点において農家を経営主の年齢層と経営耕地面積の規模によって分類したものである。以下で行う説明の便宜のため、各経営耕地面積規模において、最頻値を太字で、中央値を含む部分を斜体字で表記してある。韓国の農業総調査は、2000年まで経営主の年齢分布と経営規模分布を個別に集計しており、両者の関係を統計データから見ることができなかった。そのため、ここでは1990年代のデータを見る代りに2005年のデータを参照することとなる。こうした制約ゆえに、次章で見る1990年代以降の親環境農業政策の影響や、農家経営主の高齢化による引退などの影響を排除することはできないが、この2005年の統計を示した本表においても、農家経営主の年齢層と経営耕地面積の規模との間に一定の相関関係は見てとれる。すなわち、表中において太字および斜体で示したように、経営耕地面積が2haを超え、2ha以上3ha未満、3ha以上5ha未満、そして5ha以上と大規模になるにつれ、それぞれの規模帯における最頻値および中央値を含む年齢層が若くなっていくのである。このことから、経営の大規模化を促す1980年代以降の政府の政策に応じたのが、農家の中では少数派となっていく比較的若い経営主であり、逆に高齢農家は全体として大規模化を控えたということが見てとれる。

表 6-7：経営主の年齢層別に見た韓国農家の経営耕地面積

年齢	～0.5ha	0.5-1ha	1-2ha	2-3ha	3-5ha	5ha～
20-24	106	65	34	10	13	9
25-29	811	459	339	146	112	96
30-34	4,216	2,328	1,868	668	599	520
35-39	10,774	6,585	5,330	2,127	2,004	1,547
40-44	22,834	14,965	12,968	5,529	4,950	4,035
45-49	37,395	25,603	24,195	10,940	9,893	**7,262**
50-54	43,031	30,632	29,477	13,121	10,961	*6,673*
55-59	51,549	39,421	39,528	*16,200*	**11,305**	5,431
60-64	*61,273*	*50,183*	*48,825*	**17,070**	9,603	3,570
65-69	**81,012**	**68,454**	**61,188**	16,629	7,226	2,252
70-74	77,430	57,120	40,056	8,041	2,919	972
75-79	46,860	26,446	13,428	2,216	853	334
80～	20,524	8,394	3,449	598	229	77

調査年次：2005 年

単位：人

出典：統計庁・国家統計ポータル
(http://kosis.kr/statisticsList/statisticsList_01List.jsp?vwcd=MT_ZTITLE&parentId=F#SubCont：2019 年 7 月 1 日閲覧）を元に筆者作成

注：**太字**は各経営規模帯における最頻値を、*斜体字*は各経営規模帯における中央値を含む年齢層を、それぞれ示している。

　高齢農家の大規模化政策に対する反応が比較的鈍かったことは、そのまま彼らの農家所得が伸び悩むことに直結する。表 6-8 は、経営耕地面積の規模別に見た農家所得である。5 カ年計画において農家所得源の多角化が度々目標として掲げられながらも、農村における工業化

がスポットでの工業団地建設[59]にとどまり、1990年代まで現実の農家所得向上策が農業所得の向上策を中心となってきた韓国では、兼業所得源の乏しさゆえ、耕地面積の規模が農家所得と強い相関性を持つ。

表6-8：経営規模別に見た農家世帯平均所得

経営耕地面積	1990年	1995年	2000年
0.5ha未満	8,223	20,359	17,566
0.5-1.0ha	9,878	18,520	19,120
1.0-1.5ha	11,120	22,141	22,702
1.5-2.0ha	12,581	23,177	26,607
2.0-3.0ha	15,052	29,499	29,450
3.0ha以上	N.A.	N.A.	36,022

単位：千ウォン
出典：統計庁・国家統計ポータル
　　　http://kosis.kr/statisticsList/statisticsList_01List.jsp?vwcd=MT_ZTITLE&parentId=F#SubCont（2019年7月1日閲覧）

　表6-8からは、大規模経営を行う農家が高い農家所得を得ていることが読み取れるが、前述のように大規模化に対してより積極的な若手農家が急速に減少する中では、政府の大規模化・機械化の推進が農業所得の向上に一定の役割を果たしたとしても、高齢農家の低所得が足かせとなってしまい、全国平均の農家所得が都市勤労者所得を下回る状況を回避できなかった。

---

[59] 農村自治体内に工業インフラを備えた土地を造成し、そこに外部の企業を呼び込んだり、食品加工場を建設する仕組みであるが、その造成ペースは年間30カ所程度にとどまっている。農村振興庁
http://www.rda.go.kr/board/board.do?mode=html&prgId=oph_sixindu（2019年7月1日閲覧）

表6-9は、2003年時点における、経営主の年齢別に見た農家所得である。韓国政府が農家の高齢化を踏まえ、経営主の年齢層ごとに農家所得を算出するようになったのが2003年以降であるため、本章の議論とは時期がずれてしまうが、この表からも、農家経営主の年齢が60歳を越えると農家所得が低下することが読み取れる。

表6-9：農家経営主の年齢層別に見た農家平均所得

年齢層	39以下	40-49歳	50-59歳	60-69歳	70以上
農家所得	27,335	32,459	33,275	25,438	17,602

単位：千ウォン
調査年：2003年
出典：統計庁・国家統計ポータル
　　　http://kosis.kr/statisticsList/statisticsList_01List.jsp?vwcd=MT_ZTITLE&parentId=F#SubCont（2019年7月1日閲覧）

　60歳以上の農家経営主が大規模化に積極的でなく、従って50歳代以下の経営主に比べて農家所得が低くなりがちであることには、いくつかの理由が考えられる。そもそも、営農を近代化させ、生産性を向上させる政策の皮切りとして1983年に創設された農漁民後継者育成基金は、その名の通り、新規就農者を近代的な富農に育て上げていくものであり、現役農家を対象としたプログラムではなかった。その後、土地貸借管理法の制定や機械化営農団の設立奨励により、現役農家の構造改善が本格的に進められていくこととなったが、根本的な問題として、60歳を過ぎた経営主には、年齢的な事情から、機械の操作方法などを習得し、不慣れな営農形態に転換していく動機が乏しかった。また、仮に60歳を過ぎた農家経営主が機械化営農団に加わろうとしても、同営農団は農作業の全工程を機械化することを目的にした組合組織であったため、新規に機械の操作技能を習得することが容易でな

い高齢の経営主にとってはハードルの高いものであった。この点は、後述する高齢農家の引退促進策につながってくる。

第10節　小括

　1980年代から1990年代にかけて政府が展開した農政は、1976年にコメの自給が実現されたことや、1970年代のセマウル運動を指導した朴正煕が暗殺されたことなどがあり、朴正煕政権期の増産を重視し、政府が積極的に農民を動員していく形態からは大きく方針転換をしたものであった。第5次5カ年計画でも言及されていたように、全斗煥政権の韓国農政は、生産性向上に重きを置くこととなり、それは土地貸借管理法の制定を通じた大規模化の促進と、機械化営農団や委託営農会社を通じた農作業工程の全面的機械化といった形で具体化された。この、大規模化と機械化を柱とした農業の生産性向上の追求は、農家人口の減少に対処するものでもあり、後継の盧泰愚および金泳三政権下でも展開された。

　この生産性向上を重視した農政が展開された結果、1980年代以降も韓国の農家所得は上昇し続けた。しかしながら1990年代に入ると、農家の高齢化が進み、その高齢化した農家が機械化を伴う大規模農業に積極的に対応しないという問題が生じた。そしてこの時期、農業所得そのものは伸び続けたものの、1970年代初頭からおよそ20年に渡って続いてきた都市勤労者世帯所得と農家世帯所得の並行発展は崩れ、都農間の所得格差が生じることとなった。従って1980年代から1990年代にかけての農政は、農家人口が減少し、農業の担い手不足が顕在化した中にあっても農家所得を持続的に上昇させたという点では成功を収めたが、他方でそのパフォーマンスは、農家の急速な高齢化によって制約されたものとなった。

　また、1995年にWTO（World Trade Organization：世界貿易機関）が

発足するなど、農業分野を含む貿易自由化が加速的に進行していったことは、韓国政府の農業・農村政策において「大きな外在変数（大韓民国政府、2001、p. 11）」となった。1980年代から農産物の貿易自由化を見越し、それに対応するという狙いもあって農業生産性の向上を進めていた韓国政府であったが、WTO協定が政府による農産物価格の調整を原則として禁じるなど、農産物貿易の自由化を強く志向するものとなったことを受け、1990年代半ば以降、農政の基調をWTO協定に対応したものへと大きく転換することとなった。その点については、章を改めて論じる。

第4部

先進国段階における韓国農政

第4部

交通問題における韓国語通訳

第 7 章

親環境農業政策と直接支払い制度の導入

　前章で検討したように、大規模化と機械化を柱とした 1980 年代から 1990 年代にかけての農政は、韓国の農業生産性を一定程度向上させ、1980 年代を通じて農業所得が都市労働者所得と同等の水準を維持することを可能とした。しかし 1990 年代に入ると、農家の高齢化が進んだことなどから農業機械を利用した大規模経営に消極的な農家の比率が増えた。そして、1970 年代から 1980 年代にかけて続いた都市労働者と農民の所得が平行して上昇するというパターンは、1990 年代に崩れることとなった。

　他方、農家の高齢化が顕在化した 1990 年代は、WTO の発足により、韓国が急速な貿易自由化に対応しなければならない時期ともなった。こうした中で政府は、生産性を重視した近代化志向の農政を大きく修正し、環境志向を強めることで農産物の高付加価値化に乗り出すとともに、農家に対する所得補償制度を整備することとなった。

　本章は、1990 年代を通じて韓国政府が導入していった親環境農業政策と直接支払制度について見ていく。

第 1 節　WTO 協定と親環境農業政策

　1994 年、GATT の改正交渉が妥結し、1995 年に恒久的な国際貿易機関である WTO が発足することが確実になった。WTO は設立に際して加盟国が署名した協定において各国の農業補助金に総額規制を設けており、かつ許容される農業補助金についても、輸出補助金など、市場原理に反する形で農産物の市場価格を操作する補助金の交付形態

を禁じた[1]。他方でWTO協定は、農業補助金規制の例外も規定している。後発発展途上国に対しては上記の補助金規制の適用が免除され、またそれ以外の国についても、環境保護などを目的としており、生産量と販売価格の操作を伴わない補助金は規制の対象外とされている[2]。この、販売価格の操作を伴わない補助金許容枠はグリーン・ボックス（Green Box）と呼ばれ、後発発展途上国以外の加盟国は、この枠内で農業補助金を交付するよう求められた。

　1991年以降、農漁村発展総合対策として農漁村に多額の補助金を投入していた韓国であったが、1995年のWTO発足を前に、グリーン・ボックスに合致させるよう農業補助制度を改める必要が出てきた。前章で見た1980年代以降の農業政策のうち、農業機械の購入や大規模化のための農地取得に対する補助金は、農産物の増産を目的としたり、農産物価格を直接操作したりするものではなく、WTOの下でも存続が可能であったが、価格例示制度を通じた農産物価格の支持は、WTO協定に抵触するものであった。

　1990年代前半から半ばにかけての時期、韓国政府は、従来の農業政策をWTO協定に合致するよう改めていくに当たり、既に同国農業部門の所得が世界的に見て高所得国の水準にあったこと、および長年の工業化に伴う環境問題が深刻化していたことも考慮しなければならなかった。これらの事情を勘案した結果、政府は1990年代半ば以降、農政の基調を、環境保護を前面に打ち出したものへと転換していく方針

---

[1] 1994年にモロッコのマラケシュで正式合意されたWTO設立協定は、その付属文書A内の「農業に関する協定」第6条において農業に対する助成金についてシーリングを設定する旨を規定し、同第8条において輸出促進のための補助金交付を禁止している。経済産業省
http://www.meti.go.jp/policy/trade_policy/wto/wto_agreements/marrakech/index.html　（2019年7月1日閲覧）

[2] 「農業に関する協定」の第二付属書第12項で、「環境に係る施策による支払」が助成金削減対象の例外たりうる条件・根拠が規定されている。WTO https://www.wto.org/English/docs_e/legal_e/14-ag_01_e.htm（2019年7月1日閲覧）

をとった[3]。こうして、1990年代以降に韓国政府が進めるようになった農政は、総称して親環境農業政策（친환경 농업정책）と呼ばれている。

　親環境農業政策は、根拠となる法令および実施開始時期の違いにより、親環境農産物認証制度、直接支払制度、およびグリーン・ツーリズムの3種類に分けることができる。次節以降では、これら3種類の具体的な施策について見ていく。

第2節　親環境農産物認証制度

　親環境農産物認証制度とは、農産物栽培過程における農薬および化学肥料の使用基準を政府が定め、この基準を満たしたと認証された農産物に対し、所定のマークを付して販売することを許可するという制度である。日本における類似の制度としてはJAS（Japan Agricultural Standard：日本農林規格）の一種として2001年に始まった有機JASがある。これは、認証機関からJASに定める有機農法の基準を満たしていると認められた農産物について、専用のJASマークを付して販売することが認められるというものであるが[4]、韓国の親環境農業認証制度は、無農薬野菜など、有機農産物以外の親環境農産物についても認証対象としている点が特徴的である。

　韓国で最初に導入された親環境農産物の認証制度は、1993年12月

---

[3] 農林畜産食品部は、親環境農業政策を推進する背景および目的について、①農業と環境を調和させ、安全な農産物の生産を追求すること、および②農産物市場の開放に対応し、韓国農産物の競争力を向上させること、の2点を挙げている。
http://www.mafra.go.kr/list.jsp?board_kind=&board_skin_id=&depth=3&division=H&group_id=4&link_menu_id=&link_target_yn=N&link_url=&menu_id=1258&menu_introduction=&menu_name=&parent_code=67&popup_yn=N&reference=14&tab_yn=N&code=left&tab_kind=Y&locationId=4（2015年8月18日閲覧）

[4] 農林水産省 http://www.maff.go.jp/j/jas/jas_kikaku/yuuki.html （2019年7月1日閲覧）

に政令として施行された品質認証制であった[5]。品質認証制は、農薬および化学肥料を一切使用することなく栽培された農産物のみが有機農産物、農薬を一切使用することなく栽培された農産物のみが無農薬農産物であるという基準を設定した上で、農林部の傘下機関である国立農産物品質管理院が当該基準を満たしたと認証した農産物に限り、販売時に「有機」ないし「無農薬」の文言をラベルに付してよいと規定した[6]。GATTウルグアイ・ラウンド農業交渉が妥結する以前に施行されたこの品質認証制は、市場で品質表示を偽った農産物が流通することを防ぐべく、政府が農産物の表示について基準を設定したという側面が強く、親環境農業の育成や、親環境農産物の普及を図るという目的意識は希薄であった。1996年に品質認証制が改正され、新たに、農薬を一定の基準値を超えない範囲で使用した農産物を低農薬栽培農産物と認証する規定が設けられたが[7]、これも、農産物の品質表示について基準を示すことを目的としており、親環境農業の振興を主目的としたものではなかった。

　1997年12月、環境農業育成法が制定された[8]。第3条で国家が環境保全志向の農業を推進していく責務を負うと規定した同法は、第6条で品質認証制に定めた条件を満たす農産物の流通を推奨し、それを生

---

[5] 国家記録院
http://www.archives.go.kr/next/search/listSubjectDescription.co?id=004836 （2019年7月1日閲覧）。

[6] 国立農産物品質管理院
http://www.enviagro.go.kr/portal/content/html/help/guide.jsp （2015年8月18日閲覧）。なお、認証を経ていない農産物を有機野菜や無農薬野菜と称して販売することは環境農業育成法で禁じられており、違反した場合、最高で懲役3年の刑事罰が科される。

[7] 国家記録院
http://www.archives.go.kr/next/search/listSubjectDescription.co?id=004836 （2019年7月1日閲覧）。

[8] 韓国法令検索 http://www.law.go.kr/lsInfoP.do?lsiSeq=62050#0000 （2019年7月1日閲覧）

産する農家を育成していくと規定した。また第14条において、農林部長官及び地方自治体の首長が環境に親和的な農業を育成するため、農家に教育訓練を施す義務があると規定した。つまり、政府は従来のように、単に環境保護や食の安全といった観点から親環境農産物の基準を示すだけでなく、当該基準を満たす農産物の生産を積極的に奨励するようになったのである。

　しかし、親環境農業は、一般に慣行農業と呼ばれる農薬や化学肥料を用いた営農方法に比べ、農家にとっての技術および設備面でのハードルが高い営農形態である。山下一仁は、有機農法を中心とする親環境農業が、大規模な農地を保有し、農業労働力を安定的に確保できる農家でないと実践しにくいことを指摘している（山下、2013、p.1）。それによると、農薬を用いない有機農法や無農薬農法は、害虫の駆除や雑草の除去を手作業で行わなければならなくなるため、慣行農法よりも多くの人手が必要になる。また、化学肥料を用いない有機農法は、慣行農法に比べて同一耕地面積あたりの収穫量がどうしても減ってしまう。結果として有機農産物は慣行農法による収穫物に比べて単価が高くなるが、販売価格を極端に引き上げると買い手がつかないという問題が生じてしまう。そのため親環境農業、中でも有機農法は、耕地面積の大きな農家でないと持続的に行うことが難しくなるのである。

　そのため政府は、1998年12月に環境農業育成法が施行されると、農家が品質認証をクリアした農産物を積極的に生産できるよう促す政策を展開した。具体的な政策としてまず行われたのは、土壌改良剤事業である[9]。土壌改良剤とは、化学薬品の代わりに微生物や石灰などを

---

[9] 農林畜産食品部
https://www.mafra.go.kr/list.jsp?&newsid=155446609&section_id=b_sec_1&pageNo=1&year=2015&listcnt=10&board_kind=C&board_skin_id=C3&depth=1&division=B&group_id=3&menu_id=1125&reference=2&parent_code=3&popup_yn=N&tab_yn=N（2019年7月1日閲覧）

用いて土壌に養分を与える散布物のことであり、政府はこれを1999年以来毎年60万トン以上、有機農法を実践する農家に対して無償供給している。2000年代に入り土壌改良剤の価格が上昇し、1999年時点で417億ウォンだった同事業の予算は、2015年には953億ウォンと倍以上の規模になっているが、政府は引き続き年間60万トン以上という供給規模を維持している[10]。

　また1999年、慣行農産物に比べて割高となってしまう親環境農産物の消費を促すために、親環境農産物購入補償制度が設けられた[11]。これは、地方自治体が学校給食などに親環境農産物と認証された材料を使用する場合、慣行農産物との価格差を政府が補償するというものである。この制度に対しては、1999年以来、毎年30億ウォン以上の予算が充当されている。

　2001年、環境農業育成法は改正され、名称も親環境農業育成法と改められた[12]。この改正では親環境農産物認証制度に大きな変更が加えられ、従来は農林部傘下の国立農産物品質管理院のみが行っていた親環境農産物の認証業務を、一定の条件を満たした民間組織が行うことが認められるようになった[13]。これにより、宗教法人や大学が親環境農

---

[10] 農林畜産食品部
http://www.mafra.go.kr/list.jsp?id=29461&pageNo=1&NOW_YEAR=2013&group_id=4&menu_id=72&link_menu_id=&division=B&board_kind=C&board_skin_id=C1&parent_code=71&link_url=&depth=2
（2019年7月1日閲覧）

[11] 農林畜産食品部
http://www.mafra.go.kr/list.jsp?board_kind=&board_skin_id=&depth=3&division=H&group_id=4&link_menu_id=&link_target_yn=N&link_url=&menu_id=1258&menu_introduction=&menu_name=&parent_code=67&popup_yn=N&reference=14&tab_yn=N&code=left&tab_kind=Y&locationId=4（2019年7月1日閲覧）

[12] 韓国法令検索
http://www.law.go.kr/LSW/lsInfoP.do?lsiSeq=39613&ancYd=20010126&ancNo=06378&efYd=20010701&nwJoYnInfo=N&efGubun=Y&chrClsCd=010202#0000
（2019年7月1日閲覧）

[13] なお、日本やアメリカ、EU加盟国など諸外国の有機農産物認証制度で

産物の普及活動を展開する中で認証業務を行えるようになり、従来の政府が認証業務を独占していた段階に比べ、親環境農業の供給ルートが広まった（金気興、2011、pp. 96-113）。

2013年、親環境農業育成法は再び改正され、名称も「親環境農業育成および有機食品などの管理・支援に関する法律」と改められた[14]。法律名に有機食品という言葉が含まれるようになったことから示唆されるように、この改正により、政府は有機・無農薬・低農薬と3種類設定されている親環境農産物のうち、農薬と化学肥料を一切使用せず、従って最も厳しい基準が求められる有機農産物の普及を促進する姿勢を明確にし、その一方で2014年以降、低農薬農産物に対する新規認証を停止することを規定した。また、従来は農産物に限られていた品質認証制の対象が、有機農産物および無農薬農産物を用いた加工食品にまで拡大された。このように、親環境農産物に対する認証制度は、生産・消費の両面における財政支援を伴いつつ、より基準の厳しい有機農産物の普及促進と、認証範囲の拡大を進めている。

第3節　直接支払制の導入

農業政策における直接支払制度とは、農業を営んだ結果として発生する赤字を、政府が事後的[15]に、農業経営主体に対し、所得保障の一環として補填する制度である。同じ農業経営者に対する補助であっても、

　は、創設当初から民間組織が認証業務を行っている。これは、有機農業を推奨する政府と実際に認証認証を行う民間組織が別箇である方が、より公正な認証を行えるためであると思われる。

[14] 韓国法令検索
http://www.law.go.kr/LSW/lsInfoP.do?lsiSeq=125854&ancYd=20120601&ancNo=11459&efYd=20130602&nwJoYnInfo=N&efGubun=Y&chrClsCd=010202#0000（2019年7月1日閲覧）

[15] 韓国の場合、慣行として農閑期である毎年12月に各農家へ補助金を振込むことになっている。

従来一般的であった政府による農産物の高価買上げや価格統制が間接的な所得保障であるのに対し、直接支払制度は、文字通り、政府が営農主体の銀行口座に直接補助金を振込む方式をとる。この方式は、本来受給資格のない者が虚偽の申告をし、不正に補助金を受け取る温床となりやすいほか、補助額の算出根拠が不明朗になりやすいという欠点を抱えている一方、農産物の市場での取引自体には補助金が介在せず、従って農産物が補助金によって不当廉売されないという利点がある。

　韓国は1995年に発足したWTO体制の下で農産物貿易の自由化に踏み切ったが、同体制下では一部の例外を除いて補助金による農産物価格の人為的操作は禁じられており、仮に韓国政府が従来の補助金体系を維持した場合、ダンピングであるとして貿易相手国と紛争になる恐れがあった。こうした中、農業補助金を直接支払方式に改めることにより、農業経営主への所得保障とWTO体制下での貿易自由化を両立させることが可能となった。

　韓国の直接支払制度は、1997年の環境農業育成法の制定と同時に施行された大統領令「農産物の生産者のための直接支払制度施行規程」を法的根拠としている[16]。同規程に基づき、1998年、中山間地域直接支払制と畜産業直接支払制、および親環境農業直接支払制が創設された[17]。このうち中山間地域直接支払制は、中山間地域[18]とよばれる、平地の乏しい、耕作条件が劣悪な場所の農業経営体に対し、平野部で同

---

[16] 韓国法令検索
http://www.law.go.kr/lsInfoP.do?lsiSeq=18150&ancYd=19970201&ancNo=15265&efYd=19970201&nwJoYnInfo=N&efGubun=Y&chrClsCd=010202#0000
（2019年7月1日閲覧）

[17] 「農産物の生産者のための直接支払制度施行規程」農林部、1998年. 国家記録院
http://www.archives.go.kr/next/search/listSubjectDescription.do?id=004906
（2019年7月1日閲覧）

[18] 韓国語でも、日本語の「中山間地域」という漢字表記をハングル転写した「중산간지역」という表現が使われる。

様の農業を営んだ場合と比べて追加的に発生する経費の一部を補助するというものである。また、畜産業直接支払制とは、家畜小屋や広大な放牧地など、稲作や畑作に比べて多額の経費を要する畜産業について、その経費の一部を補助するというものである。この制度は、5カ年計画時代に言及されていた畜産業の振興が、社会経済的条件が整ったことでようやく実行に移されたものと見ることもできる。

　親環境農業直接支払制は、これらの制度と同時に設けられた。慣行農法に比べて多くの手間を要し、また同一耕地面積あたりの収益も少なくなりがちな親環境農法の実践農家に対し、慣行農法を営んだ場合に要する費用との差額を補助するというものである。具体的には、親環境農業を営んでいる農地に対して、有機農法、無農薬農法、低農薬農法の種類に応じて補助金を支払うものであり、稲作の場合、2019年の支払額は有機農法が1haあたり70万ウォン、無農薬農法が50万ウォンである[19]。

　このように、韓国の直接支払制度は当初、中山間地域、畜産業、そして親環境農法という3分野で始まり、これに加えて2001年に水田農業直接支払制が、2003年には水田親環境農業直接支払制が創設された[20]。水田直接支払制は、次節で見る第4次国土総合開発計画が農村の景観維持を国土政策の一環と位置付けたことに対応したものであり、韓国農村の伝統的景観にとって不可欠な水田を維持するべく、水田を耕作する農家に対し、水田維持にかかる費用の一部を支払うというものであった[21]。また、水田親環境農業直接支払制は、水田が維持されることがタニシの生息や水鳥の飛来など生態系の維持に貢献してい

---

[19] 政府24　https://www.gov.kr/portal/service/serviceInfo/SD0000001579（2019年7月23日）。

[20] 「コメ所得保全直接支払使用者指針」農林部、2010年. 国家記録院 http://www.archives.go.kr/next/search/listSubjectDescription.do?id=004876&pageFlag=（2019年7月1日閲覧）

[21] ただし、2ha以上の水田を経営する農家については、補助金がなくても安定した経営基盤が見込めるとし、水田直接支払制の受給対象外とされた。

とに鑑み、水田を耕作する農家に対し、水田維持費用の一部を支払うものであった。

　水田農業直接支払制および水田親環境直接支払制は、2005年に新設された稲作直接支払制に統合された。稲作直接支払制は、同年に制定されたコメ所得等の保全に関する法律[22]に基づき創設されたもので、水田での稲作を行う農家について、所得補償、景観維持費用の補償、環境維持への貢献に対する補償を包括的に行うものである。稲作直接支払制の支払枠は固定枠と変動枠の二部構成となっている。このうち固定枠は、水田が維持されている農家および親環境農業が実践されている農家に対し、農業収入の多寡にかかわらず、耕地面積に比例した額を支払うものである。支払額は5年ごとに政府・農林部が算出することとなり、2012年から2017年の期間、水田の維持に対する支払額は1haあたり年間100万ウォンを規定している[23]。また、減薬や無農薬といった親環境農業を実践していると認定された農家に対しては、1haあたり54万ウォンが固定枠として加算される[24]。これに対して変動枠は、政府が予めコメの標準卸売価格を決めておき、実際の卸売価格がこの標準価格に届かなかった場合、実際の卸売価格と標準価格との差額の85％を毎年12月に各農家の銀行口座へと振込むものである。2012年から2017年までの期間、標準卸売価格はコメの場合精米80kg

---

[22] 韓国法令検索
http://www.law.go.kr/lsInfoP.do?lsiSeq=70752&ancYd=20050701&ancNo=01503&efYd=20050701&nwJoYnInfo=N&efGubun=Y&chrClsCd=010202#0000
（2019年7月1日閲覧）

[23] 「農産物の生産者のための直接支払制度施行規程」農林部、2011年. 国家記録院
http://www.archives.go.kr/next/search/listSubjectContentArchive.do?subjectContentId=004841&pageFlag=&subjectTypeId=01 （2015年8月19日閲覧）

[24] 「農産物の生産者のための直接支払制度施行規程」農林部、2011年. 国家記録院
http://www.archives.go.kr/next/search/listSubjectContentArchive.do?subjectContentId=004841&pageFlag=&subjectTypeId=01 （2015年8月19日閲覧）

あたり17万ウォンと規定されており、実際の卸売米価がこれを割り込むと、前述の固定枠に加え、変動枠が追加として支払われることとなる。

　直接支払制度は、農産物の販売価格を歪曲させることなく営農者の所得を補償するというものであり、2000年代以降、各国とFTA（Free Trade Agreement：自由貿易協定）を積極的に結び、農産物貿易の自由化が加速的に進行している韓国では、従来にも増して重要な役割を担うものとなっている。韓国が最初に締結したFTAは2003年に締結され、2004年に発効したチリとのものであり、2019年6月末までに15か国・地域とのFTAが発効している[25]。韓国が締結するFTAは、相手国が工業製品にかける関税の撤廃を要求する一方、農産物にかかる韓国側の関税を大幅削減するという形で締結交渉が進められてきており、たとえばチリとのFTAでは、ブドウおよびモモなどの果実について、収穫期の2か月間のみ関税が設定され、それ以外の期間は関税が撤廃された[26]。チリなど南半球とのFTAを巡っては、北半球と農産物の収穫期間が異なることもあり、韓国農業に及んでいる影響は限定的であると試算されているが（品川、2014、pp. 65-76）、その後韓国がFTAを締結したアメリカやオーストラリアは農産物の輸出大国であり、安価な農産物の輸入が韓国農業に打撃を与えることが見込まれた。このため政府は2007年、FTA被害補償直接支払制を開始した[27]。FTA被害補償直接支払制は、FTAによって関税が撤廃された農産物を栽培してい

---

[25] 産業通商支援部・FTAハブ http://ftahub.go.kr/main/situation/kfta/ov/ （2019年7月23日閲覧）

[26] 産業通商支援部・FTAハブ
http://ftahub.go.kr/main/info/info/data/3/?ifrmUrl=%2Fwebmodule%2Fhtsboard%2Ftemplate%2Fread%2Ffta_infoBoard_01_view.jsp%3FtypeID%3D8%26boardid%3D74%26seqno%3D140074 （2015年8月21日閲覧）

[27] 農林畜産食品部
http://www.mafra.go.kr/list.jsp?id=31328&pageNo=1&NOW_YEAR=2015&group_id=3&menu_id=123&link_menu_id=&division=B&board_kind=C&board_skin_id=C2&parent_code=3&link_url=&depth=1 （2015年8月21日閲覧）

る農家に対し、最大 10 年間補助金を交付し、親環境農産物ないし他作物への転換を図るよう促すという制度である。

　このように直接支払制度は、貿易自由化の加速によって更なる制度的拡充がなされている。他方で直接支払制度については、支払額の算出時に生産費用が過小評価され、補助金による所得補償が不十分になっている可能性も指摘されており（倉持、2014、pp. 170-177）、その効果については精査される必要がある。また、後述のように FTA による国内農業の被害への補償をめぐっては、農民側からの反発の動きも考慮する必要がある。

第 4 節　第 4 次国土総合開発計画

　2001 年 1 月、政府は第 4 次国土総合開発計画を開始した。従来の国土総合開発計画と異なり、第 4 次計画は実施期間を 2020 年末までの 20 年間としている。

　第 4 次計画は、第 3 次計画がソウル首都圏以外の地域開発にも貢献したと評価など、国土開発そのものにおいては従来の計画が大きな成果を上げたとしている。他方で第 4 次計画は、国土開発に起因する環境破壊が第 3 次計画期までに進んだとし、環境との調和がとれた国土政策を実施していくとしている（大韓民国政府、2001、p. 12-13）。その上で第 4 次計画は、引き続き国土の均衡ある発展を図っていくとし、農村地域で自然の景観を維持し、積極的に保護していくことは、環境という観点からのみならず、農村観光の振興など、農村が持つ資源を市場化するという点でも意義のある政策だとしている（大韓民国政府、2001、p. 42）。

　第 4 次計画は、農業部門に関する施策として農村観光、いわゆるグリーン・ツーリズムに言及しており、これ以降、韓国各地で農村観光事業が展開されることとなった。

第5節　グリーン・ツーリズムの振興

　第4次国土総合開発計画で取り上げられたグリーン・ツーリズムは、2004年に生活の質法[28]が制定されたことで本格的に推進されていくこととなった。国民所得や国内総生産といった、経済指標では計れないものの、現代の生活に重要な役割を果たす要素の保護・育成を目指す同法は、農村風景を観光資源の一種とみなし、景観農業[29]を実施する農家に対して所得補償を行うことも規定していた。

　生活の質法制定後の2005年、政府はグリーン・ツーリズムを振興するウェブページを観光公社のサイト内に開設し[30]、離島や農村で自然環境に触れながら休暇を過ごすことを推奨するようになった。特に観光公社は、農林部とタイアップし、都市に住む子供連れの家族が休暇をとって農村を旅行し、農作業を実体験することで農業に親しみを持ってもらおうという農業体験ツアーを推進している（韓国観光公社、2013、p.5-6）。農村を旅行先とする観光について政府は、2006年から2012年末までの間に全国で998か所のマウル（村落）が農村観光事業を実施し、この間に延べ978万人が韓国国内で農村観光を行ったとしている[31]。しかし観光公社は、農村観光事業を実施した998か所のマ

---

[28] 韓国法令検索
http://www.law.go.kr/LSW/lsInfoP.do?lsiSeq=59121&ancYd=20040305&ancNo=07179&efYd=20040606&nwJoYnInfo=N&efGubun=Y&chrClsCd=010202#0000
（2019年7月1日閲覧）

[29] 景観農業とは、田畑を農産物栽培の場所としてのみ用いるのではなく、田園風景や段々畑の光景など、その景観自体を一種の観光資源として用いることに意識を向けた農業形態である。景観美を損なわないことを農産物の栽培効率に優先させるため、通常、景観農業によって生じる所得の水準は、一般の農業に比べて劣る。

[30] 韓国観光公社・緑色観光
http://korean.visitkorea.or.kr/kor/greentourism/GreentourismBoard.kto?func_name=main（2015年8月19日閲覧）

[31] 統計庁 http://www.index.go.kr/potal/main/EachDtlPageDetail.do?idx_cd=1298

ウルのうち492か所について詳細な調査を行ったところ、農村観光が事業として採算ラインに達していると評価されるものは半数以下の194か所にとどまり、241か所は事業改善を図る必要があり、また57か所については事業として失敗しているとしている（韓国観光公社、2013、p. 6）。

そもそもグリーン・ツーリズムは、夏季休暇やクリスマス休暇など、都市労働者が1週間以上の休暇を得て旅行に出ることが一般化している西欧で主流の観光形態であるが、韓国における労働者の年間平均労働時間は2006年時点で2305時間[32]であり、同じ年で比較すると、1564時間のフランスや1435時間のドイツはもとより、1805時間のアメリカや1784時間の日本と比べても格段に長い。こうした中では居住地から離れた農村へ旅行し、そこで長期間滞在するという観光形態はとりにくい。韓国農村経済研究院によると、都市住民が観光目的で農村を訪れる際の平均滞在日数は5日であり、これはフランスのバカンス休暇が一般に10日以上であることと比べると明らかに短い（キム・ドンウォン、2014、pp. 6-10）。こうした休暇期間の短さが、韓国におけるグリーン・ツーリズム普及のネックになっていると考えられる。

第6節　親環境農業政策の実績

WTO発足による農産物貿易の自由化に対応し、韓国農産物の付加価値向上を目指して進められた親環境農業政策は、有機野菜や無農薬野菜といった環境保全志向で高付加価値の農産物の生産を促すという点では、一定の成果を収めた。表7-1は、政府が親環境農業について

（2015年8月19日閲覧）

[32] 統計庁・国家統計ポータル
http://kosis.kr/statHtml/statHtml.do?orgId=113&tblId=DT_113_STBL_1013844&vw_cd=MT_ZTITLE&list_id=113_11314_01&seqNo=&lang_mode=ko&language=kor&obj_var_id=&itm_id=&conn_path=E1#（2015年8月19日閲覧）。他国の労働時間についても同様。

の包括的な統計を取り始めた 2003 年以降の、韓国における親環境農産物の出荷量を示したものであるが、2000 年代を通じて、出荷量が増加していることが分かる。

表 7-1：韓国で流通する親環境農産物の出荷量

年度	2003	2005	2007	2009	2011	2013	2015	2017
出荷量	461	798	1,786	2,357	1,852	1,181	577	496

単位：千トン
出典：国立農産物品質管理院
　　　http://www.enviagro.go.kr/portal/info/Info_statistic_cond.do#none
　　　（2019 年 7 月 23 日閲覧）
注：百トン未満は四捨五入。

　ただし、2010 年代に入り、親環境農産物出荷量は大きく減少し、数値の上では 2000 年代前半と変わらない水準にまで低下している。これは、親環境農産物の集計から低農薬農産物が除外されたことも影響しているが、同時に、その除外分を有機農産物と無農薬農産物がカバーできていないことも意味している。政府は 2013 年に有機農産物について消費者への聞取り調査を行い、有機農産物の価格を「高い」と感じる回答者が 70%に達したという点を挙げながら、この価格の高さが親環境農産物の普及を制約していると指摘している（東北地方統計庁、2013、pp. 1-4）。韓国政府以外からも同様の指摘は上がっており、OECD（Organisation for Economic Co-operation and Development：経済協力開発機構）のレポートは、韓国国内の消費者が農薬を使用した農産物に比べて相対的に高価となる有機農産物を買い控える傾向にあり、それが韓国における親環境農産物市場の拡大を制約していると論じている（OECD、2003、pp. 180-200）。ただ、こうした価格プレミアムによる制約を受け、国内流通農産物の圧倒的多数が慣行農法による状況

を変えるには至っていないものの、政府が親環境農業政策を推進する中で、栽培に手間を要し、また価格も高くなりがちな親環境農産物が徐々に、しかし着実に普及したという点は高く評価されるべきである。

　農産物貿易の自由化が進む中、親環境農業によって農産物の高付加価値化を図るという政策は、有機農産物など高付加価値農産物の普及につながってきているのみならず、それに従事する農家に対しても利益をもたらすものとなっている。忠清南道は、2010年から2013年まで道内の農場で親環境農法によるニンジンを栽培し、出荷した結果、露地栽培・ハウス栽培ともにニンジン1kgあたりの生産コストが慣行農法実施時の3倍に達するものの、販売時の付加価値も同じく3倍程度となったため、親環境農業が慣行農業と同等の収益性を維持していけるとしている[33]。また全羅南道も2013年に行われた調査に基づいて、親環境農法を実践した農家は、慣行農法を続けている農家に比べ、経営耕地面積あたりの稲作収益率が1.08〜1.13倍となり、親環境農業が農家にとって持続可能性の高い営農形態として定着しつつあると指摘している[34]。流通の面でも親環境農産物、特に有機農産物は、小売店での最終消費という従来型の販路だけでなく、直販や協同組合での販売という、高付加価値ゆえの販路を形成しているとされる（金気興、2011、pp. 131-146）。

　ただし、表7-1にも示されるように、2009年をピークとして、韓国国内の親環境農産物の生産は減少傾向にもある。この点については、上述のように低農薬農産物の除外も考慮しなければならないが、同時に縄倉（2016）は、上述のような独自の販路を形成してもなお、親環境農産物の割高な小売価格が消費者を遠ざけていることが否めず、従

---

[33] 忠清南道農業技術院
http://sericulture.chnongup.net/_prog/gboard.php?code=1&GotoPage=1&no=162
（2015年8月20日閲覧）
[34] 全羅南道農業技術院
http://www.jares.go.kr/bbs/bbs/board.php?bo_table=rice_o1&wr_ir=6&page=2
（2015年8月20日閲覧）

ってその解決には供給者である農家のみならず、消費者に対するテコ入れも必要になっていることを指摘している。しかしながら、この点に関する政府の施策は乏しい。金気興（2011、pp. 22-25）も、親環境農産物が独自の販売経路を形成するようになった背景として、消費者の割高な農産物への敬遠を指摘している。こうした状況は、かつては農村及びその住民を専らの対象としていた農政が、高付加価値化の推進により、都市住民をも対象とせざるを得なくなっていることを示唆している。

表 7-2：経営主の年齢ごとに見た農家数

年度	2000	2002	2004	2006	2008
～39歳	91,516	52,994	37,652	35,033	24,280
40歳代	237,373	202,113	182,321	173,996	138,143
50歳代	348,067	298,655	286,096	302,503	282,928
60歳代	479,485	478,386	449,484	410,685	396,968
70歳～	226,683	248,314	284,853	323,315	369,729

単位：世帯
出典：統計庁・国家統計ポータル
　　　http://kosis.kr/statisticsList/statisticsList_01List.jsp?vwcd=MT_ZTITLE&parentId=F#SubCont（2019年7月1日閲覧）

　親環境農業が推進されるようになった1990年代末以降の韓国では、こうした高付加価値化による農業の維持が政策的に進められる一方、農家の高齢化がますます深刻な問題になってきている。表7-2は、2000年代に入って以降、2009年から2010年にかけて農家世帯数のカウント基準が変わるまで[35]の、経営主の年齢ごとに見た農家数を示してい

---

[35] 2009年から2010年にかけて、法人として農業を営む経営主を農家経営主とは別にカウントするよう統計基準が変更された。

る。2000年代を通じて60歳代以下の農家経営主は減少傾向にあるが、70歳以上の農家経営主だけは増加傾向にある。前述のように、1998年より政府が進めてきた親環境農法は、慣行農法よりも多くの労働力を要するものである。いかに親環境農業が韓国農業の維持に貢献するものであり、持続的な農業経営につながるものであるとしても、農家が高齢化のためにその担い手になれないという状況が懸念されることとなった。

　農家経営主の高齢化は、韓国で農家経営主が公的年金の強制加入対象になったのが1998年と遅かったこともあり、本章で論じた農業政策、特に直接支払制度を歪ませる原因にもなっている。すなわち、年金を受給しておらず、子による扶助も十分に受けていない高齢の農家経営主が、直接支払制度の受給条件を満たしていないにもかかわらず、虚偽の申告に基づいて所得保障の給付を受ける事例が続出しているのである（倉持、2014、pp. 165-175）。直接支払の不正受給は、警察庁の犯罪統計では公金横領の一部として処理されてしまうため、正確な件数と金額を把握することができない。倉持は、2008年末に稲作直接支払を受給した農家が110万戸であったのに対し、不正受給の摘発が行われた後の2009年末に同じ直接支払いを受給した農家が87万戸であった点に触れ、差し引き23万戸の減少幅が全て不正受給摘発による受給資格取消しによるものではないにせよ、資格を偽って所得保障を受けた稲作農家が相当に多かった可能性を指摘している（倉持、2014、pp. 176-179）。また、2008年から2009年にかけての全国的な摘発の後も、農家による補助金の不正受給は複数摘発されており、2013年9月12日から11月7日までの間、南東部・慶尚北道で警察庁が農業補助金不正受給の一斉摘発を行ったところ、43人が受給資格を偽って所得保障を受けたり、農業資材の購入など使途が指定された補助金を私的に流用したために逮捕された[36]。

---

[36] 『毎日新聞』2013年11月7日付

また李裕敬（2014、pp. 38-50）によると、違法性はないものの、零細農家の間では、直接支払制度の本来の趣旨からは外れた形で所得保障を受ける状況が恒常化している。通常、高齢になり、新たな技能を習得したり政策の変化に対応することが困難になった農家は、さしあたり従来通りの営農方法を継続するが、年齢を重ねるにつれて農作業が体力上困難になっていく。そして、体力の衰えが顕著になってくると、農業所得を向上させられる見通しが立たないため、引退するか、地主として所有地を他の農家に貸与してしまうことが想定される。李裕敬は、そのようなことが起こらず、高齢農家が現役農家であり続ける事例が散見されるとしている。その要因として李裕敬は、地主ではなく現役農家という法的地位を維持することにより、直接支払を受けていた方が、引退して地代収入で生活していくよりも多くの現金を手に入れられるからであると指摘している。直接支払制度の本来の趣旨は、農業を営み、一定の農業所得を稼ぎ出す意思を持った農家を前提とし、その農家が実際に耕作を行ったにも拘らず、農産物価格の変動や海外農産物との厳しい競争の中で然るべき所得が得られない場合、その然るべき所得と実際の所得との差額を公費で補填するというものである。これに対し、李裕敬が指摘している零細農家の行動は、直接支払制度を日本の生活保護のように捉え、そこに依存するというものであり、制度本来の趣旨から外れるものである。

　このように、直接支払制度に基づく所得保障を不正に受けたり、制度本来の趣旨から外れる形で受給する農家が絶えない理由としては、これまでに審査制度の不備と軽微な刑事罰が指摘されてきた[37]。現行の稲作直接支払制度は、各農家が農林部に補助金給付申請書を提出し、農林部がその申請書の文面に瑕疵がないかどうかを問うものに過ぎず、申請書の記載事項の真偽を問うものになっていない。そのため、農家経営主が耕作実態と乖離した内容を申請書に記入しても、それが承認

---

[37] 『東亜日報』2011年2月11日付

されてしまう可能性が高いのである。また、仮に補助金の不正受給が発覚し、起訴された場合でも、公金横領ではなく公文書偽造として刑事裁判にかけられ、懲役1年以下の温情判決が下されることが大半であった。2011年2月11日付の『東亜日報』社説は、こうした農家に対して甘すぎる行政・司法の姿勢が、農家による補助金不正受給を横行させていると論じている。

　政府も、直接支払制度が制度本来の趣旨から外れる形で用いられている状況を把握しており、2000年代半ば以降、高齢農家の引退を促し、彼らの農地を新規就農者に耕作させようとする施策を進めてきている。こうした政策については、第9章で詳しく見ていく。

第7節　小括

　1980年代以降、韓国政府は農村の近代化を目的として大規模化と機械化を進める形で農業の生産性向上を図ってきた。この政策は、農産物貿易が自由化され、韓国農産物が外国産品と競合することも想定したものであった。しかし1995年にWTOが発足し、農産物価格に影響する農業補助金が原則として禁止されるようになると、既に高所得国となっていた韓国は、生産性の向上を図る従来の農政だけでは農業・農村を維持していくことが困難となった。こうした背景の下で韓国政府が導入したのが、環境志向の農業を推進し、農産物の高付加価値化を図る親環境農業政策であった。ここに韓国農政は、国内経済における相対的なプレゼンスが縮小する農業およびその従事者を保護・維持するという、多くの先進国に共通する課題へ本格的に取り組むこととなった。

　親環境農業政策は、環境農業育成法に基づく認証農産物の推奨、WTO協定の基準を満たす農業補助金としての直接支払制度、およびグリーン・ツーリズムの振興という3つの側面から進められた。これ

らの施策のうちグリーン・ツーリズムは、観光事業を推進した農村のうち、それに成功した農村が半分に満たないなど改善の余地を残しており、今なお普及の途上というべき段階にあるが、環境農業育成法に基づいて土壌改良剤の供給や親環境農産物の購入促進が行われたこと、および直接支払制度による助成がなされたことは、認証を受けた親環境農産物の普及比率の着実な増加をもたらした。また、これら政府による支援・助成が行われていることもあり、有機野菜や無農薬野菜といった高付加価値の農産物を生産することは、農家にとって慣行農業よりも収益性が見込めるものになりつつある。従って親環境農業政策は、農産物貿易自由化後の韓国農業を持続可能なものとするという点では、所期の目標を概ね達成しつつあると評価できる。

　また、先進国段階に達したのとほぼ同時期に、WTO体制発足による貿易自由化の進展という課題にも直面することとなった韓国は、そうした現状への対応として親環境農業政策を打ち出すことにより、農業従事者が一定水準以上の生計を立てられる環境を整備したということもできる。つまり、親環境農業政策が導入された1990年代は、韓国農政そのものが、途上国としての側面を色濃く残したものから先進国型のそれへと転換された時期といえる。親環境農業政策の課題として指摘された通り、こうした政策の転換は、都市住民をも農政の対象とする必要を生み出すなど、農政のありようを大きく変えたのであるが、その中でも、農業に従事することで生計を立てられる環境を作り出すという政府の姿勢は一貫していたといえるのである。

　ただ、親環境農業政策が進められる一方、貿易自由化に伴う市場競争の激化、およびその競争にさらされる韓国農家経営主の高齢化は、1990年代以降も進行した。そして、高齢農家が政府の農業補助金を受け取りつつも、それを生活費という目的外の使途に充てるなど、直接支払制度が本来の趣旨から外れる形で用いられるケースも発生してきている。こうした状況を改善するには、高齢農家経営主を引退させ、

新規就農者を増やすことが不可欠になってくる。2000年代後半以降、政府はこれら課題に取り組むこととなった。

第 8 章

貿易自由化の推進と農家所得補償[1]

　前章で見たように、1990年代は韓国農政にとって、貿易自由化という大きな変化に直面した時期となった。政府はこれに対し、大規模化や機械化の推進といった合理化の推進、そして親環境農業を通じた農産物の高付加価値化によって対処したものの、農村部に零細な高齢農家が滞留する中では合理化にも限界があり、また親環境農業政策も、消費者の反応の薄さゆえに頭打ちとなるなどの課題があった。一方、同年代末以降、WTOの下での多国間交渉を通じた貿易自由化は大きく躓くこととなり、韓国政府は二国間交渉を通じた貿易自由化を目指すようになる。既存の国内農業対策が限界を見せる中で新たな貿易自由化政策が進められるようになったことは、農業関係者を大いに刺激し、これによって2000年代の韓国農政は、従来のそれとは大きく異なった様相を見せるようになっていく。

　その変化とは、端的に言えば、貿易自由化政策に反対する農民たちが集団的に政治活動を展開し、政府がこれを無視できなくなったという点である。総合農協の設立に始まり、セマウル運動、そして機械化・大規模化と、韓国農政は、長らく政府が政策を立案し、その政策が粛々と執行されていく性格のものであってきた。しかし、民主化から時間が経過し、農民の集団行動が一定の影響力を持ってくると、政府の方針を野党や民間組織が批判し、政府の側もそれを修正するようになる。こうした変化を踏まえ、以下では、韓国農政を「政策」という切り口から考察する立場から一旦離れ、韓国農政の「政治過程」を検討していくこととする。

---

[1] 本章は縄倉（2018）を加筆・修正したものである。

第 1 節　WTO 交渉の行き詰まりと FTA 路線への転換

　ブロック経済などの保護貿易が第二次世界大戦の要因の一つになったという認識から、戦後西側諸国は、自由貿易を自国の貿易政策の基調とする方針を打ち出すと同時に、各国の貿易政策に軋轢が生じたり、貿易実務をめぐって対立が生じた場合に備え、国際的な協議の場と紛争仲裁機関の設立を目指してきた。戦後間もない 1946 年に基本構想が浮上した国際貿易機関（International Trade Organization: ITO）は、その強力な仲裁権限などに反発したアメリカの意向もあって設立に至らなかったものの、その後も西側諸国は暫定措置として GATT を締結し、その下でラウンドと呼ばれる多国間での貿易自由化交渉を数度に渡って行ってきた。そして、1986 年に開始され、1993 年に妥結した 6 回目のラウンドであるウルグアイ・ラウンドは、日の目を見なかった ITO に代わる常設の貿易仲裁機関を設立することで合意し、前章でも述べたように、1995 年に WTO が設立された。

　しかし、WTO 体制下での貿易自由化に向けた多国間交渉は当初から難航した。1999 年、シアトルで WTO 加盟国による閣僚会議が開かれ、そこでウルグアイ・ラウンドに次ぐ新たなラウンドの開始が目指されたが、自由貿易に強く反対する市民団体が市街地の路上を占拠して抗議運動を展開するなどした結果、同会議は審議時間を確保できず、参加国間の合意を形成できなかった。その後、2001 年にドーハで改めて閣僚会議が開かれ、新ラウンドであるドーハ開発アジェンダ（通称：ドーハ・ラウンド）が開始されたが、1986 年に開始された前ラウンドであるウルグアイ・ラウンドが 7 年で妥結しているのに対し、ドーハ・ラウンドは開始から 18 年が経過した 2019 年現在も妥結に至っておらず、膠着状態にある。

WTO体制下での多国間交渉が躓いた要因の中に、先進国・途上国間の対立、そして農産物貿易をめぐる欧米間の思惑のずれが含まれていた。自由貿易を推進しようとする先進国と、規制なき貿易が先進国による収奪に転化するのを回避したい途上国との間では、自由化にかける時間や、不利な交易条件の下にある途上国に留保される保護の度合い、およびその範囲をめぐって意見の大きなずれがあり、このずれは今もなお決着を見ていない。また、先進国同士、特にアメリカとEUの間でも、農業保護などの分野で激しい対立が見られる。アメリカとEU諸国はともに先進国であり、農産物輸出も積極的に行っているが、他方でこれら国々は農産物の価格支持や輸出補助金などによって農産物の生産量や価格を人為的に調整する施策を行っており、アメリカ政府とブリュッセルのEU本部は、長らく互いに相手の農政が農産物貿易に歪みをもたらす不公正なものだと非難してきた[2]。

　これらの背景ゆえ、2000年代に入ると、WTOでの多国間交渉を通じた貿易の自由化は著しく困難であるとの認識が多くの国々の通商当局によって認識されるようになっていった。そして多くの先進国は二国間、或いは地域レベルでFTAを結び、それに基づいた自由貿易の推進を図るようになった。

　任意の二ヵ国ないし数ヵ国の間で関税の引き下げや撤廃、その他貿易に関する規制の縮小を進めるFTAは、特定の国同士でのみ貿易の自由化を推進するため、本来であればWTO体制の下では例外的な措置と位置付けられている[3]。しかし、多国間交渉が行き詰まりに陥る中、多くの先進諸国はFTAを通じた貿易自由化を志向するようになった。既に欧米では、ヨーロッパ自由貿易協定(European Free Trade Association：EFTA)や北米自由貿易協定(North America Free Trade

---

[2] 欧米間の農産物貿易をめぐる対立については服部信司（2005）を参照。
[3] WTO協定は加盟国がFTAを締結することを禁じてはいないが、新たにFTAが締結された場合、その旨をWTOに通告することを加盟国に義務付けている。

Agreement：NAFTA)など、ドーハ・ラウンドの行き詰まりに先立ってFTAを結ぶケースが見られたが、韓国もこうした先行例を参考にしつつ、2000年代以降、積極的なFTA戦略を推進するようになっていった。

　韓国政府のFTA戦略は、複数の国・地域とのFTA交渉を同時並行的に推進し、短期間のうちに、主要貿易相手国・地域との、関税撤廃率の極めて高いFTAを相次いで締結してきたという点に大きな特徴がある。2004年に初のFTAをチリとの間で発効させて以来、ヨーロッパ自由貿易連合（2006年）、東南アジア諸国連合（2010年）、ヨーロッパ連合（2011年）、アメリカ（2012年）、オーストラリア(2014年)、そして中国（2015年）と、主要な貿易相手国・地域とのFTA網を10年弱で構築し、かつ上記FTAの関税撤廃率が品目ベースでいずれも90%以上[4]に達するものになったという点に、政府のFTA政策に対する力の入れようを見てとることができる[5]。制度面で見ても、2002年にチリとのFTA交渉を開始した際、外交通商部内に置かれた通商本部の本部長に閣僚並みの裁量権を付与し、同本部長がFTA交渉の窓口役を一手に引き受けるという、アメリカの通商代表部に倣った体制がとられた[6]。産業構造の類似した隣国・日本が、2002年にシンガポールとの経済連携協定[7]を締結した後、事実上の日米FTAとも呼ばれた環太平洋パー

---

[4] ただし、この中には関税撤廃まで10年以上に及ぶ長期の猶予期間を設定した品目も含まれる。

[5] 各FTAの相手国および発効年は、関税庁
https://www.customs.go.kr/kcshome/site/index.do;jsessionid=pGHJdNPDr2xcQZp1s1mmyk2nQ1LhvyH6zBp9Cyl3M0kcRNhJnynr!-1325322442?layoutSiteId=ftaportalkor（2019年6月22日閲覧）の記述に依った。

[6] ただし、2013年の朴槿恵政権発足の際に省庁改編が行われ、通商本部の機能は産業資源部に組み込まれた。

[7] 内閣府および経済産業省は、日本が締結する二国間協定が、貿易のほか投資や人的往来の活性化など、多岐に渡る項目を含んでいるとの観点から、これを経済連携協定と呼称している。ただし、韓国が結んできたFTAの中

トナーシップ協定の交渉で妥結するまでに 14 年を要したことと比べると、韓国の FTA 政策の迅速ぶりは顕著である。

　しかし、政府が強力な主導権を発揮し、迅速に展開した FTA 政策は、その迅速さに比例して国内の利害関係者からの反発をもたらし、国会での協定の批准同意手続きや関連法制の整備における激しい政治対立をもたらすこととなった。藤末（2013、p. 39）は、日韓の FTA 政策を比較し、相手国との交渉開始から協定妥結に至るまでの時間は韓国の方が短いものの、妥結に至った協定に対する国会の同意や、その関連法制の成立にかかった時間は、逆に日本の方が短いと指摘している。二院制である日本の国会と異なり[8]、韓国国会が一院制であることを考慮するならば、この日韓の対比はより鮮明となり、韓国の FTA 政策が国内で大きく争点化してきたことを示唆している。そして、FTA の国内手続きの過程で大きく争点化した分野の一つが、ドーハ・ラウンドを膠着状態に追い込んだ一因でもある、農政だったのである。

第 2 節　民間農民団体の設立とその政治活動

　1987 年の 6·29 宣言、およびその翌年に施行された第六共和国憲法の下、韓国では従来に比して言論や政治活動の自由が広範に保障されるようになり、それを受けて数多くの政治活動団体が結成されるようになった。農政もその例外ではなく、この時期、農民の権益を主張する団体が複数誕生している。まず 1987 年、カトリックの在農村組織を

にも、こうした項目を含んだものは少なくない。

[8] 日本国憲法第 61 条は、条約の承認については「両院協議会で両院の意見が一致しないか、衆議院の議決後 30 日以内に参議院が議決を行わない場合、衆議院の議決を国会の議決とする」という予算案と同等の優越を衆議院に認めている。しかし、条約の発効に必要な国内法の制定・改正に当該規定は適用されないため、現実には、参議院の賛成なくしては、FTA の発効は極めて困難である。

基盤とする形で全国農民会総連盟（全農[9]）が結成された。全農は発足以来、総会員数約 2 万人程度で推移しており、全国の農家人口の 1%弱をカバーするに過ぎない組織であるが、権威主義体制下では厳しく規制されていた社会民主主義的理念を前面に打ち出し[10]、1990 年代半ば以降、政府の農政を厳しく批判するアクターとして台頭するようになる。また 1990 年には、1980 年代以降に就農した比較的若手の農家経営主を主なメンバーとする形で韓国農業経営人中央連合会（韓農連）[11]が発足した。韓農連は、政府が若手農家の互助を奨励するために推進した組合奨励策を基盤としており、本来であれば政府に近い組織となる筈であったが、折からの政治的自由化も相まって、ひと度結成された後は自律的な利益追求活動を図っていくようになった。そのメンバー数は 40 万人程度であり、全国の農家人口の 20%弱をカバーする（韓国農業経営人中央連合会、2014、p. 2）。

　全農と韓農連は 1990 年代以降、農政分野における活発な政治活動を推進し、メディアにその名が頻繁に登場していくこととなる。両団体がその政治活動において主張する内容は案件ごとに多様であり、一概には言えないものの、全体としては、本書でこれまで見てきた権威主義体制下の農政を開発至上的であると批判し、農民の福祉を顧みないものであったとする進歩的理念に沿ったものであることが多い[12]。そして、両団体が政治活動を展開するようになった 1990 年代半ばは、折しも政府がウルグアイ・ラウンド合意を受け入れ、韓国農業にも貿易自由化の波が本格的に到来した時期であった。こうした背景も手伝

---

[9] 日本の全国農業協同組合連合会と略称が同一であるが、全く無関係の組織である。

[10] 全農ウェブサイト http://ijunnong.net/go/ （2019 年 6 月 22 日）の説明による。

[11] 設立当初の名称は「全国農漁民後継者協議会」であり、現行名称に改称したのは 1997 年であるが、本書では現行名称での表記に統一してある。

[12] 韓農連の沿革を紹介した冊子である韓農連（2014）は、そうした基調の下に書かれてある。

い、両団体は農業分野の貿易自由化に対する抵抗を政治活動の重点項目としていくようになる。

　全農と韓農連の政治活動が進歩的理念の色を強く帯びるようになった大きな背景として、1960年代から韓国最大の農業関連団体であってきた農協全国中央会が、1989年の農協法改正まで政府の下請け組織としての側面を強く持っていたこと、そしてその組織体質に対する農民の不満が高まっていたことが挙げられる。第4章で述べたように、1961年に発足した農協中央会は、日本のJA全中とよく似た、全国のほぼ全ての農家を組合員とする協同組合として、農政の遂行に大きな役割を果たしてきた。しかし、そうした農協のあり方は、組合員たちの意見が運営方針に反映されるべきであるという協同組合の基本原則から逸脱しているという批判を呼び起こすこととなった。特に、組合員が農協の徴収する組合費、そして中央会が各地の農協から徴収する加盟金の運用が不透明であるという点は強く批判され、民主化後に発足した農民団体、中でも全農は、「農協中央会は、いったい誰のための組織なのか」と強い批判を展開した[13]。無論、政府や農協中央会もこうした批判に無反応だった訳ではなく、1989年の農協法改正で中央会長が大統領による任命制から各農協の組合長による選挙制へと改められて以降、中央会は国会の公聴会で急速な貿易自由化を批判したり、農民向けの補償措置を強く訴えたりと、農協法の枠内で農民の権益保護のための活動を行った[14]。しかし1990年代の農協は、そうした利益表出活動に取り組む一方、中央会による加盟金の不正な流用が発覚するなど不祥事も数多く発生した。そして、全農など新興の農民団体は、不祥

---

[13] 『朝鮮日報』1997年3月17日付。

[14] ただし、韓国の農協法第6条は農協の政治的中立を規定しているものの、1989年改正以降の当該条項は、これに違反した場合の罰則を特に規定していない。実際、『朝鮮日報』1994年10月28日付などでも報じられているように、ウルグアイ・ラウンド合意が政治イシュー化していた当時、反自由貿易の街頭デモに個別の組合単位で参加した農協やその幹部は少なくない。

事の起こった農協中央会を旧体制と一体化したものとして、農協とは一線を画した政治活動を行っていくこととなったのである。

　全農および韓農連がウルグアイ・ラウンド合意およびその後のFTAについて問題視したのは、これら国際協定の多くが、政府による農産物価格への介入を禁じているという点だった。すなわちウルグアイ・ラウンド合意では、農産物の輸出補助金や価格支持が市場を歪める施策であると見なされ、自国農業の保護はもっぱら関税のみによって行われるべきであるとされた。前章までで見てきたように、1970年代以降の韓国農政は食糧管理特別会計を通じた強力な価格支持政策を推進してきており、これは韓国のコメ市場を外国米から遮断することによって初めて成立するシステムとなっていた。言うまでもなく、このシステムはウルグアイ・ラウンド合意に明らかに抵触しており、韓国政府が同合意を受け入れるということは、たとえ高率の関税を課し、その市価を実勢価格以上とするにしても、自国のコメ市場に外国米が流入することを許容することを意味した。政府は、高関税によって外国米の価格競争力を殺ぐことができる以上、ウルグアイ・ラウンド合意の受け入れはコメ市場の全面開放ではなく、コメの「関税化」に過ぎないとの立場をとった[15]が、農業関係者の間でこの「関税化」という表現が受け入れられたとは言い難く、代わって農民集会などでは「コメ自由化」という表現が用いられるようになった。

　もとより、ウルグアイ・ラウンド合意がなされた当時の韓国は、国際的な貿易交渉の場では発展途上国と扱われており[16]、合意内容の完全履行までには10年間の猶予が与えられ、かつ、その猶予期間は延長が

---

[15] 『朝鮮日報』1994年11月10日付。原理的には、輸入品に関税以外の制約をかけないことは当該品目の貿易を自由化することと同義であるが、これを政治的事情から「関税化」と言い換えるケースは、同時期の日本でも見られた。

[16] 先述のように、韓国が先進国の一員に数えられるようになったのは、同合意後の1996年のことである。

可能となっていた[17]。実際、この猶予期間は一度目の期限であった2004年に延長され、2014年まで続くこととなった。さらに2014年に猶予期間が満了した際、政府は外国米に従価税ベースで実質520%[18]という、事実上の禁輸に等しい高関税を課し、アメリカやオーストラリアを含む全てのFTA交渉においても、コメを自由化交渉の対象外とする方針を堅持してきている。また、価格支持や輸出補助金を廃し、国内農業保護を関税に一本化するという方針は、市場を歪曲しない範囲で農業生産や農家経済を保護することを禁止するものではなく、事実、EUは1990年代以降、韓国でも前章でみたように2000年代以降、所得補償のための補助金を農家経営主の口座に振り込む直接支払制度が導入されている。

　とはいえ、ウルグアイ・ラウンド合意の受け入れにより、たとえ高率の関税が課されようとも、外国米が韓国の市場に流入してくるということは、農家にとって大きな衝撃となった。結果的に同合意の完全履行までは20年間の猶予期間が置かれたものの、同時期に猶予期間が与えられた日本と同様、この間の韓国政府は、自国のコメ市場を外国米から遮断する条件として毎年一定量の外国米を受け入れなければならないとする義務、すなわちミニマム・アクセスを課されていた。政府はミニマム・アクセスによって受け入れた外国米を飼料や糊などの工業製品の材料に充当するといった措置をとり、受け入れた外国米を自国市場から隔離する対応をとったものの、受け入れ義務量は年々増加し、農民たちの間には、政府による外国米隔離策への不信感が募ることとなった[19]。

---

[17] 既に先進国であった日本の場合、同合意で与えられた猶予期間は5年間であり、かつ、実際には合意内容を受け入れてから3年後の1997年に、主要農産物であるコメの関税化に踏み切っている。

[18] 『朝鮮日報』2014年7月12日付。日本と同様、韓国でもコメに対する関税は従量ベースで課せられているため、従価ベースに換算した際の正確な税率は日々変動する。

[19] 例えば全農ウェブサイト http://ijunnong.net/go/index.php?mid=history でも、

そして、韓農連や全農は、これらの猶予や所得補償では韓国農業を長期的に維持することはできないとして、ウルグアイ・ラウンド合意やFTAに徹頭徹尾反対する運動を展開した。彼ら農民団体は、貿易自由化を全面的には否定しないものの、その自由化のペースは、韓国のような農業大国とは程遠い国の農民であっても、農業所得によって生計を立てられるよう調整されるべきであり、その主張に従えば、直接支払制度は農家所得の保護に過ぎないという点で不十分なものであった[20]。こうした考えの下、韓農連および全農は、1993年の政府によるウルグアイ・ラウンド合意の受諾、そして2002年に開始されたチリとのFTA交渉を阻止するべく、積極的な運動を展開することとなった。

　1993年10月、政府がウルグアイ・ラウンド合意の受け入れ、および関連法案の国会提出を表明すると、全農および韓農連は政府を強く非難し、合意の受け入れを拒否するよう訴える政治運動を展開した。ただし、同じ時期にウルグアイ・ラウンド合意への抵抗運動を展開した隣国・日本の農協が、農業県における自民党の集票マシーンとしての立場を活用し、与党議員への圧力をかけたのに対し[21]、新興組織であり、議員や政党、政府高官との接点が乏しい上、会員の払う会費以外の資金源も乏しい韓農連や全農には、政府の方針を変更させたり、関連法案の国会通過を阻止する有力な手段がある訳ではなかった。

　こうした事情の下、韓農連と全農による反ウルグアイ・ラウンド合意の運動は、デモや大規模集会によって自らの訴えを可視化するとい

　1994年は抵抗運動色の強い農民運動が高潮した時期として記録されており、同合意が農民の政府への不信感を高めたことが窺える。

[20] 2016年9月にソウルの全農本部で行われた、イ・ジョンヒョク政策部長に対する著者のインタビューより。

[21] 1993年、日本政府としてウルグアイ・ラウンド合意の受諾を決定したのは細川連立内閣であり、この時点では自民党は野党だった。しかし翌1994年、同合意の受け入れに伴う国内農業対策を決める段階になると、自民党は村山連立内閣の一員として与党に返り咲いていた。

う、民主化運動で培われた運動方式が援用されることとなった[22]。このうち韓農連は、約40万人と、新興農民団体としては比較的多い会員を動員し、自由貿易を批判する大規模集会を開く戦術をとった。ウルグアイ・ラウンド合意への抵抗運動の場合、ソウル市南部・蚕室にあるソウル・オリンピックのメインスタジアムで2万人以上の会員が参加し、政府に同合意の受け入れを拒否するよう求める決議を採択した（韓農連、2014、p. 8）。他方、韓農連に比べて会員数の少ない全農は、ソウル大学や高麗大学、建国大学など、ソウル市内の主要大学を拠点とする学生活動家と連携し、世論の注目を集めやすい首都圏で、反自由貿易デモを長期間に渡って行うという戦術をとった。具体的には、政府が合意受け入れを表明した1993年10月から、後述する農漁村特別税法案の国会審議が進んだ1994年7月までの9ヶ月に渡り、隔週から1ヶ月の間隔でウルグアイ・ラウンド合意の受け入れ拒否を訴える街頭デモを、ソウル都心のパゴダ公園などで継続的に実施した[23]。

　民主化運動のノウハウが援用された韓農連や全農の運動は、特定の業種からなる利益団体の利益表出行為としては、直接的な圧力に欠けるという弱みがあった。すなわち、同時代の日本の農協や、あるいはアメリカの農業ロビー団体がそうであったように、政治上の利益表出行為は、それに友好的な反応を示す議員が、利益団体から資金提供や集票によって再選可能性を高めるという恩恵に与る反面、それに否定的な議員が資金面や集票面での組織的サポートを失い、再選から遠ざかるというペナルティを課せられることによって、政治的圧力としての実効性を持つようになる。これに対し、民主化運動のノウハウを生かした街頭デモや大規模集会は、世論への訴求力は持つものの、自らの利益を、集票や資金などといった議員にとっての利益と交換関係に

---

[22] 2016年5月、当時韓農連政策調整室長だったハン・ミンス氏は著者のインタビューに対し、反貿易自由化運動が民主化運動の延長線上に位置付けられうることを認めている。
[23] 『朝鮮日報』1994年7月9日付。

置くものではないため、大統領や国会議員のウルグアイ・ラウンド合意をめぐる賛否を直接的に左右することは困難であった。特に、1990年代半ばの韓国政治は、湖南地方対嶺南地方という地域対立が大きなクリーヴィッジとなっており、農村部対都市部、工業対農業といった対立軸が埋没しがちになっていたため、両団体の政治活動は、なおのこと困難に直面していたと言える[24]。

しかし、他方で当時、ウルグアイ・ラウンド合意の受け入れをめぐっては、政府・与党にも政治的な弱みがあった。同合意の受け入れを決定した金泳三大統領は、自らが当選した1992年12月の大統領選挙のキャンペーンで「韓国のコメ市場を外国に開放することはしない」と訴え、農民層の取り込みを図った経緯があったのである。しかも国会議員歴30年[25]と、典型的な党人政治家である金泳三は、職業軍人出身の朴正熙や全斗煥、盧泰愚と自らを差別化し、自らの政権を「文民政府」と呼ぶなど、その民主的性格を強調していた。そうした金泳三にとって、ウルグアイ・ラウンド合意の受諾は明白な公約違反であり、彼は自ら謝罪会見を開き、選挙公約に合致しない決定を下したことを国民に詫びている[26]。

農民団体がウルグアイ・ラウンド合意に反発し、対する政府が政治的に追い詰められるという状況は、同合意をめぐる国内対策の性格へ

---

[24] この点においては、Nawakura (2017) が日韓の農業部門の抵抗運動を比較分析している。

[25] 金泳三の国会議員選挙の当選回数は9回であり、これは彼が大統領に就任した1993年の時点では韓国最多記録であった。

[26] 『朝鮮日報』1993年12月5日付。キム・サムン (2016) も記しているように、この時金泳三は、「政府の失策責任は、大統領自らがとるべきである」との考えから、公約違反を直接謝罪しているが、その彼も任期後半に入ると、公共事業の手抜き工事や公共交通機関の事故が相次いだ際に、担当閣僚の更迭でメディアの批判を乗り切るなど、過去の権威主義政権と変わりない対応をとるようになった。その点では、同合意の受諾が金泳三政権の発足1年目と重なっていたという巡りあわせは、農民側の政治運動にとって一定の重要性を持つファクターだったといえる。

影響を与えることとなった。前章でも見た通り、政府は 1980 年代から、自国が農産物貿易の自由化圧力に晒されることを見据え、機械化の促進や大規模化といった、農業の生産性向上を図ってきた。そうした取り組みがなされてきた中で合意を受け入れた政府は、同合意の履行を機会に、さらなる農業生産性の効率を推進する一環として、農漁村特別税法案を起草し、国会に提出することとなる。同法案は、農漁業の生産性向上のために農漁村特別税を設定[27]し、総額 3300 億ウォンの財源を捻出した上で、これを用いて農漁業の生産性を向上させるものであったが、先述した大規模化や親環境農業の奨励とは異なり、ウルグアイ・ラウンド合意を強く意識し、10 年間の時限立法とされた点に特徴があった。この 10 年という期間は、同合意の完全履行までに与えられた猶予期間と同一の長さであり、韓国農産物市場の対外開放が本格化するまでに同国農漁業の競争力を強化するべく、インフラ整備などを行うという目的が鮮明であった[28]。日本でも同時期、ウルグアイ・ラウンド合意への対策として総額 600 億円の対策事業が用意されたが、日本の同事業が自民党の農村票対策という政治的性格を強く帯びたものであり、かつ予算措置にとどまったのに対し[29]、農漁村特別税

---

[27] 同税の新設にあたっては、法人税の一部を目的税化するなどの手法がとられた。

[28] 同税の根拠法たる農漁村特別税法第 1 条にも、農業の競争力強化が同税の目的であることが明記されている。国家法令情報センター http://www.law.go.kr/LSW//lsInfoP.do?lsiSeq=5864&ancYd=19940324&ancNo=04743&efYd=19940701&nwJoYnInfo=N&efGubun=Y&chrClsCd=010202#0000 （2019 年 6 月 22 日閲覧）。

[29] 吉田（2012）は、自民党職員の立場から、村山内閣下でウルグアイ・ラウンド合意への対策事業が策定された際の党内議論を詳細に記している。それによれば、1993 年衆院選で過半数割れとなり、野党に転落するという苦い経験を味わった自民党の議員たちは、次期衆院選で過半数を回復すべく農村票の取り込みを積極的に図った。その一環として同党の議員たちは、ウルグアイ・ラウンド合意への対策事業についても、農村有権者を懐柔するために巨額の予算を確保することを優先し、その使途や目的を明確化することは後回しにしたとされる。

法案は、そもそも国会での議決を経る立法措置であり、かつその法文で自国農業の競争力強化という目的を明記していた点が大きく異なっている。

しかし、農民団体が貿易自由化に強く抗議し、対する政府が選挙公約違反という政治的逆風に晒される中、国会に提出された農漁村特別税法案は、与野党議員から様々な問題点を指摘されるようになっていく。第一に、特別会計の規模は3300億ウォンと、額面だけを見れば巨額であるものの、その財源と運用先を精査すると、農漁村振興と関係の薄い事業も含まれているとして、真に法案の趣旨に沿った資金運用、いわゆる「真水」の少なさが指摘された。この点についてはメディアでも批判的に報じられ、最終的に条文の修正には至らなかったものの、政府の農政諮問機関として1994年2月に発足した農漁村発展委員会が対農民支援や融資を積極的に助言し、政府がこれに対応するという形で、一定の「真水」を確保することが確認された[30]。

第二に、3300億ウォンという巨額な財源を調達する過程において、農村自治体にも納税負担が及びかねないという、本末転倒な現象が生じることが問題視された。上述の通り、農漁村特別税は法人税を目的税化するなどし、主に都市の商工業部門から徴収することを基本理念としていたが、全国一律に課税されるという国税の性質上、農村自治体も財源を負担することになったのである。この点については、税負担の公平さの観点などから農村自治体の負担を免除するには至らなかったものの、特別会計に基づく補助金交付時に、財源を負担した農村自治体により手厚い交付を行う旨、政府より答弁があり、一定の解決を見た[31]。

第三に、根本的に同税は農業の競争力強化に主眼を置いたものであり、農家経済の維持・発展という観点が希薄であることが問題視され

---

[30] 『東亜日報』1994年7月15日付。
[31] 『東亜日報』1994年6月15日付。

た。この点は、特に野党・民主党の議員から厳しく批判された。民主党の中には、1992年の大統領選挙に敗れ、当時政界を退いてはいたものの、野党に強い影響を持っていた金大中の大衆経済論に共鳴する議員が少なくなかった。彼らは国会財務委員会での法案審議を通じ、農漁村特別税が政府の食糧生産方針に農民を従わせるものであって、農民の生活状況を向上させる視点が希薄であることを繰り返し批判した（国会事務処、1994）。これに対し政府は、農漁村特別税は韓国農業の発展につながるものであり、その恩恵は農民にも及ぶと答弁したものの、その答弁内容は法案提出当初の政府の立場を変えるものではなく、答弁内容に不満を持った野党議員が野次を飛ばし、議場が騒然とする場面もあった。こうした院内における野党の強い批判と、院外で韓農連および全農が繰り返し行う街頭デモが反映され、メディアにおいても政府の国内対策を問う論説が出てくることとなった。最終的にこの点は、「真水」の問題と同じく法案の条文を修正するものにはならず、法案成立後、農林部が特別会計を運用する際の裁量に委ねられることとなった（国会事務処、1994）。

　第四に、一見前項と矛盾する指摘であるが、同税は国内農業の生産性を高める具体的な政策設計において杜撰であり、農民の支持をつなぎ止める即興のパフォーマンスに過ぎないという批判がメディアや農民団体から提起された。確かに、農漁村特別税法第1条には、貿易自由化に合わせて韓国農業の競争力を強化することが特別税の目的であることが明示されている。しかし先述のように、国会審議の過程でこの法案は、条文に明記された野心的な目標に対し、「真水」の少なさなど、複数の杜撰な点が指摘された。こうした政府側の対応が農民団体やメディアには稚拙と見られ、農漁村特別税が実のところ、大型予算を通じた人気取りの施策なのではないかと見られる一因になったのである。実際のところ、金泳三が農漁村特別税をどのような考えで裁下したのか、彼自身は明言していないが、キム・サムン（2016）は、当

時の金泳三が、コメ市場保護の公約を果たせず、諸外国との秘密交渉による特恵の確保にも失敗し、謝罪声明を出すまでに追いつめられたことを指摘している。その金泳三が、世論を繋ぎ止めるためにとった措置が農漁村特別税だったといえる。

　上記の問題点が国会で追及され、修正が施された農漁村特別税法案は1994年臨時国会で可決・成立し、同年中に施行されたが、その後の同税を見てみると、これが文言通りに農業の競争力強化を企図したものというよりも、農村向けの人気取りに過ぎなかったという指摘は、決して的外れではないと言える。すなわち、ウルグアイ・ラウンド合意履行の猶予期間内に農業競争力を高めるべく、本来10年の時限立法だったはずの農漁村特別税は、先術の通り猶予期間が延長されたこともあり、2004年に期間延長措置がとられ、以後も存続することとなった[32]。またこの間、農漁村特別税は全国各地の農漁村のインフラ整備に充当されたが、その費用対効果を検証するための調査は、しばしば行われないか、仮に行われた場合でも形式的であると批判されることとなった（パク・チュンギ、2014、pp. 9-10）。何より同税に基づく事業をめぐっては、費用対効果の薄い農村に対してペナルティを科すスキームが不在であった。すなわち、同税を用いて韓国農業の生産性を本気で向上させようとするならば、かつてのセマウル運動がそうであったように、成果の出せない農村への助成を減額させるペナルティを科すといったスキームが必須のはずである。しかし、農漁村特別税の配分において政府が、かつてセマウル運動で見られたような信賞必罰的なリーダーシップを見せることはなく、そのために同税に基づく事業は、結果としては農業競争力の強化という当初の目的にはほとんど

---

[32] 国家法令情報センター
http://www.law.go.kr/LSW//lsInfoP.do?lsiSeq=149359&ancYd=20140101&ancNo=12165&efYd=20140101&nwJoYnInfo=N&efGubun=Y&chrClsCd=010202#0000（2019年6月22日閲覧）。

貢献しなかったとの評価を受けている（パク・チュンギ、2014、pp. 14-17）。

　以上見てきたように、1990年代の韓国政府は、基本的な姿勢としては自由貿易政策を推進し、農政もそれに合わせたものを展開しようとしていたが、現実には農民団体の政治運動や、彼らの意向を無視することのできない民主主義体制下の政治秩序といった要素の影響を受け、農民保護的な施策を進める場面も少なくなかった。こうした傾向は2000年代に入っても続くこととなるが、それを促したのが、農民に対する都市住民を含めた世論の支持だった。

第3節　農政と理念対立のリンケージ

　先述のように、韓農連や全農は、農協に対して批判的であることが多く、民主化後もなお、農協が農民の代弁者たりえていないという不満を持っていた。農協側も、決してこのことを理解していなかった訳ではなく、先述のように各地の単位農協レベルではコメ自由化への反対運動が行われていたほか、中央会も、国会でウルグアイ・ラウンド合意への対策が審議された際は幹部が意見陳述を行い、外国から農産物輸入され、市場に流通することへの警戒感を表明するなど、政治活動に制限を課した農協法の規定が許容する範囲内で自由貿易への抵抗を試みた（ウルグアイ・ラウンド対策特別委員会、1993、p. 43）。

　こうした農協の反貿易自由化運動は、1992年に中央会長に就任したハン・ホソンが主導したものであった。中央会長の大統領任命制が廃止され、選挙制が導入されてから2回目となる選挙で当選したハン・ホソンは、農協が利益団体として活動することを強く志向していた人物であり、農協法が農協の政治的中立を規定している状況を踏まえつつも、貿易自由化が農業分野にも及ぶことに抵抗していった。その具体的な活動内容は、消極的なものから積極的なものまで多岐に渡るが、

消極的なものとしては、単位農協レベルで行われた反ウルグアイ・ラウンド合意運動への参加に、中央会が介入しなかったというものが挙げられる。すなわち、日本のJAグループと同じく、韓国でも、農協中央会は各地の単位農協を指導する頂上団体としての位置付けを有しており、単位農協が農協法の規定にそぐわない行動をとった場合、中央会は当該農協に介入し、指導を行う権限が法的に付与されている[33]。しかしハン・ホソン会長下の中央会は、単位農協の政治的行動に指導権を行使することはほとんどなく、事実上これを許容した。また同時期の中央会は、より積極的な取り組みとして、ウルグアイ・ラウンド合意を公然と批判する冊子の発行や集会の開催を行っただけでなく、与野党の国会議員に接触し、同合意の批准同意案に反対するよう訴えるという、ロビー団体並みの活動も展開した（農協同人会、2017、p. 121-128）。

　しかし、ウルグアイ・ラウンド合意の批准手続きが進む最中の1994年4月、ハン・ホソンは中央会の資金を指私的に流用したと告発され、辞任へと追い込まれる。具体的には彼は、単位農協から中央会へと支払われる加入金を秘密裏にプールし、先述した政治活動の資金に充当していたとされた。先述のように農協は政治活動に法的な規制がかけられており、中央会が加入金を特定の政治的な目的のために用いることも農協法違反となっていた[34]。そのため中央会は、政治活動の資金を非正規の方法で調達したことになるが、検察は捜査の結果、この違法行為を事実であると認定し、彼を召喚するに至った。

　中央会が単位農協から徴収した加入金を目的外の用途に充当したことで、農協中央会は韓農連や全農、そしてメディアからの強い批判に

---

[33] 根拠法たる農協法の条文については韓国法令検索
http://www.law.go.kr/%EB%B2%95%EB%A0%B9/%EB%86%8D%EC%97%85%ED%98%91%EB%8F%99%EC%A1%B0%ED%95%A9%EB%B2%95 を参照（2019年6月23日閲覧）。

[34] 『朝鮮日報』1994年3月20日付。

晒されることとなった。全農は中央会が腐敗しているとしてその解体を主張し、全国紙の社説なども、農協組織が全面的に改編されるべきであるとの主張を展開した[35]。この事件によって農協の政治活動は急失速し、以後韓国の農協組織は農産物の販売などといった経済活動に特化していくこととなる。

ウルグアイ・ラウンド合意の受け入れに際しては、同時期の日本のJAグループも、その政治活動をめぐってマス・メディアから強い批判を招いた（吉田、2012、p. 420）。しかし、自民党農林族議員との密接な関係を足がかりとする組織的な利益追求が批判されたJAグループと異なり、韓国農協中央会の不正は、単位農協から納付された加入金の流用という中央会長個人の責任に帰するものであり、単位農協や、そこに加入する農民個々人への批判を招く性格のものではなかった。そのため、ハン・ホソンの召喚後、メディアでは農民を「頼れる利益代弁者のいない人々」と見る論調が強まっていき、むしろ、農民保護のための政策を主張する全国紙も出るようになった[36]。韓農連や全農の組織も、農協と異なり、全国の農家経営主の一部をカバーするにとどまる中にあって、こうした論調は、都市住民が農民を政治的マイノリティと見なし、その生活維持のために公費の投入を含む支援策を講じることを是認させることとなった。韓農連のハン・ミンス政策調整室長は筆者のインタビューにおいて、1990年代、都市部で農民への共感が高まった背景として、当時は学生も含めて都市住民の多くが離村第一世代であり、農村に住んでいた経験を持っていたことを挙げている[37]。このような背景も手伝って、都市住民が農民保護に関心を寄せる

---

[35] 他方で農協同人会（2017）は、これら一連の経緯が、政治的動機に基づいた国策捜査であった可能性を指摘しており、農協側が、ハン・ホソンに対する政府の扱いについて強い不満を持っていることが窺える。

[36] 『朝鮮日報』1994年3月29日付。

[37] 筆者が2014年8月に太田広域市農業技術センターで行ったインタビュー調査において、同センターのイ・サンデ氏は、離農第一世代は第二世代以降に比べ、一般に農業への愛着が強いと語っている。

状況下では、農業部門への取り組みが不充分であると見なされることは、農村選挙区出身の議員のみならず、都市選挙区出身の議員にとっても再選戦略上不都合となる。前節で見たように、農漁村特別税をめぐる国会審議が政府案の問題点を厳しく追及するものになったのも、1994年の同時地方選挙、そして国会補欠選挙を見据えた与野党議員の政治的判断であると指摘されている[38]。

しかし、1990年代後半以降になってくると、都市住民の中にも離村第二世代が出てくるようになるほか、国政選挙をめぐる対立軸も進歩対保守といった理念が前面に出てくるようになり、農業部門の利害は、他の政治的イシューの中に埋没していくこととなる。無論、韓農連や全農も、そうした状況を前に手をこまねいていた訳ではなく、その限られた資源を用いて自由貿易に対抗し、農業部門の利益を代弁していこうと努めることになる。その一環として韓農連は、地方議会選挙に会員を擁立し、当選させるという戦略も展開した。韓国の公選地方自治は朴正煕・全斗煥両政権下で凍結されていたが、1990年代以降順次再開され、1994年には広域自治体である道・広域市の議会選挙が行われるようになった。韓農連は、この地方議会選挙を通じて会員を政治の舞台へと送り込み、農家経営主の利益を主張する戦略を展開したのである。初回となる1994年に46名の会員を当選させることに成功した韓農連は、その後4年ごとに行われている地方議会選挙で順調に当選者を増やしていき、2000年代後半以降は100人以上の会員を広域自治体の議会へと送り込んでいる（韓農連、2014、p. 8）。

だが、日本と同じく、韓国でも地方自治体の自主財源は乏しく、農村自治体ではこれが顕著である。地方議会を足がかりとした韓農連の政治活動は、組織基盤が脆弱な新興農民団体の戦略としては堅実であったものの、当の自治体の法的権限が限られており、かつ財政基盤が貧弱な中にあっては、獲得できる利益も限られたものにならざるえ

---

[38] 『東亜日報』1994年7月31日付。

ない。まして、韓国の地方選挙は日本と異なり、リコールや解散によって首長や議会の出直し選挙を行っても、そこで選ばれた首長や議員の任期は前任者の残存任期とされるため、統一地方選挙の全国カバー率は常に100%となる。この仕組みのため、韓国の地方選挙は国政における中間選挙のような位置付けとなり、その争点も大統領や国政与党を信任するかどうかという点に絞られがちとなる。換言すれば、地方自治体の選挙であるにもかかわらず、農村部における農家経済の動向などといったローカルな問題が争点になりにくく、従って有権者にも意識されにくくなるのである。地方議会にメンバーを送り込むという韓農連の政治活動は、こうした制度的制約にも直面することとなった。

　しかしながら、上述のような議会や議員、政府への直接的な働きかけを伴う政治活動の行き詰まりは、民主化の農業部門が、何ら政治的発言力を持たないということを意味するものではなかった。むしろ韓農連や全農は、ウルグアイ・ラウンド合意の際にも見られた、都市住民の農民への共感を重要な資源として、2000年代以降、積極的な政治活動を展開することとなった。その政治活動の性格を端的に表現するならば、業種や年齢層の壁を越え、進歩的な理念を持つ人々との連帯を強化するものであったと言うことができる。

　1987年以降の政治的自由化は、農民団体以外にも、様々な形の政治活動が活発化する契機となった。その代表的なものが労働組合であり、1995年には、権威主義時代から存在するナショナルセンター・韓国労働組合総連盟を官製の御用組合と批判する形で新たなナショナルセンター・韓国民主労働組合総連盟（民主労総）が発足している。民主労総は発足早々、金泳三政権下で進められた労働組合の設立規制に抵抗するなど、積極的な政治運動を展開した。その動きは2000年、民主労総を基盤とする本格的な左派政党である民主労働党の設立へと発展し、2004年の総選挙で同党は、299議席中10議席を獲得することで院内への進出にも成功している。他にも1990年代は、経済正義実践市民連

合（経実連）や参与連帯などのように、労働問題や社会保障政策、或いは環境保全など、様々な分野に跨がって活動する包括的な市民団体が活動を開始、伸長させていた。韓農連や全農は、これら団体との積極的な強調を図っていく。それは、経済の自由化が進み、国内外の競争が激化する中、農業生産と農家経済を保護するという発想を進歩的理念に基づくものと位置付けることを意味しており、農業条件の類似した隣国・日本のJAグループが、保守与党たる自民党との関係を通じて利益保護を図ったこととは大きく異なる戦略であったと言える。

進歩派理念を共有する異業種団体との協調は、まず全農が先行して推進した。前述の通り零細農家を主たるメンバーとする全農は、その発足の時点から労働運動の指導者や学生運動関係者などと一定の接点を持っており、農民の利益保護・伸張を、単なる権益の擁護と位置付けるのではなく、政治経済的に周辺化されがちな階級の保護と見なしていた。それだけに、市場重視の経済政策に対する反発という点では他分野の進歩派団体と協力しやすい立場にあった。彼らは、権威主義政権の系譜に属する盧泰愚政権や、その後継者となった金泳三政権の経済政策を財閥重視として批判したほか、長年民主化運動を率い、進歩派勢力の支持を得て与野党政権交代を実現させた金大中政権が、発足直前に発生した経済危機に対処する中で市場秩序重視の施策を展開したことにも厳しい目を向けた。そして、これら政権に対抗し、社会民主主義的な福祉国家を実現する一環として、前述のように2000年、自前の政党である民主労働党を創設した。

民主労働党は、長らく反共イデオロギーが強調されてきた韓国において、憲政史上初といえる本格的な左派政党であった。反共イデオロギーの下では、野党は左派的な思想や政策を前面に打ち出して政府や与党に対抗することが困難であり、それは各政党がイデオロギーによって凝集性を得るのではなく、少数のボスないし幹部に対する忠誠心を通じて規律を維持するという韓国型の政党システムを助長してきた

[39]。これに対して民主労働党は、革命による体制転換を否定した上で、累進課税の強化や社会保障の拡充、法人税引き上げによる財閥への負担転嫁を明確に志向するなど、体制内社会民主主義政党としてのアイデンティティを鮮明に打ち出したという点において、極めて画期的な政党であった。その後同党は、2000年総選挙では議席獲得に失敗し、2002年大統領選挙に擁立した党代表の権永吉も得票第4位に甘んじたものの、2004年総選挙では、比例代表枠で支持を伸ばし、299議席中10議席を獲得して院内への進出を果たした。

　2000年代以降全農は、民主労総を主たる支持母体とする民主労働党の一翼を担いながら、農民もまた、労働者と同じく市場志向の経済政策の中で周辺化されてきたと主張し、国会内外で、その利益伸長のための政治活動を展開してきた。そしてその活動範囲は、韓国国内のみならず、外国にも及ぶ活発なものとなった。特に、市場重視の経済秩序に反対する民主労総が、WTO体制下における自由貿易の拡大路線に極めて批判的であったことから、全農は民主労総のメンバーとともに1999年シアトル、2003年カンクン、そして2005年香港と、数年おきに開催されるWTO閣僚会合の開催都市へ赴き、会議場周辺で大規模な反自由貿易デモを行った。閣僚会合に合わせて行われるデモは、回数を重ねるごとに精緻なものとなっていき、特に2005年香港会合に際してのデモでは、民主労総が路上でのデモ活動に注力する一方、全農メンバーは海上でボートに乗りながらシュプレヒコールを上げるという具合に役割を分担することで、会合を取材する各国メディアのカメラに、常に、そして着実に抗議運動の姿が映り込むことを意図した戦略がとられた。

　無論、周知のように、こうした進歩派勢力の動きは、自由貿易へ向けた各国政府の動きを止めるものにはならなかった。1995年にWTO

---

[39] 韓国の政党の特徴を体系的にまとめたものとして康ほか（2015）が挙げられる。

が発足、2001年にドーハ・ラウンドが開始された後も、上述のようにカンクン、香港、シンガポールと、WTOは隔年で閣僚会合を開いている。しかし他方、2001年に発足したドーハ・ラウンドが20年近い時間を経ても妥結していないことに示されるように、多国間で貿易自由化を推進するというWTOの方針が膠着状態に陥っており、その歩みが遅々たるものになっていることは否めない。そして、このドーハ・ラウンドが行き詰まりを見せている要因の一つに、農産物貿易をめぐる各国の思惑のずれが挙げられる。先進国か発展途上国かという立場の違いだけでなく、先進国、発展途上国それぞれの中にも農産物の輸出国と輸入国が混在する農産物は、各国間の利害関係が複雑化しやすく、交渉が進展しづらくなる。こうした国際状況の下、韓国では、全農に加え、韓農連も自由貿易への反対運動を強化し、農産物貿易の自由化を、韓国農家が農業所得で生計を立てられる範囲内にとどめることを訴えた[40]。

　韓農連が展開した反自由貿易運動のうち、2003年のカンクンでのWTO閣僚会合への抗議運動は、その過激さゆえ、農政関係者の間で韓農連の名が知れ渡る契機となった。同年の閣僚会合に際し、韓農連は総計100人以上の抗議団を組織し、現地へ派遣したが、そのメンバーにして韓農連元会長でもある李敬海が、街頭デモの最中に'WTO Kills Farmers'と記した横断幕を一人掲げ、次いで切腹自殺を遂げたのである（韓農連、2014、p. 6）。

　こうした農民団体による過激な政治運動は、その後2000年代半ば以降、政府がFTAを通じた貿易自由化政策を本格化させると、韓国国内でもしばしば見られるようになっていった。例えば、2007年2月、政府がFTA政策の推進に伴う国内農業市場の開放について説明会を開こうとした際は、韓農連および全農のメンバーがソウル・江南の説

---

[40] 2016年9月、ソウル市の全農本部において行われた、イ・ジョンヒョク政策部長へのインタビューより。

明会場に大挙して押し入り、説明会を力づくで流会に追い込んだ[41]。また 2015 年 12 月には、全農が他の進歩派団体と共にソウル都心で自由貿易に抗議する無許可デモを行い、これを解散させようとする機動隊と正面衝突している[42]。後者の事案では、機動隊が消防用の高圧放水を用いてデモ隊を解散させた際、頭部に放水の直撃を受けた全農メンバーが意識不明の重体に陥り、後に死亡するという事案も発生した。

　農民団体によるこうした過激な運動は、必然的に保守派の反発を引き起こすこととなった。農協が自民党の有力支持基盤であることから、農業者団体が自民党支持勢力、あるいは構造改革への抵抗勢力と批判的に見られる場面も多い日本と異なり、韓国では 1990 年代まで、農民団体が党派対立の中で批判的に見られるケースはさほど多くはなかった。しかし、暴力を用いた説明会の妨害や無許可デモの強行が目立つようになると、保守系のメディアや議員が、韓農連や全農を批判する場面も増えることとなった。例えば、2007 年に説明会が流会になった際、『朝鮮日報』は社説で韓農連と全農を非理性的と批判し、「彼らは一体誰の代弁者なのか」と、その代表性に強い疑問を示した[43]。また、2015 年の無許可デモをめぐって国会で特別審議が行われた際、進歩派の野党・共に民主党が警察当局の対応を「過剰鎮圧以外の何物でもない」と非難したのに対し、保守派の与党・セヌリ党は「そもそも、デモは無許可だったではないか」と反論し、さらに放水を受けた農民が後に死亡した点についても、「(死亡診断書に書かれた)くも膜下出血で死亡したのであって、放水で死んだのではない」と、居直る態度を見せた[44]。

　このように、民主化を経て発足した韓農連と全農の政治運動は、保守対進歩という対立構造の下において、自らを後者の側に位置付け、他の進歩派団体と強調しながら世論の注目と支持を獲得しようとする

---

[41] 『朝鮮日報』2007 年 2 月 24 日付。
[42] 『朝鮮日報』2015 年 12 月 27 日付。
[43] 『朝鮮日報』2007 年 2 月 24 日付。
[44] 『朝鮮日報』2016 年 10 月 7 日付。

ものであってきた。そしてそれは、時に死者さえ出す過激な運動へとつながり、保守派からは強い批判を受けるものにもなってきた。しかし、労組と対立の火種を残し、また生協関係者との協力も不発に終わってきた[45]日本の農協が、政治運動の面で孤立してきたのと異なり、他分野の団体との協力を維持、発展させてきた韓国の2つの農民団体が、その組織の小ささにもかかわらず、一定の政治的成果を挙げてきたことも見逃すべきではない。次節では、両団体の政治運動が一定の成果を挙げた事例として、2008年の米韓FTA反対運動を見ていく。

第4節　政府による国内農業対策

　先述のように、2004年にチリとの間でFTAを締結したのを皮切りとして、韓国政府は多くの国や地域とFTAを結び、自国の工業製品の輸出先を確保する通商戦略を進めてきた。周辺諸国に比べて国内市場が小さく、国外市場へのアクセスが極めて重要な意味を持つ韓国にとって、自由貿易政策を堅持することは不可避の選択肢であったが、他方、自由化によって損失を被ることが見込まれる農業部門では外国農産物の流入に対する警戒感が強く、韓農連および全農は、政府が新たなFTAを立ち上げるたびに街頭での抗議運動を展開していた。

　中でも、2007年春に両国間で合意がなされた米韓FTAは、相手国であるアメリカが世界最大の農産物輸出国であることに加え、1980年代以来、対米政策が国内政治の主要対立軸の一つであってきたことが影響し、農民団体および進歩派勢力による一際激しい抵抗を引き起こ

---

[45] 農協の全国指導組織である全国農業協同組合中央会（JA全中）の小林康幸・国際協力部長は、2017年11月28日に行われた筆者へのインタビューに対し、長らく自民党と密接な関係を持ってきた農協が、政治的には中立でありながらもリベラルな組合員を多く抱えた生協と距離感を持っていること、および各地の農協の組合長らが、農協職員の労働組合に対して強烈な政治的アレルギーを持っていることを指摘し、これら組織と連携した政治運動が困難であると述べている。

すこととなった。韓農連および全農は、米韓FTA合意が両国の首脳によって発表された2日後には、早速抗議デモを行い、アメリカ産農作物の安全性リスクと、国内農業没落の危機を街頭で訴えている。ただし、両団体がFTAや自由貿易に否定的であるということは、前節で見たような国外での過激な抵抗運動などもあって、韓国国内では既に周知のことであった。そのため、上述の抗議デモは、新聞の国内面に小さな記事として載ることはあっても、1面を飾るほどの大々的な注目を浴びるようなものではなかった。

　しかし、そうした風向きは、FTA合意発表の後に、政府がアメリカ産牛肉の輸入を再開する方針を打ち出したことで急速に変化していった。そもそも韓国は、朝鮮戦争後に食糧援助を受けていた事実にも示されるように、長らくアメリカの農産物を輸入してきた国である。それだけに、アメリカの農産物や食品は国民の食生活にも広く浸透しており、それらはスパムのような畜産物の加工食品も含むものであってきた。だが、2003年にアメリカ国内で狂牛病に感染したウシが報告されると、韓国政府は安全性の観点から、アメリカ産牛肉の輸入を禁止する措置をとり、以後、韓国の牛肉輸入先は、オーストラリアなどにとって代わった。

　2008年2月に発足した李明博政権は、その2か月後となる4月、アメリカ産牛肉の輸入禁止措置を緩和する方針を打ち出した。そして、月齢30カ月以下であり、狂牛病リスクの高い部位が事前に排除されていることが検査で確認されるなど、一定の条件を満たした牛肉について、アメリカからの輸入が再開されることとなった。米韓FTA交渉妥結直後に行われたこの決定は、FTAを締結し、韓国からの工業製品の輸入拡大を容認する代替として、韓国側の過剰な農産物輸入規制を緩和させ、農産物輸出先としての韓国市場を「奪還」したいとするアメリカ側への、韓国側による譲歩と見られている[46]。

---

[46] 『ハンギョレ』2008年5月13日付。

だが、金泳三政権以来 10 年ぶりの保守政権となった李明博政権が発足直後にとったこの措置は、対米追従政策の復活を意味するものとして多くの有権者から受け止められた。そしてそれは、冷戦時代にアメリカ政府が行っていた権威主義政権への支援、あるいは在韓米軍の事故・事件による民間人への被害などといった様々な要因により対米関係に敏感になっている韓国世論を、否応なく刺激することとなった。4 月下旬、李明博は与野党幹部を青瓦台に招き、米韓 FTA 成立のための協力を仰いだ[47]が、これに対し野党・民主党代表の孫鶴圭は、「その一件は牛肉の輸入再開が決定されたことで難しくなった」と、事実上の拒否回答を行っている[48]。これは、アメリカ産牛肉の輸入再開を、米韓 FTA に対する賛否と関連付けるものとなった。

　こうして、米韓 FTA と牛肉輸入再開問題、そして対米姿勢という 3 つの争点が密接に絡み合い、国論を二分する大規模な論争と化していく中、韓農連と全農も、米韓 FTA を容認することは、狂牛病リスクのある輸入牛肉を受け入れることに等しいという議論を展開し、自らの主張に対する支持を農村住民だけでなく、都市住民の間にも広めていった。そしてそれは、同 FTA に含まれる、いわゆるラチェット条項[49]などを問題視していた労組や消費者団体の方針とも軌を一にするものであった。進歩色の強い団体として労組など他領域の団体と協調関係

---

[47] 1987 年改正の韓国憲法は、外国との条約は、国会の同意を経て大統領が批准する旨を規定している。また、FTA の批准・発効には関連法規の改正・制定が必要になる。しかし、韓国の国会は日本と同様に会期制がとられており、定期国会の会期は基本的に 100 日間と、一院制であることを差し引いても短い。このため政府は、予算を前年度中に成立させたり、相手国と合意した FTA を批准するためには、野党を含む国会の協力を不可欠とする。

[48] 『東亜日報』2008 年 4 月 25 日付。

[49] ある品目について、一旦関税削減など自由化措置を講じたら、それを後から撤回することを不可能とする規定のこと。

を築いてきた両団体は、ここで業種横断的に米韓 FTA 反対の共同戦線を張り、保守政権と決定的に対立することとなる。

　こうした事態に対し李明博大統領は、当初強気な姿勢を見せていた。政権発足からまだ間もなく、世論調査での支持率が軒並み 50%を超えていたことに加え、4 月に行われた総選挙で与党・ハンナラ党が単独過半数を確保したこともあって、大統領の胸中には、牛肉の輸入再開や米韓 FTA に反対する人々は、あくまで少数派であるとの認識があったものと推測される。5 月に入り、ソウル都心でアメリカ産牛肉の輸入再開に反対する 10 万人規模のろうそく集会が 1 週間おきに行われるなど、本件は国全体を揺るがす問題にまで発展していたが、大統領はこの事態に対し、「彼ら（ろうそく集会の参加者）も、かつてはアメリカ産牛肉を食べていた人たちだ。輸入が再開されれば、また食べるだろう」と語り、譲歩しない姿勢を示した[50]。また、過去の WTO 閣僚会議などの経験から、農業部門、特に韓農連や全農といった農民団体がアメリカとの FTA に猛反対するであろうことは当初から明らかであり、政府も、米韓 FTA 発効後 10 年間で最大 10 兆ウォンの補償金を農業部門向けに拠出する意向を表明していた。

　実際 8 月上旬になると、ろうそく集会が当初の平和的な性格から逸脱し、暴徒化するなど、輸入反対派が世論全体の中で孤立する場面も出てきていた。同月下旬には、論争が拡大するきっかけとなった牛肉の輸入問題について、政府が畜産法の改正により輸入牛肉の安全検査を強化するという譲歩を示したこともあり、野党も、国会で政府案に対する審議拒否などの強硬姿勢はとらない方針を明らかにした[51]。

　しかし同年 9 月、定期国会が招集され、2009 年度予算の審議が始まると、事態は大きく変化した。韓国の会計年度は 12 月 31 日締めであるため、この定期国会に提出された予算案は、李明博政権が起案した

---

[50] 『東亜日報』2008 年 8 月 13 日付。
[51] 『朝鮮日報』2008 年 8 月 25 日付。

最初の一般会計予算であり、新政権の施策を世論に印象付ける好機となる。この点に関連して、最大野党・民主党が政府予算案に徹底的に対抗する方針を打ち出し、政府が米韓FTAの批准・発効を目指す限り、2009年度予算案に反対する姿勢を示したのである。それは、前年の大統領選挙、そして4月の総選挙と連敗していた民主党にとっては、米韓FTAへの反対姿勢を共有することで進歩派諸団体からの組織的支持を確保し、党勢回復につなげる意味を持つものであった。こうして、最大野党が進歩派諸団体の「同盟者」としての立場を鮮明にしたことは、米韓FTAに反対する運動圏の諸団体を勇気付けるものとなった。10月に入ると、ソウル都心では同FTAへの反対を訴える十万人規模のろうそく集会が行われれ、当時FTA交渉を担当していた外交通商部の通商本部内でも、対外交渉上の実務に支障をきたすものとして問題視されるようになった（チェ・ソギョン、2016、pp. 230-241）。

　この状況を大統領府の視点から見てみると、米韓FTAに対する批准同意案およびその関連法案の国会通過を図るためには、同FTAに反対する勢力を説得し、懐柔するための何らかの譲歩が必要になることを意味する。そして、野党が米韓FTAおよび次年度予算という、相互に異なる2つのイシューをリンクさせているため、政府が何の譲歩も行わない場合、同FTAの批准・発効だけでなく、次年度の予算の成立も大きく遅れることが容易に想定された。しかし、国内法と異なり、既に相手国と細部にいたるまで議論が詰められた上で合意がなされているFTAの場合、政府が自らの裁量で行える譲歩の余地は限られており、FTAによって損失を被る部門に対する国内対策の強化、より具体的には、当該部門に対する補償金の交付が、唯一の現実的な選択肢となってくる。そのため政府は、2009年度予算の国会通過と米韓FTAの批准・発効を着実に行うためには、農業部門などへの補償金を増額することが不可避な状況へと追い込まれたということができる。

11月17日、農林部は声明を発表し、米韓FTAによって損失を被った農家に発効後10年間に拠出するとしていた補償金の上限を、当初の10兆ウォンから11兆ウォンあまりへと、約1兆ウォン引き上げる方針を明らかにした[52]。FTA自体に抵抗していた韓農連や全農にとっては、あくまでFTAの発効を前提とした補償金の増額は、決して狙い通りの成果と言えるものではない。しかし、両団体による米韓FTAへの反対運動は、アメリカ産牛肉の輸入再開が論争の対象となっていく中、保守対進歩という国内政治の理念対立とリンクすることでその勢いを増し、政府の農民に対する一定の譲歩を勝ち得たということができる。

第5節　小括

　2000年代に入り、韓国政府はWTOにおける多国間交渉の行き詰まりが顕著になる中、主要な貿易相手国ないし地域と相次いでFTAを締結することにより、海外市場へのアクセスを確保しようとしてきた。それは、1960年代以降、工業製品の輸出によって経済発展を遂げてきた韓国にとっては必然的な選択といえるものであったが、他方でその選択は、食糧管理特別会計を通じた農産物価格の操作など、政府による保護を受けてきた農業部門にとっては、その保護の縮小や撤廃を意味し、輸入農産物との競争に直面することを意味する。従って、農業部門からは、政府の自由貿易政策に抵抗しようとする動きが出てきたが、このように農民たちが自由貿易政策に抵抗する活動を本格化させた時期は、韓国全体が民主化し、農民たちが韓農連や全農といった団体を通じて利益追求を行う基盤が整った時期でもあった。
　韓農連や全農は、日本の農協のように全国の農民の大半をメンバーとするような組織ではなく、政府や与党と密接な結び付きを持ってき

---

[52] 『東亜日報』2008年11月18日付。

たわけでもない。しかし他方、1987年の民主化後に活動を本格化させてきた韓農連や全農は、同じ時期に台頭した学生団体や労組と進歩的な政治理念を共有し、FTA政策を推進する政府に、時として業界横断的に圧力をかけてきた。米韓FTAの事例でも見たように、そうした圧力は保守対進歩という国政の対立構造とリンクし、時に野党を同盟者として獲得するなどした結果、政府による補償金増額などといった譲歩を獲得してきた。

　こうした過程を政府の側から見るならば、自由貿易体制の下にあっても、引き続き政府は、農業部門に対して関与し続けていると捉えることができる。無論、民主主義が定着しておよそ一世代の時間が経過し、自由貿易政策が推進される中、その「関与」の具体的な形態は大きく変化し、かつてのセマウル運動や食糧管理特別会計のような施策は、もはや採用できるものではなく、また、政府の方針が粛々と執行される状況でもなくなってきている。しかし、米韓FTAと引き換えに11兆ウォンという巨額の補償金が設定されたことにも見られるように、政府は自由貿易を推進しつつ、他方でその影響が農業部門に及ぶのを抑えるという形で、今日もなお、農業に深く関与しているということができるのである。

第 9 章

帰農による新規就農

　1995 年に WTO が発足し、価格支持など、販売価格の操作を伴う農業補助金が規制されたことを受けて、韓国政府は親環境農業政策を導入した。その後 2000 年代に入り、FTA を結ぶなど貿易自由化が進む中で、直接支払制度によって農家所得の保障を図りつつ、親環境農産物など高付加価値産品の生産を促す政策の必要性はますます高まっている。しかし他方で、農家の高齢化は進み、政府は高齢農家の引退を促しつつ、新たな農業の担い手を確保する政策を進めるようになった。本章では韓国農家の高齢化の状況と、政府が新たな農業の担い手として都市住民の就農に注目している点、および現在の韓国における都市住民の就農促進が、過去数十年来の農政によって営農条件が整備されてきたことに依拠している点を指摘する。

第 1 節　農家の高齢化と社会保障制度

　韓国では 1961 年に公的年金制度が創設されたが、前述のように当初の加入対象者は軍人と公務員、および教員に限られていた。その後、1976 年に都市部で働く大企業従業員が加入対象者に加えられ、以降、朴正熙政権後半期から全斗煥政権期にかけ、中小企業に勤務する都市労働者まで加入対象が順次拡大されていったものの、農家を含む自営業者が強制加入の対象となったのは、1998 年のことであった。韓国の国民年金は 240 か月（20 年）以上保険料を納付した場合に受給資格が発生し、以降保険料納付期間が長くなるにつれ、満 65 歳に達した際に受給できる年金額が増加するシステムになっている。そして、保険料

納付期間は最長 480 か月（40 年）とされており、仮に 480 カ月分の保険料を完納した場合、納付期間のうち最後 5 年間の平均所得の 60％[53]が年金として受給されるよう、確定給付方式で設計されている[54]。しかし、2000 年前後に 60 歳に達した零細農家の人々は、その時点で年金加入から数年しか経過していないため、仮にこの期間の保険料を全額納付していたとしても、年金受給資格が発生しないのである。この点に対する経過措置として、年金法には受給開始年齢に達した後も自主的に保険料を納付し続け、受給資格を満たすことが可能である旨が規定されているが、年金受給年齢に達した高齢者が年金保険料を支払い続けることは容易ではない。この状況を改善させるべく、2007 年、事実上無年金状態になってしまう高齢者に対し、全額税負担による年金を給付する基礎老齢年金制度が創設された[55]が、その給付額は低水準に抑えられている。2019 年 4 月改定時の基礎年金給付額は独居老人世帯の場合月額 30 万ウォンとされており、想定される最低生計費の 50％弱に過ぎない[56]。このように、高齢者の所得保障制度が低水準にとどまる中では、農家は引退することが難しく、従って営農を続けざるを得ない。しかし、親環境農業政策の下、農産物の高付加価値化が進められている状況では、高齢の農家が営農を続けることによって得られる所得は限られてくる。こうした背景の下、前に見たように農業補助金の不正受給が相次いでおり、2014 年 9 月から 11 月にかけて行われた警察庁による集中摘発では、慶尚北道だけで 40 件以上の農家が補助

---

[53] ただし、その後高齢化が急速に進行したことを踏まえ、盧武鉉政権下の 2007 年、この比率は 40％に引き下げられた。

[54] 保健福祉部
http://www.bokjiro.go.kr/welInfo/retrieveWelInfoBoxList.do?searchIntClId=06
（2019 年 7 月 1 日閲覧）

[55] 基礎老齢年金に先立つ 2002 年から 2007 年まで、同趣旨の制度として敬老手当が存在したが、その給付額は基礎老齢年金の 3 分の 1 にもならない、月額最大 20,000 ウォンであった。

[56] 保健福祉部　https://basicpension.mohw.go.kr/Nfront_info/basic_pension_2.jsp
（2019 年 7 月 1 日閲覧）

金を生活費に流用したとして摘発され、そのいずれもが 60 歳以上の農家経営主であった[57]。

こうした中で政府は、従来以上に高齢農家に対する所得保障を整備し、その引退を促す施策を進めてきている。

第 2 節　高齢農家の引退促進

前節では、1990 年代末から徐々に始められた直接支払制度が、所得水準の低い農家経営主にとって事実上の公的年金代わりともいえる、社会保障制度に準じたものとなっていることを指摘した。農業補助金が農業経営者にとって事実上の生活扶助になっている状況は、韓国に限らず日本やヨーロッパ諸国でも広範に見られるものであるが（広井、2003、pp. 36-40）、これらの国々では農業補助金とは別に公的年金などの社会保障制度が整備されており、農業補助金による所得保障も、農家の貧困に関わる問題というよりも、農業関係者の利権・既得権益として批判的に扱われることの方が多い。この点韓国では、高齢農家が受給した農業補助金を、その支給目的に反し、年金の代わりとして生活費に充当してしまうケースが相次いでいる。このように、農業補助金が高齢者の貧困緩和措置として機能してしまっている韓国の事例は、先発国である日本やヨーロッパ諸国と大きく異なっているといえる。高齢の零細農家を引退させ、労働生産性の高い若手の農家経営主に置き換えることは、現役農家として営農を続行することによって事実上の年金ともいうべき所得保障を受けるという歪んだ構造を是正するためにも、また国全体の農業生産性を向上させるためにも不可避の選択肢となっていた。

しかし、こうした状況を改善する上で韓国政府は、均衡予算の維持という厳しい財政的制約を自らに課している。企画財政部は、2015 年

---

[57] 『東亜日報』2014 年 11 月 7 日付

8月に発行された国債発行状況の報告書『国債2014』において、市場の安定を図る手段として国債を定期的に発行する一方、その償還が財政の硬直化を招く事態は回避しなければならないと強調しており（大韓民国政府、2015、pp. 67-72）、国債市場を育成しつつも、赤字国債の発行による財政赤字の累積を強く警戒している。

　これに加え、安全保障上のリスクから表立って論じられることが少ないものの、韓国政府が健全財政に固執する理由として、北朝鮮との武力衝突に備え、有事の際に戦時公債を発行できる余地を残しているということも考えられる[58]。戦争の勃発に伴う軍事費の急増は財政を大きく圧迫するものであり、通常、各国の政府は戦時公債の発行でこれに対処することになるが、平時に財政規律が維持できていない国の場合、平時公債に比して返済不履行リスクの高い戦時公債は、買い手がつかない恐れが出てくる。従って、戦時に比べて歳出が抑制できる平時において韓国政府は、公債発行を抑制し、諸外国政府や国民の財務体質に対するクレディビリティを確保する必要性が生じるのである。

　韓国政府の健全性を意識した財政運営は、債務残高の状況からも見てとれる。表9-1は、2000年から2016年までの、韓国における国債の発行残高とその対GDP比を記したものである[59]。発行残高、対GDP比のいずれも上昇傾向にあるが、最も数値の高い2016年においても国債残高の対GDP比は36%という水準にとどまっており、同数値が

---

[58] 例えば、2006年1月30日付『ハンギョレ』は、国防上の観点から国家予算に厳しい制約がかかっており、それが軍の装備更新などにも影響を及ぼしていると指摘している。

[59] 公共経済学では公債の発行状況を見る際、中央政府のほか、地方自治体や政府関連団体の財政まで含めた「一般政府」の債券発行状況を見ることがあるが、韓国では地方債の累積額が2013年で25兆7000億ウォンと、同年国債累積額498兆9000億ウォンの10%にも満たない。そのため、統計庁が発表する財政統計にも、もっぱら国債の発行についてのデータのみが掲載されている。

100％を超過している日本はもとより、80％を超過しているユーロ加盟諸国よりも低い[60]。

表 9-1：韓国における国債発行残高と対 GDP 比

年度	2000	2002	2004	2006	2008
残高	111.2	133.8	203.7	282.7	309.0
GDP 比	17.5	17.6	23.3	29.3	28.0
年度	2010	2012	2014	2016	2018
残高	392.2	443.1	533.2	626.9	680.7
GDP 比	31.0	32.2	34.1	36.0	35.9

単位：国債残高＝兆ウォン、対 GDP 比＝％
出典：統計庁・国家統計ポータル
　　　https://www.index.go.kr/unify/idx-info.do?idxCd=4010(2019 年 7 月 24 日閲覧)

　また表 9-2 は、2010 年前後の国債発行目的の内訳を記したものであるが、いずれの年も国債の 3 分の 1 が外国為替相場の安定用資金として発行・運用されており、税収不足を補うために発行される、いわゆる赤字国債の発行残高は国債残高のうちの、さらに一部ということが分かる[61]。韓国政府は、このような高い健全性を持つ財政水準を維持し

---

[60] Eurostat
http://ec.europa.eu/eurostat/tgm/table.do?tab=table&init=1&language=en&pcode=teina225&plugin=1（2019 年 7 月 1 日閲覧）

[61] なお、同じく国家財政において均衡予算が組まれているシンガポールでは、公債市場の育成や金融緩和を図るなど、金融政策の一環として国債が発行されているが、韓国の場合、金融政策はしばしば中央銀行である韓国銀行自体が債券を発行する形で行われる。これは、本文中で述べられているような国債発行残高の少なさでは、中央銀行が市場に有意な影響を与えるだけのオペレーションを実施できず、韓国銀行自体が債券を発行せざるを得ないからである。『朝鮮日報』2007 年 3 月 1 日付

ながら、高齢農家の引退促進や所得保障に取り組んでおり、社会保障支出に対する制約が非常に厳しいものになっている点がうかがえる。

表9-2：韓国における国債発行目的の内訳

年度	2009	2010	2011	2012	2013
国債残高	359.6 (100.0)	392.2 (100.0)	420.5 (100.0)	443.1 (100.0)	489.8 (100.0)
一般会計	97.0 (27.0)	119.7 (30.5)	135.3 (32.2)	148.6 (33.5)	172.9 (35.3)
公的資金	49.5 (13.8)	47.0 (12.0)	45.7 (10.9)	45.7 (10.3)	46.9 (9.6)
外為市場安定	104.9 (29.2)	120.6 (30.7)	136.7 (32.5)	153.0 (34.5)	171.0 (34.9)
住宅基金	48.5 (13.5)	49.3 (12.6)	48.9 (11.6)	49.6 (11.2)	51.3 (10.5)
その他	46.1 (12.8)	37.2 (9.5)	36.2 (8.6)	28.2 (6.3)	22.0 (4.5)

単位：兆ウォン、括弧内は%
出典：統計庁・国家統計ポータル
　　　http://kosis.kr/statisticsList/statisticsList_01List.jsp?vwcd=MT_ZTITLE&parentId=M#SubCont (2019年7月1日閲覧)
注：小数点第2を四捨五入したため、括弧内の値の合計は100にならない。

こうした財政上の制約が高齢者の所得保障に影響した具体例として、2013年2月に大統領に就任した朴槿恵の基礎老齢年金をめぐる公約撤廃があげられる。2012年12月に行われた大統領選挙で朴槿恵は、上述のように給付額が最低生計費の5割程度という老齢年金の現状を

問題視し、給付額の大幅増額を政権獲得後の公約に掲げていた。しかし企画財政部の反対を受け、大統領就任後の同年9月、朴槿恵は当該公約を撤回した[62]。

こうした財政上の制約の中、政府は高齢農家に引退を促すための年金制度として、2011年1月に農地年金を創設した[63]。農地年金は、2010年5月に主務官庁となる農林部の傘下機関・韓国農漁村公社の根拠法である、韓国農漁村公社および農地管理基金法を改正する形で法制化され[64]、施行された制度である。この制度では、経営耕地面積が1ha未満であり、かつ経営主およびそ配偶者など同居人の年齢がともに満65歳以上である農家が、保有する農地を農林部傘下の信託銀行である農地銀行に売却もしくは貸与し、現役農家から引退する場合、1世帯あたり最大で月額96万ウォンを年金として受給できる。年金の財源は、高齢農家が手放した農地を農地銀行が転売もしくは運用することによって捻出され、国庫による支出は、引退した農家の年金受給期間が長くなり、年金受給額が農地の売却益ないし運用益を上回った場合に限定されることとなっている[65]。月額制の保険料を財源とせず、また基礎老齢年金のような国庫支出を主たる財源としているわけでもないとい

---

[62] 『東亜日報』2013年9月23日付
[63] 大韓民国政府
http://www.korea.go.kr/service/serviceInfoView.do?svcSeq=2104&rnum=4&searchType=0&ctyCode=160200（2019年7月1日閲覧）。以下の農地年金制度についての説明も同様
[64] 韓国法令検索
http://www.law.go.kr/lsInfoP.do?lsiSeq=105236&ancYd=20100517&ancNo=10303&efYd=20101118&nwJoYnInfo=N&efGubun=Y&chrClsCd=010202#0000
（2019年7月1日閲覧）
[65] ただし、政府が借り手のつかない農地を農地銀行から借り入れ、それに対して市場相場から乖離した高額の利息を支払う形で、農地銀行に実質的な国庫支出を行うということは禁じられていない。農林畜産食品部
http://www.mafra.go.kr/list.jsp?&newsid=155445605&section_id=b_sec_1&pageNo=2&year=2014&listcnt=10&board_kind=C&board_skin_id=C3&depth=1&division=B&group_id=3&menu_id=1125&reference=&parent_code=3&popup_yn=&tab_yn=N（2019年7月1日閲覧）

う点で、非常に珍しい年金制度である。前章で見たように、1990 年代以降直接支払制度が実施されるようになると、農家が同制度を実質的な所得保障として利用し、生産性向上の見込みがほとんどないにもかかわらず、保有する農地での耕作作業を外部委託するなどして現役を続行する傾向が出てきた。この状態が続くと、低所得層の農家が滞留するという状況はいつまでも解消されないことになる。そしてそれは、大規模な耕地で農業機械を積極活用したり、あるいは親環境農業を実践したりすることで、若手農家や農業事業体が農業所得を向上させる上において、支障になるものでもあった。農地年金は、政府系金融機関が高齢の農家から農地の借入や買取を積極的に行い、これら農家に農地を放出させることにより、その引退を政策的に促すというものである。

統計庁の調査によると、2013 年末時点で農地年金に加入している農家経営主の比率は、70 歳代の経営主がいる世帯で 3%、65 歳から 69 歳の経営主がいる世帯で 1.6%にとどまっていた[66]。このように農地年金の普及度が低いことを踏まえ、農林部は 2014 年 1 月、韓国農漁村公社および農地管理基金法の施行規則を改正し、経営主が満 65 歳に達している農家であれば、配偶者などの同居人に 65 歳未満の者がいても農地年金に加入できる措置を講じた[67]。また 2015 年 6 月、農林部は再び韓国農漁村公社および農地管理基金法の施行規則を改正し、農地年金の加入制限を緩和すると発表した[68]。この施行規則改正では、農地

---

[66] 統計庁・国家統計ポータル
http://kosis.kr/statHtml/statHtml.do?orgId=143&tblId=DT_11437028&vw_cd=MT_ZTITLE&list_id=101_11437_03&seqNo=&lang_mode=ko&language=kor&obj_var_id=&itm_id=&conn_path=E1（2019 年 7 月 1 日閲覧）

[67] 農林畜産食品部
http://www.mafra.go.kr/list.jsp?newsid=155445193&section_id=b_sec_1&listcnt=5&pageNo=1&year=&group_id=3&menu_id=1125&link_menu_id=&division=B&board_kind=C&board_skin_id=C3&parent_code=3&link_url=&depth=1（2015 年 8 月 22 日閲覧）

[68] 農林畜産食品部

銀行に売却ないし貸与できる農地の一戸あたり面積制限を撤廃し、65歳以上であれば、大規模な農地を保有している農家も農地年金に加入できることとした。これに伴い、農地年金加入者が受け取れる年金額の上限も引き上げられる。

　高齢農家の引退を促すために政府が進めている第二の施策が、老人福祉施設[69]の増設である。2007年に始まった基礎老齢年金や、2011年に始まった農地年金など、韓国における高齢者所得保障制度は、国庫負担をできるだけ抑制するという厳しい財政的制約に晒されながらも、徐々に拡充されてきた。しかし、所得保障によって高齢農家の引退を促す施策が打ち出される一方で、韓国では老人福祉施設や高齢者ケア要員の増加・増員が高齢者人口の増大に追いついていない。従って、引退後も所得が保障される見込みはあるものの、入居できる高齢者住宅がなかったり、引退後の生活のケアをしてくれる人員が地域に不在であったりなどの理由で、現役から退けずにいる農家が相当数存在する。表9-3は、2014年12月31日現在の韓国における農家人口を年齢別に記したものである。この統計に基づくと、2014年末現在、農家人口の約40％にあたる44万人以上の農家経営主およびその家族が、70歳を過ぎてもなお現役農家として営農を継続しているか、その扶養を受けているということになる。これらの人々全てが引退の必要性に迫られていたり、引退を希望しているわけではないが、既に農地年金への加入年齢にも達しており、引退の必要性が高いか、あるいは近い将来引退することが予想される農家人口が相当数いることが読みとれる。

---

　http://www.mafra.go.kr/list.jsp?newsid=155446794&section_id=b_sec_1&listcnt=5&pageNo=1&year=&group_id=3&menu_id=1125&link_menu_id=&division=B&board_kind=C&board_skin_id=C3&parent_code=3&link_url=&depth=1（2015年8月22日閲覧）
[69] 日本の老人ホームや高齢者向け福祉住宅などを、韓国では養老院（양로원）と総称している。

表 9-3：2014 年 12 月 31 日現在の年齢別農家人口

年齢	～39 歳	40-49 歳	50-59 歳
農家人口	9,947	82,329	252,507
比率	0.9	7.3	22.5
年齢	60-69 歳	70 歳～	合計
農家人口	331,083	444,910	1,120,776
比率	29.5	39.7	100.0

単位：人口＝人、比率＝％
出典：統計庁・国家統計ポータル
　　　http://kosis.kr/statisticsList/statisticsList_01List.jsp?vwcd=MT_ZTITLE&parentId=B#SubCont　（2019 年 7 月 1 日閲覧）
注：各年齢別の人口比は小数点第 2 位を四捨五入した

　表 9-4 は、2011 年末時点における満 65 歳以上の高齢者の生活状況を、住居の形態から分類したものである。このデータは、表 9-3 で引用したデータとは別の調査において集計されたものであることを勘案しなければならないが、この点を踏まえつつも、2 つの表を見比べていくと、韓国農村部における老人福祉施設の拡充が重要な課題であることが分かる。第一に、都市・農村ともに高齢者が子女と同居している比率は 20％を割り込んでいる上、農村での同居率は都市での同居率よりも 1.7 ポイント低い。他方、高齢者が子女と同居せず、独居、もしくは高齢者夫婦のみで暮らしている比率は、農村で 77.7％と、都市での比率よりも 5 ポイント以上高い。この数値からは、引退した高齢者の面倒を子女が見るということが実態としてあまり行われていないことが分かる。そして、特に農村では、子女と別れて暮らす高齢者が、独居ないし老夫婦のみの世帯を営んでいるケースが多いことが読み取れる。第二に、一般住居および子女同居以外の、何らかの老人福祉サービスを受けて生活している高齢者について見てみると、高齢者専用

住宅、グループホーム、敬老堂[70]サービスの利用、および施設入所[71]の4項目すべてにおいて、農村の数値が都市の数値よりも低くなっており、農村におけるこれら施設の普及度が都市よりも低いことが分かる[72]。

　農村における福祉施設や福祉サービスの普及が遅れがちになっているという課題は農村住民を対象としたアンケート調査からもうかがえる。表9-5は、保健福祉部が2013年に都市および農村の住民2000名を対象として行った調査「農漁業人福祉実態調査」の結果から、福祉サービスへの満足度に関する回答を抜粋したものである。この調査結果によると、現在政府によって提供されている福祉サービスについて「とても満足している」と回答している住民の比率は、都市も農村もあまり違いがないが、「やや満足している」の比率は都市が農村を大きく上回り、逆に「普通」と回答した比率は農村の方が多い。そして、都市では集計不能と判定されるほどわずかしか存在しなかった「とても不満」と回答する層が、農村には2.1％存在する。従って、現在の福祉サービスの普及度の下では、農村住民の福祉需要が都市ほど充足されてはいないといえる。

---

[70] 敬老堂（경로당）とは、洞や面といった最小行政区画に1,2か所程度設置される高齢者福祉に特化したコミュニティ・センターであり、そのサービス内容は、日本のデイサービスに相当するものといえる。

[71] 基礎自治体によって最低生計費を得られないと判断されたり、病気や障害で日常生活を送ることが困難と判された人々が、日本の福祉アパートに相当する施設へ入居を斡旋されることをさす。

[72] なお、「その他」に分類されるものとしては刑務所での懲役刑執行などがある。

表 9-4：2011 年 12 月 31 日現在の住居形態別高齢者（満 65 歳以上）人口の割合

住居形態	都市	農村
一般住宅	72.5	77.7
子女同居	18.9	17.2
高齢者専用住宅	1.1	0.2
グループホーム	1.1	0.5
一般住宅＋敬老堂	0.7	0.1
施設入居	5.5	4.2
その他	0.2	0.0

出典：統計庁・国家統計ポータル『老人実態調査』

http://kosis.kr/statisticsList/statisticsList_01List.jsp?vwcd=MT_ZTITLE&parentId=D#SubCont（2015 年 2 月 2 日閲覧）

単位：％

注：原資料における「洞部」を都市部、「面・邑部」を農村部と読み替えた。

表 9-5：都市・農村住民の福祉サービスに対する満足度

回答	とても満足	満足	普通	不満	とても不満
都市	20.4	59.5	16.6	3.5	n.a.
農村	20.5	32.0	41.0	4.4	2.1

出典：統計庁・国家統計ポータル

http://kosis.kr/statisticsList/statisticsList_01List.jsp?vwcd=MT_ZTITLE&parentId=D#SubCont（2019 年 7 月 1 日閲覧）

単位：％

　これまでに述べてきた施策を通じて、韓国政府は高齢農家の引退と、それによる農地の区画整理や再編を実現し、農業の生産性が向上しや

すい環境の構築を図っている。しかし、本節で述べた諸措置は、生産性の低迷する農家の退出を促すものであって、新規就農者の確保や促進を実現するものではない。

　前節で見たように、韓国政府は2010年前後から、高齢農家の引退を容易にする措置をとるようになってきている。しかし、前節で見た諸措置はあくまで生産性の低い農家を引退させるものであって、新たな農業の担い手が参入したり、若手の農家が高齢農家の土地を継承したりすることを促すものではない。加えて、先に指摘したように、韓国においては親の職業を子が継承するという意識は希薄であり、特に現代では、引退した農家経営主の農地をその子が継承するというケースは、決して多くはない。そのため、韓国農業を維持していくためには、別途、就農を促進する政策が必要であった。

表9-6：1990年代から2000年代にかけての韓国の農村人口

年度	1990	1995	2000	2005	2010
総人口(A)	42,869	45,093	47,008	48,138	49,410
農村人口(B)	12,000	9,560	9,343	8,704	8,629
B/A	27.99	21.20	19.87	18.08	17.46

単位：総人口・農村人口＝千人、B/A＝％
出典：統計庁・国家統計ポータル
　http://kosis.kr/statisticsList/statisticsList_01List.jsp?vwcd=MT_ZTITLE&parentId=A#SubCont　（2014年10月25日閲覧）

　他方、新たな農業の担い手を育てていく政策は、韓国農家数そのものの減少に対処するという観点からも必要とされていた。表9-6は、1990年から2010年までの韓国の農村人口の変遷を記したものであるが、1990年から2000年までの10年間で農村人口は260万人減少し、その総人口に占める比率は8ポイント下落している。2000年代に入り

減少ペースは緩やかになっているものの、引き続き農村人口が絶対数でも、総人口に占める比率においても減少している点は変わりない。政府は2020年までの第4次国土総合開発計画において国土の均衡発展を図っていくとしており、この点からも、高齢化した既存の農家の代替となる農業の担い手を確保するという観点とは別に、農村人口の減少そのものへの対応を図る必要があった。

第3節　都市住民の就農

　2009年4月、政府は国務会議で帰農・帰村総合対策[73]を決定した。帰農・帰村総合対策は、2000年代に入って都市在住のベビーブーマー[74]以下の世代が農村に移住し、就農や起業に踏み切るケースが増えていることを踏まえ、これを促すことで、農村の経済振興と国民の多様な人生価値の追求を支援しようとするものである[75]。具体的には、農林部および農村振興庁を通じた帰農教育の実施、就農向け融資制度の創設、インターネット上における帰農・帰村情報のワンストップ・サイト（http://www.returnfarm.com）の創設などが実施事業とされた。これは、離農・離村の進行を前提とした上で農業部門の進行を図ってきた従来の農政を大きく転換するものとなった。

---

[73] 当該国務会議決定は、帰農および帰村を促進するための政策方針であるため、日本語で帰農・帰村総合「対策」と表記するのは語弊があるが、同決定の原語表記（귀농 귀촌 종합대책）は漢字転写すると「帰農 帰村 綜合 對策」である。本書では、該当する漢字表記が存在しないセマウル（새마을）運動を例外として、韓国の法令や政策文書の名称は全て韓国語での漢字表記をそのまま日本語でも用いることにしているため、ここでもその原則に従った。

[74] 韓国は、朝鮮戦争休戦後の1950年代半ばにベビーブームを経験している。

[75] 大韓民国政府
http://www.korea.go.kr.govTask/govTaskDetailView.do?seq=717&govCode=1543000（2015年8月23日閲覧）

そもそも韓国では1990年代後半に至るまで、農村へ移住し、就農したり、農業以外に目ぼしい産業がない場所で暮らし始めたりする人々を政府や民間機関が調査すること自体、ほとんど行われてこなかった。そのため、農村を人口動態の面から分析する資料も少なく、国勢調査によって集計された人口のうち、最少行政区画が邑もしくは面にあたる農村地域の数値のみを抽出することで、農村人口の正確な値を求める程度のことしかできなかった[76]。

　こうした状況が大きく変化する契機になったのが、1997年の経済危機による失業率の急上昇であった。1997年11月、当時中堅財閥であった韓宝グループの経営破綻以降一気に深刻化した経済危機のため、表9-7に示されるように、翌1998年の失業率は前年比4.4ポイント増の7%にまで悪化した。表9-7からも読み取れるように、この時失業者の発生度合は都市部にあたる非農村部の方が深刻であった。もともと韓国では、都市の失業率は農村のものよりも高くなる傾向にあるが、1997年から翌1998年にかけて、農村の失業率が1.1ポイントの悪化にとどまったのに対し、都市の失業率は4.8ポイントも悪化するなど、経済危機による失業問題は都市の方が深刻であった。

　結果的には、経済危機の翌年である1998年に失業率は底を打ち、以後急速に改善することとなるが、そうした状況の変化が予想できなかった危機発生直後は、都市で失業した人々の多くが、景気変動の影響を受けにくい農業に就労することで収入源を確保しようとした（イ・ジョンファ、2014、pp. 6-10）。

---

[76] 国勢調査のデータを見るという作業では、任意の地域を設定し、その人口の変化や総人口に占める比率の変化を捉えることはできるものの、他地域からの転入や他地域への転出を把握することはできない。

表 9-7：韓国における失業率の推移

年度	1995	1996	1997	1998
全国平均	2.1	2.0	2.6	7.0
農村	0.6	0.5	0.7	1.8
非農村	2.3	2.3	2.9	7.7
年度	1999	2000	2001	2002
全国平均	6.3	4.1	3.8	3.1
農村	1.7	1.2	1.2	1.0
非農村	7.0	4.5	4.1	3.3
年度	2003	2004	2005	2006
全国平均	3.4	3.5	3.5	3.3
農村	0.9	1.0	0.9	1.1
非農村	3.7	3.7	3.8	3.5

出典：統計庁・国家統計ポータル

http://kosis.kr/statisticsList/statisticsList_01List.jsp?vwcd=MT_ZTITLE&parentId=B#SubCont（2015 年 8 月 23 日閲覧）

単位：%

注：1999 年以前の数値では 1 週間以上求職活動を行ったことが確認される健常者を失業者として数えているが、2000 年以降の数値では、4 週間以上求職活動を行ったことが確認される健常者のみを失業者として数えている。

グラフ 9-1: 帰農・帰村世帯数の変遷

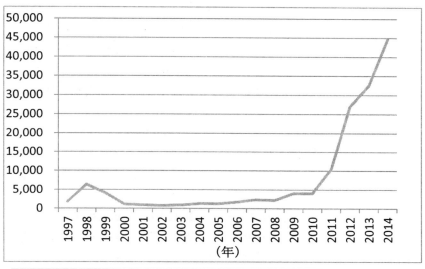

年度	1997	1998	1999	2000	2001	2002	2003
世帯数	1,841	6,409	4,118	1,154	880	769	885
年度	2004	2005	2006	2007	2008	2009	2010
世帯数	1,302	1,240	1,754	2,384	2,218	4,080	4,067
年度	2011	2012	2013	2014			
世帯数	10,503	27,008	32,424	44,586			

単位：世帯

出典：イ・ジョンファほか（2014、p. 14）．但し、2013および2014
　　　年度のみ『農民新聞』2015年3月23日付に掲載された速報値
　　　を掲載

　こうした事情を受け、政府や研究者の間では1997年以降、都市住民の農村への移住を「帰農」および「帰村」と呼び[77]、その動向を調査す

---

[77] 一般には、農村に移住し、就農することを「帰農」と呼び、就農はしない

る取り組みが始まった。その取り組みの中で集計された毎年の帰農・帰村世帯数を示したものが、グラフ 9-1 である。1996 年以前に帰農・帰村した世帯の数が出されていないため、1997 年の 1,841 世帯という数値が高いのか低いのかは断定できないものの、同年から翌 1998 年にかけて、帰農ないし帰村した世帯の数が 3 倍以上に増えていることは確認できる。しかし、その次の年である 1999 年には帰農・帰村世帯数は 4000 世帯余りにまで減少し、2000 年にはさらに 1000 世帯余りにまで急減している。そして、2001 年には 1000 世帯を下回っている。これは、表 9-7 でも見られるように、経済危機後に悪化した都市部の雇用状況が早い段階で改善に向かい、都市住民が不慣れな農業を就労先に選ぶ必要がなくなってきたためと考えられる。

　しかしグラフ 9-1 の付表によると、2002 年に 769 世帯まで減少した帰農・帰村世帯数は、翌 2003 年以降、反転して増加傾向を見せている。例外的に 2004 年から 2005 年にかけて、および 2009 年から 2010 年にかけては微減となっているが、それを除くと、2013 年まで、帰農・帰村した世帯の数は一貫して増え続けている。また、近年の増加の傾向は、経済危機直後の 1998 年のように、前年比 3 倍以上の急速な伸び率を見せた後、翌 1999 年には早くも減少傾向に転じるというような一過性のものではなく、2013 年に至るまで、10 年以上持続するという長期的なものである。無論、このデータは都市から農村へ移住した世帯だけを単純に集計したものであり、農村から都市へ移住した人々や、移住した先の農村に定着できず、都市へ再移住した人々の人数を反映していない。表 9-8 は、5 年ごとに行われる国勢調査に基づく都市と農村の人口であるが、帰農・帰村した世帯が増加しているにもかかわ

ものの、農村へ移住するということを「帰村」と呼んでいる。しかし、就農以外の目的で農村へ移った後、数年経ってから農業を始めたというようなケースは「帰農」と「帰村」のどちらに分類されるのかなど、両者の分け方には曖昧なところが多い。そのため本稿では、特に必要がない限り、両者を厳密には区別せずに扱っている。

らず、農村人口は一貫して減少を続けている。このことからは、依然として農村から流出する人口が大きく存在していることが確認できる。しかし、表 9-8 の農村人口を注意深く追ってみると、その減少ペースは時期によって相当に上下していることが分かる。すなわち、1990 年から 1995 年にかけての 5 年間の減少率が 20％以上に達し、また 2000 年から 2005 年にかけての 5 年間でも 6％以上の減少率が見られるのに対し、1995 年から 2000 年にかけての 5 年間の減少率は 2％台に、2005 年から 2010 年の減少率は 1％未満に、それぞれとどまっている。このうち、1990 年代後半に減少率が低水準にとどまったのは、1997 年に経済危機が起こり、都市での失業が深刻化したためと考えられる。都市住民の農村移住が急増し、また既存の農村住民が失業の深刻な都市部への移住を見合わせれば、農村人口の減少ペースは大きく落ち込む。これに対し、2000 年代後半の減少ペースの急落は、都市での雇用難などと結びつけて論じることはできない。表 9-9 は、経済危機後の失業率を集計したものであるが、同年以降、失業率は一貫して 3％台にとどまっており、1990 年代後半の一時期とは大きく状況が異なる。1960 年代から長期間に渡って続いてきた人口流出の結果、農村から都市へ移住しようと考える、あるいは移住することができる人々が移住しきったと考えることも不可能ではないが、他方で、グラフ 9-1 で示した帰農・帰村世帯数の増加を踏まえるならば、都市から農村へ移住した人々や、より自発的な理由で農村に残ることを選択する農村住民が出てきたことにより、減少ペースの低下が起こったと考えることもできる。

　上記のデータからは、2003 年以降の韓国で帰農・帰村者が増加しているという事実に加え、それが都市での不況によるものではなさそうであるという点を読み取ることができる。既に韓国では、過去 10 年余りの間に帰農した人々の動機や特徴について一定の調査が進められて

おり、それらを通じて、この帰農の促進要因を考察することが可能になっている。次節では、その点について論じる。

表 9-8：1990 年代以降の都市と農村の人口および農村人口減少率

年度	1990	1995	2000	2005	2010
都市	32,290	34,991	36,642	38,337	39,363
農村	12,000	9,560	9,343	8,704	8,629
前期比	n.a.	-20.3	-2.2	-6.8	-0.8

単位：都市および農村の人口＝千人、農村人口の前期比増減率＝％
出典：統計庁・国家統計ポータル
　　　http://kosis.kr/statisticsList/statisticsList_01List.jsp?vwcd=MT_ZTITLE&parentId=A#SubCont　（2015 年 8 月 23 日閲覧）
注 1：千人未満の値は四捨五入してある。
注 2：都市人口のデータは、1990 年以前については市制施行地域の人口を、1995 年以降については末端行政区画が「洞」である地域の人口を基準としている。
注 3：農村人口のデータは、末端の行政区画が「邑」ないし「面」である地域の人口の合計値を基準としている。

表 9-9：1997 年以降の失業率の変遷

年度	1997	1998	1999	2000	2001	2002
失業率	2.6	7.0	6.3	4.1	3.8	3.1
年度	2003	2004	2005	2006	2007	2008
失業率	3.7	3.7	3.7	3.5	3.2	3.2
年度	2009	2010	2011	2012	2013	2014
失業率	3.6	3.7	3.4	3.2	3.1	3.5

単位：％
出典：統計庁・国家統計ポータル
　　　http://kosis.kr/statisticsList/statisticsList_01List.jsp?vwcd=MT_ZTIT
　　　LE&parentId=B#SubCont（2015 年 8 月 23 日閲覧）
注：本表の失業率は、心身障害者や就労意思のある高齢者、主婦など
　を労働人口に参入したもので、表 7-7 で引用した 2003 年以前のデ
　ータとは集計方法が異なる。

第 4 節　帰農者に対する調査

　まず、1997 年から 98 年にかけて見られた一時的な帰農・帰村の急増が、2002 年以降の持続的な増加とは性質の異なるものであった点を指摘した研究として、イ・ジョンファら（2014、pp. 22-25）が挙げられる。イ・ジョンファらは、1990 年代後半に短期的に見られた農村移住は、経済危機に伴う都市での失業を受けてのものであったと指摘した上で、それが 2 年程度で収束したのは、都市での雇用事情が短期間のうちに改善したことに加え、営農経験の乏しい都市住民には、土地や大型機械の運用を伴う農業経営が著しく困難であったこと、そしてその事実が農村移住を検討していた都市住民にも知られるようになったことによると分析している。後述のように、2009 年に帰農帰村総合

対策が国務会議で決定されたことを受け、政府は帰農希望者向けの農業教育を無料で実施しているが、その教育プログラムは最低履修時間が100時間であり、帰農後の追加講習なども含めれば130時間以上の授業時間が設定されている。こうした教育に加え、実地での経験を積まなければ農業経営ができないとされる現状に鑑みれば、農村移住者向けの社会人教育がほとんど行われていなかった当時、農村へ移住した都市住民の多くが技能不足により農業経営で挫折したとするイ・ジョンファの議論は説得力がある。

　他方、2000年代に入ってからの帰農・帰村については、移住者の増加そのものは2003年から既に始まっていたものの、その要因に対する分析や個々の帰農者に対する調査が本格的に行われるようになったのは、政府が2009年に「帰農・帰村総合対策」を国務会議で決定してからのことであった。同決定以前に刊行された帰農に関連する文献としては、パク・ハギョンほか（2006）が挙げられる。ただし、パク・ハギョンらの研究は『韓国の富農たち』という本のタイトルからもうかがえるように、都市から就農目的で農村へ移住した人々を正面から取り上げたというものではなく、高い技能を駆使することで農業所得を向上させた農家についてインタビューやサーベイを行い、その経済的成功要因について考察するというものであり、その中にいくつかの事例として帰農者が含まれているというものであった。また同書には2006年当時の農林部長官が寄稿しており、その中で、韓国農業は農産物貿易が自由化される状況下、高いスキルや独創性を持った人材が就農することによってのみ存続可能であり、またそうした農業の担い手のみが経済的に成功できるであろうという展望を提示しているものの（パク・ハギョン、2006、p. 2-3）、これも農家の経済的成功についての記述であり、帰農を主題として語ったものではない。いずれにせよ、2000年代半ばの時点では帰農・帰村が増加傾向に転じて数年程度し

か経過していなかったこともあり、本格的な調査・研究がなされる段階にはなかったといえる。

　2009年に国務会議決定された総合対策は、2003年以降の帰農・帰村者の増加を政策的支援によって一層促し、農家人口の減少と営農者の高齢化による農業の衰退を緩和することを目的としている。具体的には、農業の創業資金として世帯当たり最大3億ウォンを年利2.0%で貸し付ける、移住先となる農村での住居整備費用として5000万ウォンを年利2.7%で貸し付ける、農業に就労する上で必要な知識について、100時間から130時間分の無償教育を施すという3つのプログラムが盛り込まれている[78]。政府による支援策の実施を受け、全国各地の農村自治体でも帰農者の移住を促す施策が相次いで発表されている。表9-10は、2015年8月現在各地の政府および自治体が行っている帰農者招致プログラムの一部である。いずれも、帰農者に対する無利子・低利子の融資や無償の技能教育などを行うことで、帰農希望者を呼び込み、就農させようという狙いが読み取れる。ミカンの産地であり、農業や農産物加工業の発展に注力している済州島の西帰浦市のように、複数のプログラムを用意し、より積極的な帰農者招致に努めている自治体もある。こうした政府・自治体の動きが本格化した2010年以降、グラフ9-1にも示されていたように帰農者の増加ペースは著しく高まっている。

---

[78] 政府の帰農者に対する支援は農村振興庁・帰農帰村総合センターウェブサイト http://www.returnfarm.com/www/c2/sub1.jsp を参照（2019年7月1日閲覧）

表 9-10：政府および自治体による主な帰農者招致プログラム

- 100 時間の無償農業教育、年利 2.0%の農業操業資金貸与、年利 2.7%の住宅ローン（農村振興庁）
- 帰農者と既存農村住民との交流行事への助成、帰農者に対する農業専門紙無料配布（江原道）
- 帰農者の受け入れを希望する村落を募り、道の広報誌などで宣伝（慶尚南道）
- 帰農後 1 年間、月額 30 万ウォンを定着支援金として給付（全羅南道麗水市）
- 帰農に伴う引っ越し費用を補助（忠清北道忠州市）
- 帰農者招致専門サイト（http://gofarm.kr）の開設（慶尚北道金泉市）
- 農業技術教育受講時に月額 40 万ウォンの手当を支給、低温貯蔵庫購入資金を給付、帰農創業時の農業機械購入費用補助、兼業帰農者に対する人件費補助（済州特別自治道西帰浦市）

出典：農村振興庁帰農帰村総合センター
http://www.returnfarm.com/www/c2/sub1.jsp（2015 年 8 月 24 日閲覧）を元に筆者作成

　2010 年以降の帰農の急増は一種の社会現象としてメディアに報じられる[79]ほどであり、こうした現象を受けて、増加する帰農・帰村者とはどういった社会的背景を持った人々なのかという点について、インタビューやフィールドワークを行う研究者が出てきた。これらの研究は、2000 年代以降、帰農・帰村者を 10 年に渡って増加させている理由の一つとして、ベビーブーマーの定年退職を指摘している[80]。韓国は

---

[79] 例として『農民新聞』2014 年 8 月 15 日付など。
[80] イ・ジョンファ（2014、pp. 18-24）、農林水産食品部（2010、pp. 12-14）、東北地方統計庁農業調　査課（2013、pp. 1-3）など。

1953年に朝鮮戦争が休戦となった後、1960年代にかけてベビーブームを迎えているが、同国の労働市場では都市勤労者が50歳代までに実質的な定年退職を迎える雇用慣行が続いてきたため(玉置、2003、pp. 164-182)、2000年代に入ると、いわゆるベビーブーマーに属する人々の大量退職が始まった。韓国が本格的に都市化する前に生まれた彼らは、幼少期を農村で過ごしているケースが多く、従って老後を農村で過ごそうとする選好が強いことが、帰農を促す大きな要因になっている(イ・ジョンファら、2014、pp. 8-11)。しかしこの説明は、あくまで帰農・帰村者を増加させている理由の一つを指摘しているものであって、このような人口構成やライフサイクルに基づく議論だけで帰農者増加のすべてを説明できるわけではない。2012年に統計庁が行った調査によると、同年に帰農ないし帰村した人々の平均年齢は47歳であり、50歳代が帰農・帰村者全体に占める割合は36％程度である[81]。これに対し、40歳代は帰農・帰村者全体の43％を、30歳代は同10％を占めており、ベビーブーマーが帰農・帰村者全体に占める割合は決して低くないものの、40歳代以下のより若い世代が帰農者全体の半数以上を占めている[82]。こうした調査結果を踏まえると、過去10年の帰農・帰村者の増加については、人口構成以外の側面からの説明も必要であるということができる。

　2010年以降行われた帰農・帰村研究のうち、個別の帰農者の社会的背景や経済状態について詳細なインタビューと分析を行い、かつ一定の標本数を確保したものとして、イ・ジョンファほか(2014)が挙げられる。

---

[81] 統計庁・国家統計ポータル
http://kosis.kr/statisticsList/statisticsList_01List.jsp?vwcd=MT_ZTITLE&parentId=A#SubContを参照(2019年7月1日閲覧)
[82] 統計庁・国家統計ポータル
http://kosis.kr/statisticsList/statisticsList_01List.jsp?vwcd=MT_ZTITLE&parentId=A#SubContを参照(2019年7月1日閲覧)

表 9-11：2013 年全南大学の調査における回答者と主な営農内容および移住理由

番号	内容	主な移住理由
1	稲作	都市生活でのストレス
2	畜産	（明確な回答なし）
3	畑作	都市生活でのストレス
4	薬草	（明確な回答なし）
5	畑作	農村での就労希望・自己実現
6	畑作	都市での事業失敗
7	畜産	農村での就労希望・自己実現
8	畑作	家庭菜園に由来する関心
9	果樹	都市生活でのストレス
10	畑作	都市生活でのストレス
11	畑作	家庭菜園に由来する関心
12	畑作	都市生活でのストレス
13	畑作	都市生活でのストレス
14	果樹	（明確な回答なし）
15	畑作	親族からの農業継承
16	畜産	農村での就労希望・自己実現
17	薬草	都市生活でのストレス
18	複合	都市生活でのストレス
19	畑作	農村での就労希望・自己実現
20	畑作	都市生活でのストレス
21	畑作	農村での就労希望・自己実現
22	畑作	農村での就労希望・自己実現

出典：イ・ジョンファほか（2014）の内容を元に筆者が作成
注：通し番号は、原典における紹介順序である。

これは、国立全南大学が主体となり、2003年以降ソウルなど大都市圏から全羅南道へ帰農した人々のうち、個人情報の提供を含む大学への調査協力に同意した22人の農家経営主を標本として、農業経営の状況調査やインタビューを実施したものである。インタビュー結果や調査時に撮影された写真は調査対象者1人につき5-10ページ程度にまとめられており、それらを通じて帰農者が移住・就農後に経験した失敗や成功、その結果としての農村生活の状況、そして今後帰農しようと考えている人々に対する助言・含意が読み取れるようになっている。年間数千から数万世帯が帰農ないし帰村している状況を考えると、22人というインタビュー対象者数は標本として少ないことが否めないが、帰農者に対する全国的な調査はいまだその数が少なく、また先行調査の多くは1人の帰農者のライフヒストリーを把握するという、単独事例研究・計質分析である。そのような先行調査の制約を踏まえ、以下では、この全南大学の調査を主たる参考としつつ、過去10年余り増加傾向にある帰農者の選好などを見ていくこととする。なお、全南大学の調査に協力した22件の農家の主たる営農内容は表9-11の通りである。調査対象者の多くがプライバシー上の理由により匿名となっていることを踏まえ、以下で当該調査の回答者を特定する必要のある際は、本表で各回答者に振られた通し番号により識別を図ることとする。

　まず、都市での生活に区切りをつけ、就農のために移住した理由については、22人の調査対象のうち、19人が明言している。このうち、父母など血縁者が耕作していた農地の継承を理由に挙げたのは1人（回答者番号15）だけであり、都市での事業の失敗を理由に挙げた回答者も1人（回答者番号6）のみである。他の17人のうち、2人（回答者番号8, 11）は都市在住時から家庭菜園を営むなど農業について一定の知識の経験を持っており、転職を機に本格的な就農へ踏み切った

としている。そして、回答者の半数以上を占める15人は、都市での生活に対して不満を持っており、それを解消するために農村へ移住、就農したと回答している（回答者番号1, 3, 5, 7, 9, 10, 12, 13, 16, 17, 18, 19, 20, 21, 22）。親族から農地を継承する形での就農が1件と少数派である点は、本書冒頭でも言及した、血縁に基づいて職業を継承するという観念が希薄であるという韓国農業全体の傾向と整合的である。また、失業や倒産など都市での経済的失敗による就農が1件に留まっているのも、本節で既に述べたように、経済危機による都市での失業問題が2000年前後には収束していた点と整合する。これに対し、都市のライフスタイルに由来するストレスや不満から就農した回答者は15人おり、都市で家庭菜園を営んでいたという2人を加えると、全調査対象22人のうち17人が、都市での失業などといった消極的な理由ではなく、農業を営むことに対して何らかの意義を見出すという積極的な理由で帰農を決意したことになる。

都市での生活に不満を持ち、帰農を決意したという15人について、より具体的な不満の内容を追っていくと、以下のように2つに分けることができる。1つは、都市の慌ただしい生活に違和感を覚えたり、会社勤めで体調を崩したりなど、都市生活を継続することに心身の負担を感じるようになったというもので、9人の回答者がこれに該当する（回答者番号1, 3, 9, 10, 12, 13, 17, 18, 20）。都市生活、特に会社勤めが原因で体調を崩したり、精神的にストレスを抱え込むようになるという点[83]は、既に2003年頃から全国的に社会問題化しているが（玉置、2003、pp. 176-182）、その理由の1つとして、グリーン・ツーリズムについての説明の際にも述べたように、韓国人の年平均労働時間が2000

---

[83] 筆者によるソウル特別市農業技術センター、チン・ウヨン指導員へのインタビューよると、都市生活でのストレスを原因として就農を希望する事例は、ベビーブーマーが定年退職に前後して農村へ移住する事例と並んで多く、帰農の主要な動機となっている。（2014年8月22日、ソウル特別市農業技術センターにてインタビュー実施）

時間以上と、極めて長いことが挙げられる[84]。農業を営む場合も、相応の労働投入時間が必要にはなるものの、その時間配分などについて個々人の裁量の余地が大きくなるため[85]、精神的ストレスから転職を希望する都市労働者にとって、農業は一定の魅力を持った選択肢になっているといえる。

　都市での生活に不満を持ち、帰農をする人々を構成するもう一つのグループが、NGOメンバーや健康食品販売者など、自分の抱いている価値観を実現させるため、より能動的に就農する人々である。上記イ・ジョンファの調査では、6人の回答者がこれに該当する（回答者番号5, 7, 16, 19, 21, 22）。これらの人々は、自然環境の保護や親環境農産物の積極的利用などを通じ、多くの人々が健康的で環境親和的な生活を送れる社会を作りたいという価値観を持っている。そして、都市での勤労生活ではこれらの価値観に根差す生活を実現できない、あるいは他の人々に提供することができないという制約を抱えており、自己の価値観に基づく目標を実現させるために就農という選択肢をとったといえる。換言すれば、都市部で価値観が多様化し、所得水準の向上などといった経済的利益だけでは説明できない社会的要求が出されるようになってきたものの、現状の都市環境ではそれらの要求を満たすことが困難であり、従って農村へ移住する者が出てきたということができる。

　以上、イ・ジョンファほか（2014）をもとに、全南大学が2013年に行ったインタビュー調査を分析してみたが、この分析結果を総括すると、以下の3点にまとめることができる。まず、前述の内容を繰り返すことになるが、2000年代に入ってからの帰農・帰村者の長期的な増加傾向は、1990年代末に一時的に見られた一時的増加と異なり、都市

---

[84] 統計庁 http://www.index.go.kr/potal/main/EachDtlPageDetail.do?idx_cd=1485 （2019年7月1日閲覧）

[85] ただし、農業が裁量の余地の大きい職業たりうるのは世帯単位で営む「農家」の場合であって、法人経営に基づく農業はこの限りではない。

での失業など、経済的なショック[86]によってもたらされたものではない。次に、帰農・帰村者の長期的増加は、ベビーブーマーの退職時期と関連が指摘されるなど、世代サイクルと完全に無縁なものとは言えないものの[87]、その多くが親からの農地の継承に基づくものではなく、従って世代サイクルという観点からは部分的な説明しかできない。そして三番目に、近年の帰農者の相当数が、ストレスの少ない生活を送りたい、あるいは社会的価値観を成就させたいなどといった、より積極的で、なおかつ経済的動機よりも社会的動機に主として基づく形で就農しているということである。

しかし、社会的動機に基づく帰農の増加といえども、農業所得を確保するための農業インフラが整備されておらず、就農後に極端に所得の少ない生活が予想される状況にあっては、帰農・帰村する者が増加するとは考えにくい。従って次節では、本書で先述した農村開発政策も踏まえつつ、帰農・帰村者の行動の動機について、人口移動研究のフレームワークを用いた分析を行う。

第5節　人口移動としての帰農・帰村

本節では、人口移動理論の観点から、2000年代以降の韓国における帰農・帰村の増加を説明することとなるが、それに先立ち、農工間ないし都市・農村間の人口移動をめぐるフレームワークを、先行研究のレビューを行いつつ見ていくこととする。なお、都市と農村の人口移動をめぐる先行研究は、その圧倒的多数が農村から都市への移動を分

---

[86] ここでは、ミクロ経済学における一般的な概念定義に従い、失業や扶養者の死亡、災害などの予期せぬ突発的な出来事により、所得が断絶してしまうことをショックとして扱っている。

[87] 上記全南大学の調査の回答者のうち、自己の年齢層を明らかにしている者は多くないが、家庭菜園をきっかけに農業に興味を持ち、最終的に就農した2名（回答者番号8、11）は、農村への移住が定年退職と同時期であったとしている。

析対象としたものであり、都市から農村への移動を取り上げたものは極めて少ない。離農と都市住民の農村移住とでは移動の方向が逆であり、従って離農を分析する枠組みで帰農を分析することは必ずしも妥当ではない。しかし、環境の大きく異なる場所への移動の理由や目的をどう説明するかという点で、先行の諸研究は一定程度参考にできると考えられる。

　農村から都市への人口移動が生じる要因としてこれまでに指摘されてきたものを要約すると、表9-12のようにまとめることができる。なお、この表で挙げた4つの移動理由は必ずしも相互排他的ではなく、同時に複数の移動動機が並立している可能性も否定されない（泉田、2005、pp. 75-78）。これらの移動動機のうち、就業機会および所得格差については、1950年代にアーサー・ルイスによる二重経済モデルの一部を成すものとして取り上げられたものである。すなわち、人口過剰に陥りやすく、また所得水準も低いものにとどまりやすい農村に対し、都市は、一たび工業化が始まれば多くの労働力需要を生み出し、また工業部門はその性質上、農業部門に比べて所得水準が向上しやすい[88]。また、伝統的な家族経営をとることが多い途上国の農業部門は、特に就くべき仕事もなく、実質的な失業状態にある者が、家族内のワークシェアリングにより統計上の失業者としてカウントされにくい。これは偽装失業ないし潜在的失業とされ、農村・農業部門には統計に表れる以上に実質的な失業者が存在していることとなる。そのため、農業従事者の人口が過剰となっている状況で都市部を中心とした工業が成長を始めると、農業従事者の相当部分が工業部門に移動すると考えられるのである（Lewis、1954）。しかしルイスのモデルには、工業化が進み、雇用機会が増加しているはずの途上国都市部で失業問題が発生

---

[88] 工業製品に相対的に高い所得弾力性が認められるのに対し、一人あたりの消費量に限りのある食料は、消費者の所得向上に見合うだけの消費量増大をもたらしにくい。そのため、農業従事者の所得水準も工業従事者のそれに比べて向上しにくい特性がある。

しているという現実を説明できないという制約があった。この点を踏まえつつ人口移動の定式化を図ったマイケル・トダロが提示したのが、期待所得モデルである。このモデルでは、農村にいる余剰労働力が都市ないし工業部門での雇用状況について不完全な情報しか持っていないという前提に立った上で、都市の工業部門に就労できず、失業者となるリスクを計算に含みつつも、同時に都市で就労した際に得られる所得が農村での所得よりも高水準でありうるとし、そのリスク計算の中で移住を決意するとしている（Todaro、1969）。主体的均衡仮説は、個々の移住者の視点に立ったトダロの分析枠組みをさらに発展させたもので、農村の余剰労働力が、都市の農村の賃金格差のみならず、生活費の差異や家族と別居することのリスクなど、様々な利害を考慮し、都市においてそれら利害関係の均衡がとりやすい場合は移住を決意し、農村において同均衡がとれる場合は農村に残留するという考え方である（泉田、2005、pp. 75-79）。この他にも、途上国を中心に農村人口の都市への移動、或いは農業部門の労働者の工業部門への移動をモデル化した先行研究としては、都市への移住に男女別のパターンの違いがあるとした Lall et al（2006）や、移動者が世帯の扶養者か否かといった家族内での立場が一定のインパクトを与えうるとした Lucas（1997）などがあるが、これらはいずれも、農工間もしくは都農間の人口移動が、高賃金という経済的利益を目的とした農村住民の合理的行動の結果として生じるという、ルイスならびにトダロのモデルを土台としている。

表 9-12：都農間人口移動を説明する主な理論的枠組み

移動の理由	概要
就業機会	現住地に就業機会がない場合、人々は就業機会のある場所へ移動する
所得格差	現住地での所得水準が低い場合、人々はより所得の高い場所へ移動する
期待所得	移動先で相対的に高い所得が見込める場合、人々は当該地域へ移動する
主体的均衡	移住候補地の賃金水準や生活費などを勘案し、移動の是非を決定する

出典：泉田ほか（2005、pp. 75-78）を元に著者が作成

　上記のように、途上国が工業化していく過程における都農間ないし農工間の人口移動をめぐる先行研究は農村から都市への移動を説明するものとなっているが、同時にこれらの研究は、農民が都市ないし工業部門という大きく異なった生活環境の下へ移動する目的が、高所得に対する期待など、個々の合理的判断に基づくものであることを示している。

　近年の韓国における帰農・帰村は、移動の方向としては都市から農村へという、離農とは正反対のものであるが、都市住民がこうした移動をする動機についても、ストレスの少ない生活や、健康に良いライフスタイルを実践するといった理由に加え、過疎化が進む農村へ移住した後、農業に就労できる機会が十分に見込めること、そして、就農後に一定の所得が見込めることなど、個々の合理的判断に基づいたものであると見ることができる。

　では、実際に農業部門の所得は、都市住民から見ても移住する上で問題ないと思われるだけの水準に達しているのだろうか。この点について 2001 年から 2012 年まで 12 年間の都市勤労世帯と農家世帯の所

得を並べたものがグラフ 9-2 である。この統計データを見てまず気付くことは、帰農・帰村の増加が始まった 2003 年以降の 10 年間、農家所得が都市勤労世帯の所得水準を上回ったことはなく、むしろ、両者の所得格差は 2007 年以降拡大しているという事実である。しかし、同データを注意深く見ていくと、2 つのポイントを見出すことができる。1 つは、2000 年代後半以降起こっている両者の所得水準格差の拡大は、専ら都市勤労世帯の所得水準が向上することに起因しているということであり、もう 1 つは、この 10 年間、農家所得も微増ないし横ばいとなっており、決して減少傾向にはないということである。これは、帰農・帰村を考える都市住民から見た時、就農後の所得水準が中長期的に下落していく可能性が低いということ、換言すれば、所得水準を中長期的に維持ないし向上させる期待が持てるということを示唆している。

　就農後に所得水準の維持ないし向上が期待できるという点は、近年の帰農者が就農後にとる経営形態を踏まえた時、より明確なものとなる。表 9-13 は、グラフ 9-2 で記した農家の年間所得を、専業、第 1 種兼業、第 2 種兼業[89]という経営形態別に細かく分けたものである。いずれの経営形態も、都市勤労世帯の所得と異なり、農家所得が上昇傾向にあるとは言い難いが、見方を変えれば、どの経営形態を見ても農家所得はほぼ横ばいであり、低下傾向にはないといえる。

---

[89] 韓国政府の統計における兼業農家の類型の定義は、日本と同様である。即ち、農業所得が非農業所得を上回る兼業農家が第 1 種、非農業所得が農業所得を上回る兼業農家が第 2 種に分類される。

グラフ9-2：2000年代における都市勤労世帯年間所得と農家世帯年間所得の比較

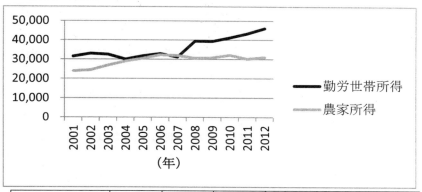

年度	2001	2002	2003	2004	2005	2006
勤労世帯所得	31,500	33,504	32,532	30,060	31,740	32,964
農家所得	23,907	24,475	26,878	29,004	30,503	32,303
年度	2007	2008	2009	2010	2011	2012
勤労世帯所得	37,176	39,444	39,360	41,208	43,344	46,056
農家所得	31,967	30,523	30,814	32,121	30,148	31,031

単位：千ウォン

出典：統計庁・国家統計ポータル「農家経済調査」
　　　http://kosis.kr/statHtml/statHtml.do?orgId=101&tblId=DT_1EA1501&vw_cd=MT_ZTITLE&list_id=F1E1&seqNo=&lang_mode=ko&language=kor&obj_var_id=&itm_id=&conn_path=E1#　（2015年9月4日閲覧）

注：「農家経済調査」に掲載されている農家所得は、付表1に記した「農業総調査」に記載される値とは集計方法が異なるため、数値が一致しない。また、勤労世帯所得、農家所得ともに、2002年以前の数値は一人暮らしの世帯を調査対象外としている。

また、専業農家の世帯所得が最も低く、第1種兼業、第2種兼業と、世帯所得全体に占める農業所得の比率が低下する経営形態になればなるほど世帯所得が上昇する点は、いずれの年も共通している。先述の通り、全南大学による帰農者への聞き取り調査では、22人の回答者のうち6人がNGOの活動や健康食品の生産・販売など、都市に居住していては実現できない行動を実践するために帰農したとしている。このうち、就農し、耕作を行った後に収穫した農産物を加工するなどして純然たる農業所得以上の収入源を確保していると回答している者が3人いる（回答者番号 7, 21, 22）。また、都市生活でのストレスなどを原因として帰農したと回答している9人の中にも、栽培した薬草を健康食品に加工し、販売しているケース（回答者番号 17）などがある。加えて、帰農後の経営形態が専業であるものの、自ら新品種の稲を開発し、高級ブランド米として販売する回答者もいる（回答者番号 1）[90]。勿論、同調査は南西部・全羅道という限られた地域において、22名という少数の標本を対象として行われたものに過ぎない。インタビューの形式や内容も、帰農者自身のバックグラウンドや現状を詳細に把握することに重点が行われたものとなっており、従って標本の信頼度や代表性という点では相当に割引いて読み解く必要がある[91]。それでもこの結果からは、帰農に成功した者の多くは兼業農家として農業所得以外の収入源を確保しているか、専業農家になるにしても品種改良を主導するなどして効率よく所得を得ているといえる。

---

[90] 全南大学による調査は南西部・全羅南道に地域が限定されているものの、パク・ハギョン（2006）によれば、北東部・江原道の農家経営主が新品種の積極的な開発で成功し、富農になる例が複数ある。そのため、帰農後に農業で成功するか否かに、大きな地域的偏りはないものと考えられる。

[91] 特に、少数の標本に対する詳細な調査を行うという方式では、回答者にも相当の負担や心理的ハードルが生じるため、帰農に失敗した人々の背景や考えを知ることが困難である。

表 9-13：経営形態別農家所得の推移

年度	2006	2008	2010	2012
専業農家	27,844	24,631	26,793	24,065
第 1 種兼業農家	36,772	34,849	33,824	34,440
第 2 種兼業農家	39,642	38,568	39,086	39,546

単位：千ウォン

出典：統計庁

http://kostat.go.kr/portal/korea/kor_nw/1/8/6/index.board?bmode=read&bSeq=&aSeq=374233&pageNo=1&rowNum=10&navCount=10&currPg=&searchInfo=&sTarget=title&sTxt=（2019 年 7 月 24 日閲覧）

　筆者が 2014 年 8 月 21 日に全羅南道羅州市農業技術センターの帰農担当者に対して行ったインタビューにおいても、帰農者が農家としては高い収入を得るケースが多いとの回答を得ている。それによると同市では、都市で会社員生活を送る中でマーケティングの知識と経験を積んだ帰農者が、就農後に都市での経験を生かし、農産物の販売で高収益を上げるケースが目立つとのことである[92]。また、帰農者を送り出す最大の自治体となっているソウル特別市の農業技術センターでのインタビューにおいても、ベビーブーマーが定年を控えて農村へ移住するケースが少なくない一方で、都市での生活にストレスを感じた 30 代から 40 代にかけての住民が、心身に負担の少ない中で生計を維持で

---

[92] 筆者による羅州市農業技術センターにおけるナ・ユジョン指導員へのインタビューより（2014 年 8 月 21 日、同センターにて実施）。ただし、当該インタビューの中でナ指導員は、「農業に対する準備が不十分な段階で農村へ移住し、農業所得が低迷する帰農者も少なくない。そのような帰農者は最終的には都市へ戻っていく」と述べ、帰農者の間での所得格差が目立つとの見解を示している。

きる方法として帰農を選択するケースが目立つとの回答があった[93]。これは、農村移住後に稼ぐ農業所得について、帰農者が生計を維持できる水準を期待しているものと捉えることができる。

ただし、こうした都市住民の帰農・帰村は、政府によって政策的に促進されている側面もある。この点については、節を改めた上で論じる。

第6節 政府による帰農促進策

前述のように、韓国政府が帰農・帰村を政策的に促進するようになったのは、2009年の国務会議決定である、帰農・帰村総合対策以降のことである。同対策の決定に先立ち韓国では、既に述べたように、農業従事者の長期的減少が続いていたほか、高齢の農家経営主が非効率な零細規模経営を継続せざるを得ないという状況が発生していた。他方、2004年の対チリ自由貿易協定発効を皮切りに、韓国はEU、ASEAN、およびアメリカなど各国との自由貿易協定へと踏み切っていった。これら諸協定は、サービスや工業製品のみならず、農産物の分野においても互いの輸入障壁を撤廃ないし削減することを規定しており、韓国政府としては、自国農産物への付加価値付与と農業の生産性向上を通じて国内農業の維持を図る方針を採ることとなった（ソン・ジングン、2012、pp. 34-39）。その一環として、生産性の低い高齢の零細農家に農地年金などのインセンティブを付与することで営農からの引退を促す施策がとられたことは上述の通りであるが、同時に、当分現役を続けることが見込まれる農家や、今後新たに就農することが見込まれる人々に対し、一定の技能を習得することによって高付加価値の農業を実践させ、かつ多角的な農業経営を行わせることも重要な課題である

---

[93] 筆者によるソウル特別市農業技術センターにおける、チン・ウヨン主任研究員へのインタビューによる（2014年8月22日、同センターにて実施）。

と認識していた（農林畜産食品部地域開発課、2014、pp. 2-5）。しかし、長年に渡って若年労働者の多くが都市工業部門へと流出し、過疎化・高齢化が進行していた農村内部で、そうした政府の期待に応えられる人材を発掘することは容易ではなかった。加えて、韓国の農業教育は長らく農業高校や大学といった中高等教育課程、つまり就学年齢期の青少年を対象とした学校教育に大きく偏ってきた。学校教育において農業教育を拡充することは、当該教育を受けた青少年が、自らの身に就けた経営ノウハウや機械技術を農業以外の分野で活用するべく、第2次・第3次産業に就労することを妨げるものとはなっておらず、従って就農者の確保に必ずしも貢献しないという課題を抱えていた。こうした中の2000年代半ば、1950年代に生まれたベビーブーマーが当時の韓国における一般的な退職年齢である50歳ないし55歳を迎えるなどし、農村へ移り住むケースが増えつつあった。2009年の帰農帰村総合対策は、こうした都市住民の農村移住を、都市で商工業の経験を積んだ労働力の農村への注入とみなし、これを促進することにより、農業従事者の不足を補い、また高齢零細農家に対する代替労働力として充当しようというものであった。

　帰農帰村総合対策に基づく都市住民の農村移住支援は、都市住民に対する就農の勧誘、就農を検討する都市住民に対する情報提供、および就農を決断した都市住民に対する教育プログラムの提供という3段階によって構成されている。第1段階にあたる就農の勧誘は、大都市、特にソウル首都圏における帰農者招致イベントの開催という形をとられることが多い。その一例として、2014年8月22日から同24日までソウル特別市江南区にある農林部所有の大型展示場・ATセンター（Agricultural Trading Center）で開かれた「帰農帰村博覧会 A Farm Show」が挙げられる。このイベントは、全国日刊紙・東亜日報と農業情報専門のケーブルテレビ局をスポンサーとし、農林部を後援とする形で開かれたものであった。イベントの具体的形態としては、展示場のホー

ルを 20 区画ほどの小さなブースに分け、各ブースに農村自治体から帰農担当の職員が出向いた上で、地元の農業についてアピールしたり、移住者に対する公的支援制度を紹介したりすることで、農村への移住および就農を促すというものであった[94]。イベント会場では、ブース出展した農村自治体が地元での農産物の試食会を行ったり、ブース内にブランコなどの遊具を設置し、子供連れの来場者が楽しめるようにしたりと、エンターテイメント性を重視した帰農者招致活動が展開された。こうしたイベントを、民間のスポンサーをつけつつ1年1回程度のペースで開催することにより、就農希望者の行動を後押しする取り組みがなされている。

　第1段階での施策を通じて就農に興味を抱いた都市住民に対する政策的支援として、農村移住および就農に関する情報提供が行われている。具体的には、都市住民が農業や農村生活、技能訓練に関する情報をより平易に得ることができるよう、農林部のウェブサイト（http://www.mafra.go.kr）やその傘下組織である農村振興庁のウェブサイト（http://www.rda.go.kr）とは別に、同庁帰農帰村総合センター専用のウェブサイト（http://www.returnfarm.com[95]）が設けられている。また同ウェブサイトには、全国各地の農村自治体がウェブ上に掲載する移住・就農関連情報のページへのリンク一覧が掲示されており、中央官庁が就農に関する情報のワンストップ・サービスを提供している[96]。

---

[94] 筆者自身のイベント会場での調査による。なお、本イベントには羅州市はブース出展していなかったが、羅州市農業技術センターのナ・ユジョン氏によると、同市もこうしたイベントには度々出展しているとのことである。

[95] ウェブサイトのアドレスに商用ドメイン（.com）を用いているが、農林部傘下の政府機関である。

[96] 韓国政府は電子媒体を通じた広報に積極的であり、ウェブでのワンストップ・サービスが実現している分野は農業に限らない。ただし韓国政府も、これまで比較的優先順位が低く扱われてきた政策分野ではワンストップ化が遅れがちである。そのため、ウェブ上でワンストップ・サービスが実現していることは、韓国政府が当該政策分野を重視しているものと看做すこ

上記のプロセスを経て就農を決意した都市住民に対しては、第3段階の措置として農業教育プログラムが提供される。これは、農村の生活文化、実習と座学の両方を通じた米や野菜の栽培方法習得、農村観光事業の基礎知識、農村関連法規の理解など、農業を営む上で必要とされる知識と技術を包括的に教授するものであり、必修科目100時間、任意科目30時間の計130時間のカリキュラムから構成されている(農村振興庁、2013、pp. 6-9)。当該カリキュラムに基づく帰農支援教育は全国各地の自治体が運営する農業技術センターや農業技術院などの専門機関で行われており、その費用は70%が中央政府負担、残り30%が自治体負担となっているため、帰農希望者本人の費用負担はない。また、帰農教育を受講した後に実際に就農しない場合でもペナルティは科されないほか、帰農教育を受けることなくまず農村に移住し、次いで帰農教育を受けるということも可能である[97]。ただし、帰農者の多寡や自治体の財政事情に関わりなく、帰農教育の費用負担は全国一律で国70%：地方30%と規定されているため、財政事情の厳しい自治体と豊かな自治体、帰農者の多い自治体と少ない自治体との間で、教育プログラムの質が同等水準となる保証はない[98]。

　その後、実際に帰農に踏み切った住民に対しては、農村振興庁から創業資金として3億ウォン、住宅費用として5000万ウォンがそれぞれ年2.0%、2.7%という低利で融資されることになる。この点は既に述べた通りである。なお、ここに挙げた支援措置はいずれも農林部、ないしその下部官庁である農村振興庁によって行われているものであり、

とができる。
[97] ただし、同一カリキュラムに基づくものではあるものの、都市自治体での帰農教育は農林部の管轄であり、農村自治体での帰農教育は農村振興庁の管轄である。
[98] 筆者によるソウル特別市農業技術センターにおける、チン・ウヨン主任研究員へのインタビューによる（2014年8月22日、同センターにて実施）。

これ以外に特産品の栽培技術の教育など、地域独自の支援措置を行っている自治体もある。

　以上のように、2009年の国務会議における帰農帰村総合対策の決定を受けて行われている就農支援措置は、都市住民が就農を検討する段階から、実際に農村へ移住し農業を営み始める段階までを包括的に支援するものである。表9-8に示されているように、政府が就農を政策的に支援するようになった2009年は、前年2008年に比べて農村移住世帯数が2000世帯あまりから4000世帯あまりへとほぼ倍増している。その後、2011年にはこの数値が10000世帯を突破し、さらに2012年には20000世帯を突破している。2003年から2009年までの漸進的な増加に比べると、2009年以降の増加率は著しく高く、政府による就農支援が農村移住者数の増加ペースを引き上げ、一種の流行を引き起こしたことは否めない。

　しかし他方で、政府が帰農帰村総合対策を策定する6年前から、既に農村移住世帯が継続的に増加傾向にあったことは見逃されてはならない。また、政府による就農支援のための諸措置が、あくまで農業に就労し、農業所得を得ることを円滑ならしめるものであり、農業所得を引き上げるために農村のインフラや土地制度などを改良するといった、いわゆるハコものではないということにも留意する必要がある。仮に農村における農業インフラが貧弱であり、農業を営んでも生計を維持できるだけの所得が見込めない場合、政府の支援措置に先立って農村移住者が増加するとは考えにくく、また政府の支援措置が奏功するとも考えにくい。従って、政府が帰農帰村総合対策に基づいて行った諸措置は、農村移住者の増加ペースを引き上げるものではあっても、農村移住者増加それ自体の根本要因ではないと見るべきである。

　2010年代後半に入り、帰農ブームは落ち着いてきている。統計庁によれば、2018年の帰農世帯数は11,961世帯であり、前年比で5％程度

の減少幅を記録した[99]。こうした落ち着きの背景には、就農に際して取得しなければならない技能や、農村住民との付き合いといったハードルが認識され、その認識が広く共有されるようになった点があるものと考えられる。また、2010年代後半に入り、都市生活を切り上げようとする人々の選択肢が、農業以外にも農村でのサービス業、あるいは漁業関係への転職など多様化してきていることも、帰農が一段落する要因になっていると言える[100]。しかし、それでもなお、年間1万以上の世帯が就農しているという事実は、韓国における農村が、一方では高齢農家の貧困などといった問題を抱えつつも、他方では都市住民が移住し、生計を立てていく先として有力な行先でありつづけていることを意味しているといえる。

第7節　小括

2000年代に入って韓国政府は、農地年金制度の開設などを通じて生産性が伸び悩む高齢の零細農家に引退を促す一方、農業従事者の確保を主たる目的の一つとして、より若い世代に属する都市住民の農村移住と就農を促してきた。この間、グラフ9-1でも見たように、2010年代前半にかけ、農村に移住する都市住民は持続的に増加したが、この増加は政府の施策の成果というだけではなく、定年退職を迎え、より穏やかな生活環境で生計を立てていきたいとするベビーブーマーや、ストレスの少ない生活環境で所得を得ようとする人々、あるいは健康

---

[99] 統計庁
http://kostat.go.kr/portal/korea/kor_nw/1/8/11/index.board?bmode=read&bSeq=&aSeq=375541&pageNo=1&rowNum=10&navCount=10&currPg=&searchInfo=&sTarget=title&sTxt=（2019年7月24日閲覧）。なおこの数値は、農村の地理的区分や帰農者の定義が異なっているため、グラフ9-1の数値とは連続性を持たない。
[100] 先述の統計庁の統計には、2018年度には、漁業に就労した都市住民とその家族が2000人を超えた旨も記されている。

食品の生産など都市では必ずしも成就できない価値観を達成しようとする人々が出てきたことのあらわれでもあった。勿論、本章で取り上げた帰農者をめぐる調査は標本信頼度や代表性に留保の付くものであり、その結果はある程度差し引いて読み解かなければならない。また、2010年代後半に入り、流行としての帰農が落ち着いてきていることも考慮しなければならない。それでも上記の調査からは、近年の帰農者が政府の政策に後押しされただけではない主体的な判断に基づいて移住をしており、1990年代後半の一時的な農村移住者増加の際に見られたような、「都市で失業し、生計を維持できる見込みがないため就農する」という消極的な動機の持ち主ばかりではないということが分かる。これらの人々は、精神的にゆとりのある生活や健康な食生活への貢献などといった、より積極的な動機に基づいて農村移住を選択する人々であった。

　このように、都市住民が就農後の生活・生計について何らかのビジョンを持ち、それを実現するために農村へ移住するということは、見方を変えれば、韓国農村部における営農が、そうした能動的なビジョンを持ちうる程度に高い期待所得水準を持っているということを意味する。そして実際に、韓国における世帯あたり農業所得は都市勤労者世帯の平均所得の3分の2以上の水準を維持してきている。農業部門の所得水準が著しく低く、かつその水準が向上することが見込めない中では、上述のような積極的な姿勢による就農は起こりにくい。

　無論、2009年の帰農帰村総合対策を受けた諸政策と、その後の農村移住世帯数急増に見られるように、政府による促進策が都市住民の移住を促していることは事実である。しかし、政府が同対策をとる5年以上前から農村移住世帯が増加していたこと、および同対策に基づく諸措置が、あくまで就農にかかる学費や手間といったコストをカバーするものであって、農業インフラなどハード面の改良を含むものではないということを踏まえるならば、政府による帰農帰村支援策は、就

農者の増加ペースを高めるものではあっても、就農希望者そのものを生み出す主因であるとはいえない。

以上のことから、2003年以降10年に渡って続いてきた就農世帯数の増加は、2000年代初頭時点の韓国において農業所得が都市勤労者のそれに比べて遜色ない水準にあり、しかしその一方で高齢の農家の引退が進められ、新規就農者に対する需要が高まっていたという条件が成立していたところへ、都市生活でのストレスや田園生活への憧憬を抱く住民が増えたことにより生じた現象であるということができる。農業所得の水準だけが帰農を促しているということはできないが、都市生活のストレス、および新規就農者に対する需要という他の2つの要因だけで帰農の増加を説明することも難しい。

従って現在の韓国では、農業所得の水準の高さは都市住民が帰農を決心する上での前提になっていて、その上で様々な条件を考慮し、都市住民は農村へ移住しているといえる。そしてこのような現象は、1990年代までに行われてきた同国の農政が、セマウル運動などに見られるように、農産物の増産や付加価値増大だけでなく、農業従事者の所得水準を向上させるものであったために起こったものであるといえる。

また、農村振興庁や各自治体が行っている帰農者に対する各種の支援は、第一義的には帰農者を農村に定着させ、韓国農業の担い手とすることで韓国における産業としての農業を維持することを目的とするものではあるが、帰農者の視点から見れば、営農のノウハウを身につけ、各地の自治体が用意する助成制度を利用することで、一定水準の農業所得を得られることにつながる。そうした意味において、政府による帰農者への支援は、時代の変化に合わせたプログラムの形をとりつつ、1970年代以降の韓国農政における諸政策と同様、農業従事者の所得向上に貢献するものになっているといえる。

第5部

結論

第 5 部

結論

第 10 章

農業所得向上に向けた環境および意思

　前章までの検討内容を踏まえ、本書における結論を導出する前に、韓国において農業所得向上に向けた諸政策が実際に行われてきた政治的背景について、簡単に考察しておきたい。本書でこれまでに検討した内容からは、セマウル運動にせよ、大規模化にせよ、あるいは親環境農業にせよ、韓国の歴代政府が農業振興を図る一方、農民が営農活動に従事することで生計維持が十分に可能な所得を得られるよう、実効性ある施策をも進めてきたという事実が読み取れる。本章では、なぜそのような実効性ある施策が過去数十年来の韓国の農業部門で行われたのかについて、政治的要因、中でも政治指導者の意思決定に着目して検討していく。具体的には、従来の研究で用いられてきたフレームワークを再検討し、それらが政治指導者による意思決定という重要な要素を説明しきれないことを指摘した上で、1970年代以降の韓国において、農民所得を向上させようとする政治指導者の明確な意思と、その意思に基づいて政治資源が動員されうるシステムが存在していたことを指摘する。そして、これらの条件が整っていた点が、他の途上国、特に農民所得の向上を実現しえていない国々と韓国とを大きく分ける点であることを指摘する。

第1節　従来の枠組み：開発主義とガバナンス論

　過去数十年のアジアの経済成長を政治的側面から説明するものとして、1990年代以前から用いられてきた枠組みが、開発主義[1]である。これは、効率的な官僚制度を兼ね備えた国家アクターが、開発による経済水準向上を一種のイデオロギーとして掲げ、その目標達成のために国内の資源を積極的に動員していくというものである（東京大学社会科学研究所、1998、pp。11-17）。アジアの経済成長における国家の役割を具体的に論じたものとしては、日本の高度経済成長において国家、特に通産省が果たした役割を指摘した Johnson（1982）の研究が有名であるが、この観点を韓国にも援用した研究が既になされている。

　Amsden（1989）は、後発国として急速な工業化を達成した韓国において、政府が各種資源の配分や物価の決定、産業の保護など経済の諸分野に深く介入し、成長のための強いリーダーシップを発揮したことを指摘している。また Haggard and Moon（1990）は、韓国の急速な経済発展をめぐっては、2つの解釈が存在するとしている。1つ目は、国内産業の保護によってではなく、工業製品の輸出拡大によって成長を実現しようとする政府のアプローチが、他の途上国に比べて市場秩序に親和的であり、それが同国の工業化を促す要因になったのだという新古典派経済学の観点からの解釈である。2つ目は、国家が成長に親和的な制度形成を図り、かつそれを戦略的に活用することで成長を遂げてきたのだとする解釈である。その上で Haggard and Moon（1990）は、単純に輸出を拡大しても自国製品が国外で売れるとは限らず、むしろ政府の経済介入によって物価や賃金が統制され、自国製品の価格競争力が向上することによってこそ、輸出の拡大が成長につながると

---

[1] 英語では developmental state と呼ばれる理論的系譜がこれに該当する。なお、日本語の開発主義と英語の developmental state、ならびに韓国でこれに相当する系譜とされる発展国家（발전국가）は、それぞれ背景や意味内容が微妙に異なっているが、本稿ではその点には深入りしない。

し、韓国の工業化における国家の役割は極めて重要であったとしている。

近年の研究としては、Kohli (2004、pp. 84-126) がインドやブラジル、ナイジェリアなど、他の途上国の成長パフォーマンスと比較する形で韓国を取り上げており、その中で朴政権以降の韓国の国家が、開発を推進するべく、資本主義経済を維持しながらも経済に積極的に介入したこと、および介入しえたこと、そしてそれが韓国を他の途上国よりも高いパフォーマンスへと導く主要因になったと指摘している。この中で Kohli は、朴正煕政権下の韓国国家が経済に介入し、開発推進のために積極的に資源を動員したこと、その前提として、日本統治下の朝鮮で近代的な官僚機構が整備されるなど、当該動員が有効に作用する条件が韓国に存在していたことを挙げ、1960 年代以降の韓国における経済発展は国家の役割の産物であったとする見方を示している。本研究で論じた内容で言えば、セマウル運動は農村近代化という理念のために大統領が主導権を発揮し、政府機構・農民を大々的に動員するものであったといえよう。

1990 年代に入ると、世界銀行などの対途上国援助機関を中心に、政府による効率的で成長親和的なガバナンスと、それを可能ならしめる環境の形成を重視する規範的な議論が主張されるようになった。その嚆矢となったのは World Bank (1993) であり、この中で世銀は、透明性の高いガバナンスや政府機構のアカウンタビリティなどが確立されていることが、政府による成長の牽引に不可欠であると論じている。その具体例としては、Campos (1999、pp. 439-452) が 1960 年代以降途上国地域の中で比較的良好な成長パフォーマンスを見せた東アジアとラテン・アメリカ諸国に焦点を当て、その要因をガバナンスの観点から分析している。この中で Campos は、東アジアにおいては優秀な官僚制が、ラテン・アメリカにおいては法の支配による安定的な国家運営が、それぞれ成長パフォーマンスに対して大きな貢献をなしたとし

ている。本書でこれまでに見てきた韓国農業部門における過去半世紀の諸政策も、主として農林部および農村振興庁という近代的官僚組織の下で実行されてきたものである。

このように、開発主義およびガバナンス論という2つの枠組みは、過去半世紀の韓国が見せた急速な経済発展を説明するのに一定の説得力を持っており、また本研究のテーマである農業政策についても、政府の施策が有効に作用したことを説明しうるものとなっている。

しかし、これらのモデルは、韓国政府が合理的な開発政策あるいは農業政策を立案し、それを効率的に遂行することを説明することはできるものの、そもそもなぜ、韓国政府が開発を推進しようと考えるに至ったのか、あるいは積極的な農業・農村開発を進めようと考えるに至ったのかを説明するものではない。この点について黒岩は、ガバナンス論が官僚の優秀さを強調する一方、執政者の意思決定の重要性を説明していないと批判している（2004、pp. 146-153）[2]。また黒岩は、規範論としての側面が強く、世界銀行など対途上国支援の関連する諸機関によって用いられてきたガバナンス論について、1960年代から1980年代にかけての韓国が権威主義体制下にあり、透明性や説明責任が確保されているとは到底いえない状況にあったという、現実とモデルとの不一致を指摘している。

また開発主義についても、韓国国内で1960年代以来の政府の施策を開発主義の観点から論じた研究は数多くあるが、開発政策における意思決定の重要性は、政策そのものに比べて不十分な検討しかなされてこなかった。キム・ジョッキョ（2012、pp. 173-191）は、韓国の経済発展を支えた要因の一つに効率的な官僚制と高い教育水準があるとし

---

[2] 開発主義モデルは、政府が開発政策を進め、その成長実績によって正統性ないし大衆からの支持を獲得する可能性に言及している。しかし経済成長の実現は、政府が政治的正統性や政治的支持を調達する唯一の方法ではないため、結局のところ、なぜ政府が開発によって正当性や支持を得ようとするのかを解明できていない。

ながらも、官僚制そのものは日本統治時代に既に下地が形成されており、また学校教育の爆発的普及そのものは 1945 年の日本統治からの解放直後には既に見られたものであるとし、それらが経済発展へとつながった背景には、優秀な官僚や国内に形成された大量の良質な労働力を、合目的的に動員しようとする政策決定者の意思が必要であったとしている。しかしキム・ジョッキョは、経済学の立場から韓国の経済発展を論じているため、政策決定に踏み込んだ議論をしてはいない。農業・農政についても同様であり、李勝男（1986、pp. 297-301）は、韓国における農産物、特にコメの品種改良は、1950 年代から既に行われていたものの、品種改良が増産とリンクする形で進められるようになったのは 1960 年代以降であり、さらにそれが一定のパフォーマンスを見せるようになったのは 1970 年代セマウル運動の時期であるとしている。しかし農業経済学の立場から農業の成長要因を分析している李勝男の研究は、品種改良と増産をリンクさせるような政策が、なぜ 1960 年代以降に行われるようになったのかには踏み込んでいない。

近年になり韓国の政治学研究においては、1960 年代以降の同国における開発政策が高いパフォーマンスを見せたことは、官僚などの諸制度や教育水準などの社会経済的条件だけでは説明できないとし、政治指導者の意思に着目したアプローチをとろうとする動きが出ている。シン・ジェヒョク（2015）は、フィリピンのマルコス政権と対比させる形で朴正熙政権の工業化政策を分析し、ニノイ・アキノのような政治的ライバルとの対立が、主としてパトロネージを軸としたものであったマルコスに対し、朴正熙は対外的には金日成、対内的には金大中というイデオロギーないし政策を軸として対立するライバルがおり、それゆえに朴正熙は自らの正統性を成長パフォーマンスによって示そうとする意思を一層強く持っていたと分析している。また農業・農村政策の分野では、イ・ヘヨン（2015）が政策思想（policy thinking）の観点からセマウル運動の再評価を行っており、朴正熙が同運動を推進

する過程でどのような思想を持ち、それをどのように政策へと具現化していったのかを見るべきであると主張している。

　農業部門・工業部門を問わず、開発政策における政治指導者ないし政策決定者の意思をめぐる考察は、韓国研究においては学術的な検討の対象というよりも、イデオロギー的論争の対象として扱われることが多かった。例えばブゾー（2007、pp. 209）は、朴政権下における開発政策の展開とそれに前後する時期の政治変動を丁寧に描写しているものの、朴政権が工業化やセマウル運動など農村近代化に踏み切った理由については、政権延命のためのものであったと短く論じているのみである。こうした意思決定に深く踏み込まない姿勢は保守的な研究者についても同様であり、Lee（2013）は、林業の研究者という立場から朴政権期の農林政策を扱い、朴正煕が、朝鮮戦争とその後の物資不足によって荒廃した韓国の山林の保護に尽力したことを詳細に論じているが、朴正煕の山林保護に対する意思については、著者の推測による部分が多くを占めており、朴正煕自身の発言や行動、朴正煕の名によって発表された公文書などを根拠とした部分は限られている。

　以上のように、韓国において実効性のある開発政策が行われた要因を、開発主義ないしガバナンス論のような制度面に着目した説明することには限界があることはこれまでにも指摘されてきている。この点は農政の分野においても同様であり、従ってなぜ韓国で農家所得の向上につながる農政が展開されたかをめぐっては、その遂行を可能にした制度に注目するだけではなく、そのような農政を実行しようとする政治指導者の意思決定について検討する必要が出てくるのである。

　以下では、政策決定者の意思という点に着目しつつ、いささか記述的ではあるが、1960年代以降の韓国で既述したような農政が行われるようになった要因を考察していく。

第2節　朴正煕政権による農政の政治的背景

　1960年代以降の韓国で農業所得向上に向けた施策が行われた単純ではあるが不可欠な要素として、政府、とりわけ政府を率いる政治指導者が、農民の生活水準を向上させようという強い意思を持っていたことを無視することはできない。

　まず、1961年5月のクーデタで権力を掌握した際、朴正煕らクーデタ勢力が発表した「革命公約」は、農業部門や工業部門など個別の産業政策について言及するものではなかったが、第4項で民生の改善を明記し、貧困対策の実施を公約の一つに掲げていた。そして政権掌握1カ月後には、当時の農家の多くが直面し、その生活を圧迫していた高利貸からの借入を事実上帳消しにする措置がとられている。加えて、クーデタから8カ月後に開始された第1次経済開発5カ年計画の巻頭言では、朴正煕は計画の目標の一つに「農業生産力の向上と所得増進」を掲げ、農業部門の所得向上を図る意思を示した。つまり、政権掌握当初から朴正煕は、農業部門の所得を向上させるという意思を明示していたのである。しかし、人口増加と都市化が進んでいた1960年代前半から半ばにかけては、政府は食糧増産という課題への対処を優先せざるをえず、実際に農業部門の所得向上を意図した政策がとられるようになったのは、1968年の高米価政策以降のことであった。

　1968年以降、政府は高米価政策に始まり、セマウル運動、そして統一米の普及という施策を相次いで打ち出し、増産が農民の所得向上につながるというインセンティブを作り出すことによって、コメの自給化を実現しつつ、農家所得を大きく向上させた。これらの政策が行われ、農家所得が都市勤労者世帯所得と同水準にまで伸びたのは1970年代に入ってからのことであるが、上述のように朴正煕政権は、発足当初から農民の所得を向上させるという意思を持っており、政策の優先

順位などの都合から、1960年代末になってその意思を実行に移すことができたと見ることができる。

　1960年代末以降に行われるようになった農業部門に対する政策のうち、特にセマウル運動は、農民の生活水準を向上させようとする朴正煕個人の強い意向によって強力に推進されたという証言や記録が数多く残されている。例えば、1970年代当時の大統領府秘書室長・金正濂は、朴正煕が大規模な農民動員を伴うセマウル運動について、あくまで農村所得の向上を目的とするものでなければないという点に強くこだわっていたと回顧録で述べている（キム・ジョンヨム、1997、pp. 266-284）。またイ・ジスは、朴正煕が1972年以降毎年、近代化事業で目覚ましい業績を上げた村落のセマウル指導者を大統領官邸に招待し、直接表彰状を手渡していた点を紹介し、朴正煕個人のセマウル運動に対する思い入れは非常に強いものであったと指摘している（イ・ジス、2010、pp. 27-51）。特に金正濂は、朴正煕がセマウル運動を政治的に中立な経済社会分野のキャンペーンとして推進することにこだわったとしている。それによると朴正煕は、セマウル営農会など全国に広がるセマウル運動の関連組織を総選挙で活用してはどうかと側近から提案されたところ、「セマウル運動を政治目的に利用してはならない」と、これを退けたとされる（キム・ジョンヨム、1997、pp. 271-282）[3]。セマウル運動を政府から国民に対する思想ないしイデオロギーの強制であったと批判的に論じるハン・スンミも、セマウル運動で強制されたものは「経済的な発展や近代化に対する疑似宗教的な信仰」であったとしており、政治指導者である朴正煕自身に対する支持、いわば個人崇拝が国民に強いられたとはしていない（Han、2004、pp. 89-94）。

---

[3] ただし、セマウル運動が本格実施されるようになった1972年以降、韓国の大統領選挙は間接選挙制によって行われ、国会についても、3分の1が事実上の大統領指名制になっていたため、朴正煕にとって、セマウル運動を選挙目的で利用する必要性が乏しかったことも事実である。

セマウル運動が韓国農村住民の生活を近代化させるための政策であったという点は、朴正煕自身も語っている。2005年に刊行された朴正煕の著作集は、生前の彼が行った演説や彼の名において公開された論文を30本以上収録しているが、その中にはセマウル運動に関する論文も含まれている。その中で朴正煕は、セマウル運動はソウル・釜山間を結ぶ京釜高速道路などと同じく、祖国を近代化し、豊かな土地にしていくことを目的とした建設事業に他ならないと主張している（パク・チョンヒ、2006、pp. 263-291）。無論、政治指導者の思想や主張が政策という形に具現化されていく過程は単純なものではなく、それまでの政策との整合性や政府外のアクターの利害関係、あるいは文化的・社会的土壌により、政策内容が政治指導者の意図とは大きく乖離したものになるということは多々ある。それは、国会議員定数の3分の1が事実上大統領の指名枠となっていた維新憲法の時代においても例外ではない。例えば、維新憲法下の1974年、セマウル運動の過程で農地の区画整理が必要とされる地域が多数出てきたことや、離農の進行に伴って農地所有者と耕作者が一致しないケースが増えてきたことを踏まえ、朴正煕は農地法案の作成を農林部に指示した。この指示を受け、農林部は農地の売買や賃借に関する権利関係を規定した農地法案を作成し、国会に提出する準備にも着手した。しかし、同法案は国会提出に先立つ与党・民主共和党の議員総会における事前審査[4]で却下され、廃案となった。与党が農地法案を却下した理由は、農地法の制定は小作制を復活させるものとの誤解を招きかねず、いずれは国会議員選挙で与党が不利になる原因になりかねないというものであった。結局、

---

[4] 韓国では第三共和国以降、政府提出法案は大まかに言って法案作成→与党審査→法制処審査→国務会議での承認→大統領裁可という過程を経て国会議長に提出される。このうち法制処は、日本の内閣法制局に相当する組織である。法制処
http://www.moleg.go.kr/lawinfo/governmentLegislation/process/processschedule/
（2019年7月1日閲覧）

韓国で農地法が制定されたのは、金泳三政権下の 1994 年になってからのことであった[5]。

　以上の例にも見られるように、維新体制下の1970年代においても、朴正熙が農政分野で下した指示がそのまま政策として具現化されたわけではなく、従ってセマウル運動も、様々な利害関係を反映する形で、朴正熙自身が目指していたビジョンとは異なるものになっていた可能性は否定できない。同様に、第三共和国時代の1968年に始まった高米価政策も、朴正熙ら指導層の意思がどこまで反映されていたのかについては、慎重に判断する必要がある。

　しかし他方で、大統領が圧倒的な政治的影響力を有していた 1960 年代末から 1970 年代にかけての韓国で、朴正熙の意図とは全く異なる政策が実施される余地が極めて限られていたという点も明白である。そうした事情と、上述のような朴正熙のセマウル運動に対する強い思い入れを踏まえるならば、当時の韓国農政、中でもセマウル運動は、農村を近代化し、農業所得を向上させることで農民の貧困を解消しようとする政治指導者の明確かつ強固な意思に基づいていたということができる。農業インフラの整備を進め、農業所得の向上と農村部の貧困削減を図るべきであると指摘される途上国が少なくない[6]中、農村近代化の成功例といえる韓国が、大統領である朴正熙個人の強い政治的意思をそのスタートダッシュの原動力としていたことは、政治指導者の意思という要素が持つ重要性を示すものといえよう。

---

[5] 国家記録院
http://www.archives.go.kr/next/search/listSubjectDescription.do?id=003658
（2019 年 6 月 17 日閲覧）

[6] 例えば世界銀行は、農業インフラの未発達が途上国農村部の発展を妨げているという観点に立ち、1996年から農業インフラ開発プロジェクト（Agricultural Infrastructure Development Project）を実施しており、その対象にはレバノンなど西アジア非産油国のほか、アフリカ北東部の大半の国が含まれている。プロジェクトの詳細については世界銀行ウェブサイトhttp://www.worldbank.org/projects/P034037/agriculture-infrastructure-development-project?lang=en を参照。（2019 年 6 月 17 日閲覧）

第3節　全斗煥政権以降の農政の政治的背景

　他方、全斗煥以降の歴代大統領については、朴正熙のように農民の所得を向上させようとする強い意思を持っていたとする文献は見当たらない。政府が発行した経済開発5カ年計画の原文にもそれは反映されている。朴正熙の死後も、金泳三政権期の1993年までは5カ年計画が名称や政治的位置付けを変えつつ作成され続け、崔圭夏を除く全斗煥、盧泰愚、金泳三という3人の大統領の下で新たな計画が開始されているが、朴正熙政権期には各計画の冒頭に大統領の名前による巻頭言が付されていたのに対し、全斗煥政権期の1982年に開始された第5次計画以降は、いずれも大統領の巻頭言が付されていない。

　しかし全斗煥以降の各政権も、機械化営農団や大規模化、そして親環境農業政策と、農業部門の生産性向上や農産物の高付加価値化を企図した政策を実施したほか、農業部門の社会経済水準の向上を推進している。では、なぜ全斗煥政権以降も、政府は農業・農村部門の発展に向けた政策を実施したのか。

　この点については、チョン・ジョンギルが維新体制と第五共和国との連続性という観点から行っている議論が参考になる。チョン・ジョンギル（1994、pp. 128-153）は、1972年の憲法改正によって成立した維新体制が、朴正熙の終身大統領化や、軍部出身者による権威主義体制といったイメージを持たれがちな一方で、極めて高度に官僚化された体制であったとし、そうした政府の官僚的体質が第五共和国以降も継続したことを指摘している。それによると、維新体制期の政府は、第三共和国期以上に権力掌握をめぐる競争原理が排除される一方、法に基づいて行政権を行使し、工業化や農村近代化といった開発諸政策を遂行していくという、いわば政治なき行政国家となっていた。そして、1979年10月の朴正熙暗殺と、同年12月の粛軍クーデタによる全

斗煥の政権掌握後も、この強力な官僚制に基づく行政国家は基本的に維持されたとされる。

　この視点に立って当時の韓国農政を見るならば、1970 年代にセマウル運動や統一米の普及といった農村近代化のための諸政策を遂行してきた行政府は、1980 年代以降もその基本的な体質ないし性格を維持したといえる。そうであるならば、全斗煥が大統領になった時点で政府内には、その具体的施策がセマウル運動のような動員型の性格を帯びるのか、あるいは機械化・大規模化という生産性を重視したものとなるのかは別にしても、基本的には農業部門の所得向上・近代化を推進するという体制が出来上がっていたと考えられる。その結果、全斗煥や盧泰愚といった 1980 年代以降の大統領は、朴正煕ほどには農村近代化への情熱や思い入れを持っていなかったにしても、政府内に農業部門の振興策を進めるという経路依存性が形成されていたため、従来の政策を推進し続けたと考えることができるのである。

　維新体制から第五共和国へと引き継がれた官僚制については、維新体制期を通じて規模が膨張したがために硬直化していたとする指摘もある。チェ・ドンギュは、1960 年代以降の開発政策推進過程における官僚制の役割を分析し、維新体制期に規模の面で著しく膨張した官僚機構が、同時に質の面でも著しく硬直化していたとしている（チェ・ドンギュ、1991、pp. 54-75）。そして、朴正煕も全斗煥も、経済政策の細部については専門家と官僚の意見を尊重する人物であっただけに、1970 年代から 1980 年代にかけての政府の具体的な政策は連続性を持つようになったと指摘している。

　ただしこうした官僚機構の連続性に関する議論は、全斗煥以降の大統領が、朴正煕のような農業・農村部門に対する強い関心を持ってはいなかったにしても、農業・農村部門をめぐる政策に全く無関心であったということを意味しない。そもそも朴正煕および全斗煥の両政権期は、韓国国内で一般に「与村野都」と呼ばれるように、国会議員選

挙において与党勢力が農村を主な票田とし、野党勢力が都市部で議席を得るというパターンが定着していた（孔義植、2005、pp. 108）[7]。また朴正熙・全斗煥期の韓国は、権威主義体制下にはあったものの、その権威主義体制とは、国民党以外の政党の結成が法的に禁じられていた1986年以前の台湾や、政府公認の2政党のみが合法野党とされていたスハルト体制下のインドネシアなどとは異なり、政府を批判し、与党と実質的な競争状態にある野党が存在し、かつその新規結成が合法的に行われていた体制であった。こうした中では、大統領は国会議員選挙で農村における与党票を失うまいと、農村有権者の利害に配慮した政策を実施しようというインセンティブを常に持っていた。まして、1987年の民主化以降は、以前にも増して自由かつ公正な選挙が行われるようになったため、大統領は農村住民の支持をつなぎとめるための政策を実施するインセンティブを、より強く持つようになったのである。

　選挙における有権者からの支持の調達という点に関しては、朴政権による農村開発への積極的関与が長期間に渡って続いたことが、後任の政治指導者にとって無視できない先例となったことにも留意するべきである。朴正熙は1961年の実権掌握直後から、工業化を進める一方で農村・農民を重視する姿勢もとり、それは特に政権後半期、セマウル運動という個性的な政策として進められた。既に述べた通り、セマウル運動は全斗煥政権に入って政府の公式の政策からは外されたので

---

[7] 韓国の国政選挙においては、南西部・湖南地方の有権者が進歩政党の候補者に投票し、南東部・嶺南地方の有権者が保守政党の候補者に投票するという、いわゆる地域主義が知られているが、近年の研究では、地域主義に基づく投票行動が見られるようになったのは1987年の民主化に前後する時期からのことであり、かつ嶺南地方有権者の保守政党に対する支持は、湖南地方有権者の進歩政党に対する支持ほどには強固なものではないことが明らかにされつつある（森、2011；オム・ギホン、2015）。

あるが、しかし他方で、朴正煕が進めた農村振興を重視した一連の政策を全面否定することは、政権発足直後の徳政令や総合農協の発足に始まり、セマウル運動などのような政府の農村への関与を目にしてきた有権者から、「新政権は農村を軽視している」という批判を受けかねないリスクを含んでいた。

　1980 年代以降の政権が朴正煕政権の農政に対する全面的な否定を回避した例として、全斗煥政権期におけるセマウル運動の政治的位置付けの変化が挙げられる。1970 年代、朴正煕政権はセマウル運動を国民の間に浸透させるべく、マウル金庫の全国組織にセマウル金庫中央会（새마을금고중앙회）の名称を付したほか、国鉄の優等列車に「セマウル号（새마을호）」と名称を設定したり、セマウル運動のロゴをあしらった帽子を学校で配布するなど、様々な場面でセマウル運動をアピールした。1980 年に全斗煥が大統領に就任し、セマウル運動が民間運動に転換すると、セマウル号の名称が廃止されたり、セマウル帽の配布が中止されるなど、これらのアピール活動の多くは、一旦打ち切られる。しかし翌 1981 年 3 月、全斗煥は実業家であった弟・全敬煥をセマウル運動中央会の事務総長に就任させたほか、セマウル運動や同運動に協力する企業関係者を大統領府に招待し、夕食会を開くなどしており、セマウル運動を全面的に否定してはいなかった[8]。1983 年に入ると、政府はセマウル運動中央会が市や郡のレベルに支部を設置することを承認し、また 1984 年には「セマウル号」の列車名が復活するなど、セマウル運動を民間の活動とする方針は堅持しながらも、同運動を間接的に支援することとなった[9]。このように全斗煥政権がセマウル

---

[8] 大田国家記録情報センター所蔵フィルム（管理番号：CET0008599）．国家記録院
http://theme.archives.go.kr/next/semaul/detail.do?param=0014531584%7C962120000（2019 年 7 月 1 日閲覧）
[9] セマウル運動中央会 http://www.saemaul.or.kr/aboutUs/history（2015 年 9 月 30 日閲覧）

運動に対する姿勢を変化させた理由の一つとして、同政権が、セマウル運動の全面的な否定が農村有権者の離反につながることを憂慮したであろう点が指摘できる。

1997年12月の大統領選挙で金大中が当選し、翌2月に大統領に就任したことで、韓国は憲政史上初の平和的な与野党政権交代を実現した。だが、農村有権者からの政治的支持の調達という点に関して言えば、金大中政権もまた従来の政権と同様に、農村振興に取り組む必要性を抱えていた。すなわち金大中は、朴正熙政権の開発政策を、財閥を中心とする都市部の大企業にばかり利益を与えるものとして批判してきており、その主張に沿って政権を運営する場合、これまで経済的利益に与ってこなかったことになる都市労働者や農村住民を重視した施策を示す必要があった。金大中政権下の2000年、政府は第4次国土総合開発計画を作成しているが、朴正熙政権下で始められた同計画が金大中政権に入っても続けられた背景には、野党時代の自らの主張と整合性をとろうという金大中の意思が少なからず介在していたと考えられる[10]。

これらの点を踏まえれば、1980年代以降の歴代大統領は、過去の政権と自らを差別化しつつも、過去の政権が取り組んだ農村振興政策を継承・維持したり、あるいは自分たちの独自のアプローチによって農村振興に取り組む姿勢を示すことで、農村有権者からの支持を調達しようとしたと考えられるのである。

本章第1節で述べたように、開発主義やガバナンス論といった先行する理論研究は、開発政策を遂行する制度環境を説明するものではあったが、政策決定者が開発政策を遂行しようという意思を持つ点をも説明するものではなかった。そのことを踏まえ、前節ならびに本節で

---

[10] 金大中は国会議員初当選から10年も経たない1960年代末の時点で、発展の恩恵が大衆全体に行き渡る経済秩序を築くべきであると主張していた（キム・デジュン、1969）。

は大統領や官僚といった政策決定者の、農業部門の所得向上に向けた意思について検討を行った。次節では、前節および本節で検討した政策決定者の意思の遂行環境について、既存の理論研究と重複する部分があるものの、韓国農政を検討するうえで重要と思われる点を見ていく。

第4節　政治的意思決定の遂行環境

　農村近代化の農業政策に限らず、1960年代以降の韓国の産業政策全般について言えることであるが、当時の韓国の行政機構が、軍隊式の組織原理に基づくピラミッド構造[11]をとっていたことは、政治的意思の貫徹という観点からは無視できないファクターである。韓国では、1961年5月にクーデタが発生して以降、1993年2月に金泳三政権発足までの30年以上に及ぶ期間の大半が陸軍大将経験者の統治下に置かれていた[12]。この間、国家機関としての軍が公式に行政権を行使したのは1961年から1963年までの2年間だけではあるが、1963年以降も、閣僚や大統領府秘書官など政府要職には職業軍人出身者が数多く任命され[13]、軍部、特に陸軍出身者が、予備役編入を経て「文民政治家」

---

[11] 近代的な官僚機構はおしなべてヒエラルキー構造をとっており、それは日本の文民官僚なども例外ではない。しかし、日本の官僚制における意思の形成が、稟議書に象徴されるボトムアップの形をとることが多いのに対し、韓国においてはトップダウンによる意思決定が主流となる点が特徴的である。韓国政治におけるトップダウン型の意思決定については孔（2005）を参照。

[12] 朴正煕は第三共和国憲法に基づく大統領選挙直前の1963年8月に、全斗煥は維新憲法に基づいて大統領に選ばれる直前の1980年8月に、また盧泰愚は第五共和国憲法施行直前の1981年7月に、いずれも陸軍大将として予備役に編入されている。

[13] 例えば、総理を務めた金鍾泌は准将、大統領府の大統領警護室長だった車智徹は中佐、中央情報部長であり朴正煕を暗殺した金載圭も中将（いずれも予備役編入時の階級）であった。

として国政に関与する状況が続いた。元将軍である大統領の下、政治任用職の多くが職業軍人出身者によって占められる中では、政府内における規律や統制も、軍隊特有の厳しい上下関係、特に上部の決定した事項を下部が一切の抵抗や異論を差し挟むことなく着実に履行するという関係性に基づくことになる。特に朴正熙については、彼が議論を交わしながら政策形成を行うことを好まず、経済企画院を中心とする専門部署で官僚や有識者によって練り上げられた提案を部下が着実に履行していくことを好む軍人気質の人物であったことが、オーバードーファー（1998、pp. 201-210）や Lee（2012、pp. 134-147）らによって指摘されてきている。オーバードーファーと Lee は、朴政権が、軍隊式の組織原理に基づく行政運営を行ってきた旨を明記している。またオーバードーファーの指摘においても、表現上は「オーケストラの指揮者のよう」という証言者の発言を引用するに留まっているが、実質的には朴正熙が大統領として指示した案件が下部組織によって徹底的に履行されるよう求めていた旨を記している。

　農政に関して言えば、セマウル運動は、崔吉城（2015、pp. 119-120）が指摘するように日本統治時代の農村キャンペーンから影響を受けていたと見ることもできるが、同時に、朴正熙を頂点とした、軍隊型の組織原理にも依拠したものであった。大統領が「灌漑施設の整備」や「農道の整備」など、具体的な事業内容を含む農村近代化事業実施の指示を出し、それに対して各マウルは「我が集落は農道を〇〇m整備した」と、具体的数字を伴う結果を報告するのである。そして大統領率いる政府は、農道の整備距離や増産量、所得水準の増加率といった明瞭な数値によって各マウルを競争させ、最も高いパフォーマンスを実施したマウルには、軍人勲章に相当するものとして、大統領府での表彰を行うのである。1970年代当時、韓国の 40 歳前後の男性の大半は朝鮮戦争によって実戦経験を有し、またそれ以下の世代も、2 年半以上に及ぶ徴兵制度の下、軍隊式の組織原理に基づいて行動すること

には抵抗が少なかった。セマウル運動の全国的な広まりは、こうした軍隊型組織原理の社会的浸透に促された側面もあるといえる。

第5節　農地改革によってもたらされた政策遂行環境

　1980年代に大規模化・機械化が推進されるようになって以降政府は、セマウル運動のような政府による大規模な動員を伴う農政を展開せず、これに代わって機械化営農団の結成および農地貸借管理法に基づく大規模化を推奨するようになった。既に述べたように、結果として、こうした政策が行われた 1980 年代も、農家所得は都市勤労者所得と同水準の成長パフォーマンスを見せたが、この機械化・大規模化が農家所得の向上につながった要因として、1950 年代前半に行われた農地改革が、全国の全ての農地を耕作人に分配するという徹底したものであった点が挙げられる。

　そもそも、大規模化と機械化を推進し、少ない労働力で効率的に農業生産を行える環境を作り上げていくという政策は、零細規模の農家が群立する状況を変えなければ営農の近代化が実現せず、また農産物貿易の自由化後も韓国農業が維持できないという必要性に促されたものであったが、他方でこうした政策は、大土地所有制の復活につながりかねないリスクを含んでいた。農地改革以来、少なくとも法文上は規制されてきた農地取引を公式に自由化することにより、土地所有の集約が進んでいくからである。しかし現実に生じたのは、大土地所有制の復活などではなく、高齢の農家経営主が大規模化・機械化にあまり対応せず、農家の世代間格差という、土地所有制とは別個の問題であった。そして政府は、高齢農家の引退に向けたインセンティブを用意することで、これに対処することとなる。

　韓国とは逆に、農地取引に対する緩やかな規制や農家同士による組合の結成が大土地所有制の復活につながった例として、メキシコを挙

げることができる。1911年のメキシコ革命後、同国では農地改革が行われたが、その内容は、韓国のように全ての小作人に農地を分け与える徹底したものではなく、猶予として100haを上限として既存の地主による大土地所有を認め、その猶予分を差し引いた農地のみを小作人に対して分配していくというものであった（石井、2008、pp. 63-88）。当初、再配分された農地は相続以外によっては他人に譲渡できないとされ、大土地所有制復活を阻止する措置がとられていたが、自作農化した元小作人たちの多くは農業経営のノウハウに乏しく、農地を効率的に耕作できなかった。そして1940年代以降、政府の自作農に対する保護・支援が弱まると、農地改革下で生き残った既存地主に農地を貸し付け、再び小作人化してしまった（石井、2008、pp. 89-108）。これに対し、韓国の農地改革はメキシコのような既存地主に対する猶予分を設けず、全国すべての農地を小作人に再分配していくというものであった。無論、韓国の農地改革は李承晩にとってライバルとなりうる地主層の政治的基盤を崩すという政治的意図から進められたものであり、またそれは、一戸平均の耕地が1haに満たないという零細農家を大量に生み出すものでもあったが、他方で、農地取引の規制緩和が一部の大土地所有者を利するというメキシコのようなケースを回避することにつながった。

第 11 章

先進国段階への移行と農政の持続性

　前章で論じたように、1948年の政府樹立以来、韓国政府は農業部門に対し、土地改革や増産の奨励などを通じて深く関与してきた。特に1970年代以降は、インフラ整備や新品種の導入によって増産の環境を整える一方、農産物価格の支持政策を併用することで、食糧増産が農産物価格を下落させる事態を回避してきた。

　しかし、1990年代に入ると韓国は、先進国の仲間入りを果たすと同時に、貿易自由化の圧力にも晒されるようになった。自由貿易体制下にある先進国として韓国は、かつてのような農政を行うことが困難となり、また同時に、食糧増産を目指すなどといった、途上国型の農政を進める意義も薄れてきた。以下では、こうした状況の下で韓国農政のどのような部分が変化し、また変化しなかったのかを考察する。

第1節　農業部門の「振興」から「保護」へ

　1990年代半ばにGATTウルグアイ・ラウンド合意を受け入れ、さらにその後OECDに加盟し、先進国の一員となった韓国は、貿易自由化が農業部門に及んでおらず、また途上国として扱われていた1980年代までとは異なり、食糧管理特別会計を通じた価格支持など、旧来の農業政策を続けることが困難な立場に置かれるようになった。1995年に発足したWTO体制の下では、先進国が農産物の市場価格を歪曲し、またその生産量を意図的に操作することが受け入れられなくなったからである。また、韓国国民の購買力が向上し、大量の食糧や商品を海

外から輸入するようになると、かつてのような増産政策を維持する意義も薄れてくる。

　だが、そうした変化は、政府の自国農業に対する政策的介入そのものの意義を薄れさせるものではなかった。日米をはじめ、多くの国がそうであるように、先進諸国では、本質的に商工業部門に比べて生産性が劣る農業部門は、様々な保護政策の対象となっている。そして韓国政府もまた、旧来のような農業の振興ではなく、貿易自由化が進む時代にあって、自国の農業部門を保護するという形によって、農政分野での介入を積極的に展開してきたのである。

　具体的な施策として、まず政府は、貿易自由化によってより安価な輸入農産物・食品が自国市場に流通するようになることを踏まえ、自国農産物の高付加価値化を推進してきた。具体的には、1990年代以降政府は、有機農業や低農薬農業を親環境農業と位置付け、その生産を奨励する方針をとってきた。その推進過程では、親環境農業が慣行農業とは異なるノウハウを必要とすることから、高いスキルを有する若手農家ばかりが政府の方針に呼応してしまい、結果として高齢の零細農家が政策の恩恵に与れない事態も発生した。しかし、親環境農業政策が、自由貿易時代において韓国農家が農業所得を持続的に得るための一施策として推進されたことは明白であり、そこには1970年代に見られたインフラ整備と価格支持の併用政策、および1980年代に見られた機械化と大規模化の促進政策と同じく、韓国政府が自国の農業生産と農家経済を支えるべく、農業部門に対する深い政策的関与を続けてきたことが見てとれるのである。

　そうした政府の姿勢は、2000年代半ば以降本格化したFTAの締結においても見てとることができる。すなわち、一見貿易自由化一辺倒のように思える韓国政府のFTA推進策も、その詳細を見ていくと、農業部門に対する政策的配慮を含んでいると言える。まず、2004年、韓国が初めてFTAを締結し、批准した相手国は、チリであった。チリが

FTA 締結先の第 1 号となったのは、両国間の貿易額が比較的小規模であり、通商当局が FTA 交渉に習熟する上で好例であったためだけでなく、南半球に位置するチリでは農繁期が北半球の韓国と真逆になっており、FTA を結んでも韓国農産物市場への影響を抑えられるためでもあった（金ゼンマ、2011）。2002 年、日本が締結した EPA 第 1 号の相手国がシンガポールであったのも、同国が都市国家であり、実質的に農業部門を有していなかったためであるが（金ゼンマ、2011）、韓国政府も、同様の政策的配慮を行っていたのである。

　また、その後も韓国政府は、オーストラリアやアメリカなど、農業大国と相次いで FTA を締結してきたが、それら協定はいずれも、韓国農業の主力農産物であるコメを自由化品目から除外している。ウルグアイ・ラウンド合意においても自由化品目から除外されていたコメは、輸入義務量の増大などの事情により、2014 年に輸入が自由化されたものの、その際に設定された関税額は、先述のように実質 500% 以上と、禁輸に近い体制をとっている。さらに、それ以外の品目については、新たな FTA が締結されるごとに多額の補償金が設定されており、既に見たように、米韓 FTA の場合、その金額は、政府当初案においてさえ、協定発効後 10 年で 1 兆ウォン[14]と巨額なものだった。そしてこの金額は、最終的にはさらに 10% 増額されている。こうした事実に鑑みるならば、韓国政府の農業部門に対する政策的関与は、かつてのような増産と振興を重視したものから、保護を主目的としたものに形を変えてはいるものの、依然として深いものであると言えるのである。

---

[14] 2008 年秋のレートで換算すると、約 650 億円。ただし、同年は金融危機の影響で韓国ウォンの為替レートが暴落した年であることに留意する必要がある。

第 2 節　農民団体による政治活動および都市住民との連携

　ただし、こうした政府の農業部門への長きにわたる深い関与が、政府の自発的なものであってきたかについては、慎重な判断を要する。というのも、1980 年代後半以降韓国は、貿易自由化や先進国入りといった経済的変化だけでなく、民主化という政治的変化も経験し、その中では、農民団体も積極的な政治活動を行ってきたからである。韓国では日本と異なり、農協やその関連組織が活発な政治活動を行い、政府や主要政党に圧力をかけることはなかったが、韓農連および全農という、小規模ながらも強固な結束を誇る農民団体が積極的な政治活動を展開し、政府に強い圧力をかけてきた。

　そもそも民主化後の韓国政府は、自国経済の生き残りのためにも、貿易自由化政策を推進しなければならない立場にあった。1960 年代以来、輸出主導型の工業化政策を進めてきた韓国にとって、自由貿易体制に適応し、自国製品の輸出先を確保することは不可避の選択であったからである。しかし、1990 年代半ばに先進国へと移行した韓国は、発展途上国だった頃であれば許容されていた農産物輸入制限などの自国農業保護策を本格的に撤廃するよう、貿易相手国から要求されるようになっていた。こうした状況の下においては、仮に政府に自国農業を維持、保護しようとする強い意思があったとしても、農産物を貿易自由化の例外とし続けることは困難になっていた。それゆえ、政府が農産物を含む貿易の自由化政策を進め、農民団体がそれに抵抗するという利益団体政治の展開は、不可避になっていたのである。

　もとより、韓農連および全農は、政治活動を行う上での環境や資源に、必ずしも恵まれてきた訳ではない。日本では、准組合員[15]も含めば 900 万人以上のメンバーを抱える JA グループが、その巨大な組織票を資源として政治活動を行い、自民党農政に影響を及ぼしてきた。

---

[15] 農村に居住するものの、農業に従事していない農協加入者。

これに対し、韓国の農協は政治活動が制限されており[16]、韓農連と全農も、全国の農民の半数もカバーできていない状態にある。しかし両団体は、その不利な条件を、都市住民や、都市で活動する社会運動組織と連携することによって乗り越えてきた。すなわち、2008年米韓FTAの事例で見たように、韓農連と全農は「食の安全」という、都市住民の利害にも関わるイシューを前面に打ち出すなどして、より広範な社会的支持を獲得し、政府に圧力をかけてきたのである。民主化以降も見られてきた政府の農業部門に対する深い関与は、こうした圧力の結果という側面も持ち合わせていることに留意する必要がある。

第3節　農業部門の要求と農政とのギャップ

先述の通り、韓国政府は、貿易自由化の進んだ1990年代においても自国農業を維持し、保護するための政策を打ち出してきた。しかし、それが農家経営主の利害や要求とは必ずしも相容れないものであってきたことにも留意する必要がある。

親環境農業政策は、自国農産物の高付加価値化を進め、自由貿易時代においても、韓国農家が生産を維持できることを目指すものであった。しかし、親環境農業の生産は2010年代に入り、むしろ減少傾向にある。このように、政府が親環境農業を奨励しているにもかかわらず、その生産が頭打ちにある要因としては、政府が有機農法や無農薬農法を実践する農家への助成といった生産面への支援にのみ注力し、その支援策の結果として生産された農産物の流通及び普及という、消費面での施策に力を入れてこなかった点が指摘できる。有機農産物や無農薬農産物は、生産段階で政府の助成が行われたとしても、同一面積あ

---

[16] 韓国の農協法は、農協の党派的中立を義務付けている。ただし、これは協同組合の国際的慣例であるロッチデール原則に基づいたものであり、農協が政治活動を行える日本は、世界的には例外である。

たりの耕地から収穫される量が少ないため、慣行農産物に比べて価格が高くなりやすい。それゆえ、有機農産物や無農薬農産物の消費は頭打ちになりやすいが、この点についての政府の動きは鈍く、それが、高付加価値農法に着手した農家にとって不満をもたらしていることも指摘されている[17]。

また、韓農連および全農が利益団体として行使してきた圧力は、政府から一定の譲歩を勝ち得てはきたものの、その成果は、団体側の要求に必ずしも沿うものではなかった。全農は、その政治活動の狙いを「農家が長期的に農業所得で生計を維持できる環境の実現」にあるとしており[18]、2008年、米韓FTAとそれに関連した牛肉の輸入再開が政治問題化した際には、同様の目的意識を持つ韓農連とともに、FTAそのものへの反対姿勢を鮮明にした運動を展開した。しかし、結果的には政府は米韓FTAの調印を撤回することはなく、農業補助金の増額という妥協を図ることで、いわば政治的な手打ちとしている。

セマウル運動が行われていた1970年代のように、権威主義体制下にあった時代においては、政府が農業政策を立案・実施する主体であり、農民がその対象であるという、比較的シンプルな構図の下で農政が展開されていた。無論、既述のように、農業インフラ整備と価格支持を併用した1970年代の政策は、1960年代を通じて農工間の所得格差が拡大したことを踏まえてのものであり、政府と農民の関係は、必ずしも一方通行だったわけではない。ただ、政治的統制がかけられている状況の下では、農民や農協が政府に政策上の要望を伝えることがあっても、政府の側にその採用の可否を判断する広範な裁量権があったことは確かである。

---

[17] 『農民新聞』2013年1月17日付。
[18] 2016年9月にソウルの全農本部で行われた、イ・ジョンヒョク政策部長に対する、筆者のインタビュー調査より。

しかし、1980年代後半に民主化が実現すると、農民の側が集団的に、政府に圧力をかける余地が生まれた。加えてこの時期、韓国農業は、農民の高齢化や貿易自由化など新たな問題にも晒されるようになっていった。そのようにして政府と農業部門との関係が複雑化する中、農民側と政府側が相対立する場面も出てきており、2008年の米韓FTAをめぐる一連の経緯は、政府がそうした農民側との対立に正面から向き合うことを余儀なくされた事例であるといえる。もとより、人口比としては少数派である農業従事者が、しばしば政府と対立しつつ、そこに圧力をかけ、利益達成を目指すという構図は、日米など、先進民主主義諸国においては極めて広範に見られる現象である。換言すれば、1960年代から2010年代に至るまでの半世紀、韓国農政は、本章第1節で述べたように、農業部門に対する政府の深い関与という点で強い連続性を持つ一方、発展途上国のそれから先進民主主義国のそれへのシフトという、着実な変化を遂げてきたということができるのである。

第 12 章

結論および本研究から導出される含意

　大韓民国は、1948 年に政府が樹立された後、1950 年の農地改革を通じて小規模自作農が群立する農村・農業の基本構造を作り上げ、現在に至っている。しかしこの 70 年近い期間を経て、韓国の農村の生活状況やそれを取り巻く政治的・経済的・社会的状況は大きく変化した。1950 年代は、1950 年から 53 年までの朝鮮戦争で人的・物的に多大な損害を被ったことにより、都市か農村かを問わず、韓国全体が著しい貧困を抱えている状況にあった。そうした状況は、1960 年代に入り、政府主導による工業化政策が積極的に実施されるようになったことで大きく変化していく。工業化政策が成功したことで急速な経済成長を遂げた韓国は、半世紀後の今日、OECD 加盟国にして 1 人あたり GDP が 29,742 ドル（2017 年）[1]という、名実ともに先進国の一角を占めるにまで至っている。

　序章で示したように、韓国が経験した急速な経済成長は、工業化政策を中心とするものであったにもかかわらず、工業部門と農業部門、あるいは都市と農村の世帯所得の格差が、最も開いた時期でも 1.5 倍程度にとどまるものであった。すなわち、開発途上段階で多くの国が直面する、工業化の過程における農工間・都農間格差が、韓国ではさほど深刻化しなかったのである。

　本研究は、工業化段階における都農間の所得格差抑制が、従来の韓国研究において充分に論じられてこなかったとした上で、1960 年代以降、工業化を進める一方で韓国政府が農業・農村部門に対し、所得向

---

[1] 世界銀行ウェブサイト http://data.worldbank.org/country/korea-republic 参照（2019 年 7 月 24 日閲覧）

上につながるどのような政策を行ったのかを見るものであった。本章では、具体的な検討を行った第3章から第9章までの議論を総括し、結論と含意、および今後の課題を提示する。

　1961年5月のクーデタで政権を掌握した陸軍少将・朴正熙らは、政権掌握直後の革命公約で民生の改善を掲げ、また翌6月には高利私債整理法によって農民の高利貸からの債務を帳消しにするなど、当初から農村住民に配慮する姿勢を示していた。1962年より開始された第1次経済開発5カ年計画も、基幹産業の拡充や輸出増大を重点項目に掲げるなど工業化に依拠する経済開発を推進するものであったが、「農業部門に重点的な開発目標を置き」という朴正熙の巻頭言にも見られるように、農民の所得向上を目指したものでもあった。つまり朴政権は、発足直後から農業部門の所得を向上させようという意思を表明していたのである。

　しかし、高利私債整理法が施行され、次いで総合農協が発足した後、朴政権は農業部門の所得向上よりも農産物、特にコメの増産を重視するようになる。これは、人口の増加、および農村人口の都市工業部門への流入によって増産の必要性が高まっていたことに加え、食糧輸入によって貴重な外貨が流出する状況を解消することが優先されたためであった。その結果、政府によるコメの増産は一定の成果を見せることとなったが、他方で、米価が低水準にとどまったため、農家所得は都市勤労者所得ほどの伸び率を見せなかった。そして、1969年には都市勤労者世帯の平均年間所得29万ウォンに対し、農家世帯の年間所得は約21万ウォンにとどまり、両者の所得格差は1.5倍にまで拡大した。

　こうした都農間の所得格差が顕在化する中、政府は1968年から1971年にかけて、食糧管理特別会計を設け、これを財源とした上で米価を毎年約20%引き上げる高米価政策を実施し、1970年からは農村のインフラ整備を推進するセマウル運動を展開したほか、1974年には高収穫

品種である統一米の普及を始めた。またこれに合わせ、コメ以外の農産物についても価格例示制を設け、価格支持を行った。これらの政策は、増産によって農産物の単価が下がることを回避する役割を果たし、農家にとっては、増産すればするほど農業所得が向上する環境が整備されたことを意味した。このように、政府が農業部門に対する強力な梃入れを行った結果、1970年代を通じて農家所得は都市勤労者所得を上回るほどの成長パフォーマンスを見せただけでなく、コメの増産・自給化も実現することとなった。

　1980年代に入り、政府は農政の方針を大きく転換させた。1970年代を通じて離農が進行し、農村が過疎化しつつあったことに加え、農産物貿易の自由化が農政上の課題として浮上する中、全斗煥政権は機械化営農団の結成を通じた機械化を推進したほか、農地改革以来規制されていた農地の取引を農地貸借管理法によって緩和し、農地の借入による農家の大規模化を推進することとなった。結果として、1980年代においても農家所得と都市勤労者所得の並行発展は実現した。しかしこの時期は、農家の高齢化という新たな問題が浮上した時期でもあった。そして、高齢化した農家経営主が若手の農家経営主ほどに機械化や大規模化に積極的な姿勢を見せず、営農形態に世代間の開きが出ることとなった。またこの時期以降、韓国における農政は、農業部門と工業部門の並行発展というよりも、農業部門の所得向上や生活改善を図りつつ、産業としての農業の維持をも図るという、他の先進国に共通する課題を抱えるようになっていった。

　大規模化と機械化によって営農効率の向上を図るという農政は、1990年代に入っても続けられたが、他方で1995年に発足したWTOは、その協定において農産物の生産量と価格を操作する農業補助金を禁止していた。韓国政府はこの状況を踏まえ、農産物貿易の本格的自由化に対応する農政として、農産物の高付加価値化につながる親環境農業政策を進めることとなる。親環境農業政策は、政府の指定した基

準を満たしていると認証された無農薬農産物や有機農産物の生産を推奨し、またそのために、農産物の生産量と価格を操作しない補助金である直接支払制が実施された。加えて、農業に食糧生産以外の価値を見出そうとグリーン・ツーリズムの振興も図られているが、これは韓国人の長い労働時間などの制約により、普及しているとは言い難い状況にある。

　親環境農業政策は、先進国段階に入った韓国が、貿易自由化の進展する中、農産物の高付加価値化によって自国農業の維持を図ろうとするものであるが、他方でこれは、農家の視点に立てば、高付加価値農産物の生産・販売を通じ、一定の農業所得を見込めるというものであった。すなわち、親環境農業政策においても、農業従事者が生計維持の可能な農業所得を得られるようにするという 1970 年代の政策の基調は維持されてきたのである。

　しかし政府は、1990 年代以降、親環境農業政策を推進し、これと並行して 5 カ年計画や国土総合開発計画に基づく農村の経済的・社会的環境の整備に努めていたが、1980 年代以降進行した農家経営主の高齢化にも直面することとなった。それまで農業部門における高齢者社会保障制度の整備が遅れがちだったこともあり、農村部では、70 歳を過ぎた農家経営主が、年金を受給できないために、現役にとどまり、補助金を不正受給して生計を立てるという状況さえ生じていた。この状況の改善を図るため、2000 年代以降、政府は農地年金によって高齢農家の引退を促進する一方、帰農の奨励により、都市からの移住者に新たな農業の担い手たることを期待している。実際、2000 年代に入って帰農者は増加傾向にあるが、都市住民が農村に移住するという、1960 年代以降の離農とは逆の人口移動が生じている背景には、都市生活におけるストレスや田園生活への憧憬ばかりでなく、長年政府が進めてきた農政の結果として、農業部門の所得水準が都市のそれに劣らず、

また農村移住後も一定の所得が期待できる環境が整備されてきたことがあるといえる。

　以上見てきたように、本格的な工業化が始まった1960年代以降、韓国政府がとってきた農業政策は、一方では増産や農産物の高付加価値など、それぞれの時代における短期的・中期的な課題へ対応するものでありながら、もう一方においては農産物価格への介入など、農業従事者の所得向上に資するものであり続けてきた。そして韓国政府は、農業従事者の所得向上という長期的課題を、それぞれの時代における短期的・中期的課題と両立させる努力を続けてきたといえる。換言すれば、韓国政府は、工業化の初期段階から農業部門を単なる食糧の供給源としてのみ見るのではなく、所得向上政策の対象と見なし、農家の貧困を緩和したり、農家の所得を向上させる具体的な政策を進めてきたのである。そうした政策の基本方針は、先進国化した今日の韓国でも、農業で生計を立てられる経済社会的環境を維持し、それによって都市住民の就農を促すといったように、形を変えつつも引き継がれている。

　朴正熙政権の農政は、農業部門の所得向上を目指しつつも、1960年代前半から半ばにかけては増産という喫緊の課題に対処し、セマウル運動が行われるようになった1970年代の農政も、高米価を維持することで増産が増収に直結する構造をとるという、増産と農業所得の向上を両立させるものであった。つまり、1970年代の農政は1960年代の増産重視農政からの路線変更ではなく、むしろその延長線上において展開されたものだったと言えるのである。同様に1980年代の大規模化・機械化も、1970年代にその原型ともいうべき構想が5カ年計画において示されていたように、長期的展望の延長線上にあるものであった。そしてまた大規模化・機械化は、農業人口の減少および農産物貿易の自由化への対応という課題に対応しつつ、農業の生産性向上を図るものでもあった。

1990年代以降推進されている親環境農業は、単に環境破壊や食の安全といった近年浮上してきたイシューに対応するだけではなく、WTO協定や、チリを皮切りとして各国との間で結ばれたFTAへの対応として、農産物の付加価値を高めつつ、農業を産業として持続させるものでもある。それと同時に親環境農業は、高付加価値化された農産物の販売を通じ、農業従事者が一定の農業所得を得られるようになるものでもある。

　このように、1960年代以降の韓国農政は、それぞれの時代における短期的・中期的な課題への対応と、農業部門の所得向上という長期的な課題を両立させるものであり、そしてこのことが、韓国における農家所得の持続的な向上の背景にあったといえるのである。

　もとより、そうした政策の組み合わせは、WTO発足以前の、そして韓国が発展途上国として農産物貿易の自由化を猶予されていた時代であったからこそ実現しえたものであった。1990年代以降、貿易自由化の圧力にさらされた同国は、海外市場へのアクセスを確保する必要性から、ウルグアイ・ラウンド合意の受け入れや、その後のFTA戦略を展開していき、農産物を自由化の例外とすることは著しく困難になっていった。またこの時期は、韓国政治が民主化した時期でもあり、農民が利益団体を結成し、政府に対して政治的圧力をかけるようになった時期でもあった。そうした中で、農民たちの要望と政府の施策との間にズレが生じたり、政府の取り組みの問題が露呈し、農民たちの不満につながったりする場面も見られるようになってきている。

　ただし韓国政府は、そうした変化に合わせつつ、先進民主主義国となった後も、農業部門への深い関与を続けてきた。具体的には、親環境農業を通じた自国農産物の高付加価値化を推進し、FTAの推進過程においても、コメなどの重要性の高い品目を関税撤廃・削減の対象外としただけでなく、農業部門の損失を見越した巨額の国内対策予算を設定してきた。さらに、予てより課題となっていた農家の高齢化問題

についても、社会的なブームを利用している面が強いとはいえ、帰農・帰村の奨励を通じて、新規就農を促してきた。

　以上の結論からは、韓国研究、および広く農工間の格差問題への対応という点において、以下のような含意を導き出すことができる。

　まず、韓国研究における含意としては、従来セマウル運動にばかり焦点が当てられがちであった農業・農村開発政策が再考されるべきであるという点が挙げられる。従来、韓国における農村開発研究の多くは、セマウル運動という、極めて個性的・特徴的な政策に専ら焦点が当てられ、1960年代および1980年代の農政には焦点が当てられないことが多かった。しかし本書は、セマウル運動が、1960年代初頭からの農政の課題であるコメの増産と両立するものとして展開されていたことを示している。従ってセマウル運動は、朴正熙の農業・農村振興に対する熱意の表れであると同時に、1960年代初頭からの増産重視の農政と強い連続性を持った政策であったと捉えられるべきである。同時に、1980年代以降の農政についても、1970年代において大きく進行した離農による農業人口減少、および農産物貿易の自由化という、セマウル運動期の農政がカバーしていなかった問題への対処という側面を持っているものであった。ゆえに本書は、セマウル運動をその前後の時代の農政との連続性に注目して捉えることの重要性を示している。

　次に、途上国の農工間格差全般への含意として、本研究は、農業・農村開発、とりわけ農業インフラを整備し、都市部と比べて遜色のない農業所得を実現していく過程において、国家が重要な役割を果たすということを、改めて示している。従来、途上国の農村・農業部門の所得向上や社会開発をめぐっては、一方に途上国の農村・農業部門全般を対象とした巨視的な議論がなされ、もう一方に個別の農村ないし農村住民を対象とした微視的な議論があるものの、両者の中間ともいうべき国家を単位とした議論は相対的に希薄化しがちであるという傾向が見られた（池野、2010、pp. i-iv）。しかし本書は、農業部門の所得

水準を向上させ、農工間の所得格差を抑制させていく上において、韓国では国家が極めて大きな役割を果たしていたことを示している。途上国の共通課題ともいうべき農工間格差に対し、国家が果たしうる役割が改めて検証されるべきである。

　さらに本書は、農業部門に対する国家の役割には、発展途上国から先進国へと移行する過程において、変化を求められる側面と連続性を有する側面の双方があることを示している。前段落で述べたように、途上国農業部門に対する国家の役割は大きいが、先進国として貿易自由化の猶予される余地が乏しくなる中では、その役割の具体的内容は自ずと変化していかなければならない。1970年代に朴正熙政権が行ったような大々的な価格支持政策が貿易ルール上許容されず、自由貿易を前提としなければならない条件の下では、農産物の高付加価値化や、貿易相手国の理解を引き出せる自由化例外品目の設定、補償金の支出を通じた農家所得の保障などといった施策が、自国の農業部門、および農民を保護するアプローチとして用いられることになる。しかし、農産物の高付加価値化につながる親環境農業の普及や、重要農産物における関税の維持、そして自国農業維持のための補償金の支出は、いずれも国家がその主体とならなくては実現が困難な作業である。この点において農業部門に対する国家の役割そのものは、先進国への移行後も引き続き重大であると言えるのである。

　以上のように、本書の議論からは韓国研究、および農村開発全般をめぐって、一定の含意を導き出すことができる。しかし、同時に本書は、いくつかの課題をも残している。まず本書は、農政の重要なアクターである政府および農産物生産者たる農家に注目し、農家所得という観点から過去70年の韓国農政を分析してきたが、それらの分析は政府の施策とその変遷を政治学的な立場から検討したものであり、政府の施策と現実の農業生産・農業所得との間の因果関係を計量的に分析したものではない。1960年代の増産奨励策や1970年代のセマウル

運動、あるいは1980年代の大規模化・機械化が、果たしてどこまで韓国の農業生産の振興につながったのか、またそれらがどこまで韓国の農業従事者の所得向上につながったのか、さらに、親環境農業の推奨やFTA締結に伴う農業補償金がどこまで農家経済に貢献しているのかは、課題として残されたままである。

　また、第10章でも述べたように、朴正煕をはじめとする政府指導者層の意思が具体的な政策へと結びついていく過程についても十分な考察ができているとは言い難い。2008年に米韓FTAをめぐる国内補償が増額された過程については、交渉担当者の回想録や新聞資料を用いて分析することができたが、権威主義体制下の農政をめぐる政策決定過程については、民主化後に公開の進んだ政府文書の解析などを通じ、解明していく余地がある。

　また、本書の議論は韓国一国を分析対象としたものである。従って、本書から導き出された結論並びに後発国への含意がどこまで途上国全体に適用可能なものであるのかについては、今後、他国のケースを分析し、明らかにしていく必要がある。

　これらの点を今後の課題としたいと思うと同時に、先進国・途上国という二項対立に過度に拘束されることなく、農政を理論・実証の両面から分析していく営みに、本書の議論がわずかでも貢献することを願っている。

付 録

表1: 韓国における都市勤労者世帯所得と農家所得

年度	1963	1965	1970	1975	1980	1985
勤労者所得	71	101	338	786	2,809	5,085
農家所得	93	112	253	872	2,693	5,736
年度	1990	1995	2000	2003	2004	2005
勤労者所得	11,319	22,933	28,643	35,280	37,360	35,930
農家所得	11,026	21,803	23,072	26,878	29,001	30,503
年度	2006	2007	2008	2009	2010	2011
勤労者所得	41,320	44,105	46,736	46,238	48,092	50,983
農家所得	32,303	31,967	30,123	30,814	32,121	30,198
年度	2012	2013	2014	2015	2016	
勤労者所得	49,542	50,436	52,008	52,843	53,113	
農家所得	31,031	34,534	34,950	37,215	38,239	

単位：千ウォン

出典：統計庁・国家統計ポータル

　　　http://kosis.kr/statisticsList/statisticsList_01List.jsp?vwcd=MT_ZTITLE&parentId=C#SubCont　（2019年7月1日閲覧）

注1：農家所得について、2000年以前は5年ごとに実施される農業総調査のデータを、2003年以降は毎年実施されている農家経済調査のデータを掲載している。

注2：勤労者所得については、2009年にそれまで農村に分類されていた一部地域を都市に分類変更したほか、2012年以降の値は単独世帯を排除した数値となっているため、データが完全には連続していない。

注3：元データでは、勤労者の世帯所得は月単位で、農家所得は年単位で記録がとられている。本表では両者の比較を容易にするため、勤労者所得を便宜的に12倍にし、年単位の所得とした。

注4：元データは、都市住民間の所得格差が社会問題化した2003年以降、勤労者世帯の所得のほか、非勤労者世帯の所得も算出するようになっている。現在では、勤労者の有無を問わず、都市の全世帯の平均所得を都市住民の所得水準として用いることが多いが、本表では過去との連続性を重視し、2003年以降も勤労者世帯の所得水準を都市所得として用いた。

表 2: 韓国における都市および農村人口の推移

年度	1960	1966	1970	1975	1980	1985
総人口	24,989	29,436	32,241	35,281	38,124	40,806
都市人口	6,997	n.a.	12,928	16,769	21,409	26,418
農村人口	17,993	n.a.	18,504	17,905	15,996	14,001
年度	1990	1995	2000	2005	2010	2015
総人口	42,869	45,093	47,008	48,138	47,991	(51,015)
都市人口	32,290	34,991	36,642	38,337	39,363	(47,297)
農村人口	12,000	9,560	9,343	8,704	8,629	(4,235)

単位：千人

出典：総人口＝統計庁ウェブサイト
　　　　　　http://www.index.go.kr/potal/stts/idxMain/selectPoSttsIdxSearch.do?idx_cd=2911&clas_div=C&idx_sys_cd=540&idx_clas_cd=1（2019 年 7 月 18 日閲覧）
　　　農村人口・都市人口＝統計庁・国家統計ポータル
　　　　　　http://kosis.kr/statisticsList/statisticsList_01List.jsp?vwcd=MT_ZTITLE&parentId=A#SubCont　　（2019 年 7 月 18 日閲覧）

注 1：千人未満の値を四捨五入したほか、。都市と農村にまたがって生活する者の数が調整されていないため、都市人口・農村人口の和と総人口は一致しない。

注 2：都市人口のデータは、1990 年以前については市制施行地域の人口を、1995 年以降については末端行政区画が「洞」である地域の人口を、農村人口のデータは、末端の行政区画が「邑」ないし「面」である地域の人口の合計値を、それぞれ基準とした。

注 4：2013 年に全国で住所区画が変更されたため、2010 年の値と 2015 年の値は連続性を持たない。

表3: 1970年代以降韓国における農家世帯数・耕地面積

年度	1976	1978	1980	1982	1984
世帯	2,335,856	2,223,807	2,155,073	1,995,769	1,973,539
面積	2,239,692	2,221,918	2,195,822	2,180,084	2,152,357
一戸当	0.96	0.99	1.01	1.09	1.09
年度	1986	1988	1990	1992	1994
世帯	1,905,984	1,826,344	1,767,033	1,640,853	1,557,989
面積	2,140,995	2,137,947	2,108,812	2,069,933	2,032,706
一戸当	1.12	1.17	1.19	1.26	1.30
年度	1996	1998	2000	2002	2004
世帯	1,479,602	1,413,017	1,383,468	1,280,462	1,240,406
面積	1,945,480	1,910,081	1,888,765	1,862,622	1,835,634
一戸当	1.31	1.35	1.36	1.45	1.47
年度	2006	2008	2010	2012	2014
世帯	1,245,083	1,212,050	1,177,318	1,151,166	1,120,776
面積	1,800,470	1,758,795	1,715,301	1,729,982	1,691,113
一戸当	1.44	1.45	1.45	1.50	1.50
年度	2016	2018			
世帯	1,068,274	1,020,838			
面積	1,643,599	1,595,614			
一戸当	1.24	1.25			

単位: 農家世帯＝戸、耕地面積・一戸平均面積＝ha
出典: 統計庁・国家統計ポータル
　　　http://kosis.kr/statHtml/statHtml.do?orgId=101&tblId=DT_1EB002&vw_cd=MT_ZTITLE&list_id=F1G&seqNo=&lang_mode=ko&language=kor&obj_var_id=&itm_id=&conn_path=E1（2019年7月19日閲覧）

注1: 本表における耕地とは、農地のうち調査時点で耕作実態のある土地を意味し、放牧地や休耕地を含まない
注2: 一戸平均耕地面積は、小数点第3位以下を切り捨てた

表4：穀類の農家販売価格指数

年度	1960	1962	1964	1966	1968
価格指数	1.0	1.2	2.6	2.5	3.2
年度	1970	1972	1974	1976	1978
価格指数	4.3	6.8	10.2	15.6	20.9
年度	1980	1982	1984	1986	1988
価格指数	33.9	41.6	43.2	50.7	57.4
年度	1990	1992	1994	1996	1998
価格指数	63.1	68.5	74.4	92.9	99.9
年度	2000	2002	2004	2006	2008
価格指数	109.8	104.5	112.3	99.2	99.4
年度	2010	2012			
価格指数	108.1	122.8			

単位：2005年を100とした、穀類の農家販売価格指数
出典：統計庁・国家統計ポータル
　　　http://kosis.kr/statisticsList/statisticsList_01List.jsp?vwcd=MT_ZTITLE&parentId=F#SubCont（2015年9月10日閲覧）

表5：韓国農政関連年表 （農業・農政関連の項目を太字で表記）

年	月	出　来　事
1910	8	韓国併合
1934	4	**朝鮮農地令施行**
1945	8	朝鮮総督府解散、朝鮮半島南部における米軍政開始
1948	3	**米軍政、地主への補償を伴う農地改革を実施すると発表**
	8	大韓民国政府樹立、第一共和国発足、李承晩大統領就任
1949	9	**農地改革法案、国会に提出**
	1	**農地改革法案、国会本会議で可決・成立**
		米穀増産3カ年計画開始（朝鮮戦争により事実上中止）
1950	1	**政府の農地買上・分配事業が開始**
	6	朝鮮戦争勃発
	7	北朝鮮軍南下により、釜山周辺以外の支配権を一時喪失
	9	仁川上陸作戦により、朝鮮半島南部を奪還
1953	1	**第1次農業増産5カ年計画**
	7	朝鮮戦争休戦協定調印
	12	**政府の農地買上・分配事業が完了**
1954	10	**アメリカでPL480成立、韓国への食糧支援本格化**
1957	1	**第2次農業増産5カ年計画**
1958	12	**アメリカ政府による対韓食糧援助の縮小決定**
1960	4	419革命により第一共和国崩壊、李承晩大

		統領辞任
	8	第二共和国発足、尹潽善大統領就任、張勉内閣発足
1961	5	516クーデタにより第二共和国崩壊、国家再建最高会議発足
	6	**高利私債整理法公布、即日施行**
	8	**総合農協発足**
1962	1	第1次経済開発5カ年計画開始
1963	1	国家再建最高会議、再建国民運動を開始
	6	再建国民運動に基づくマウル金庫の設立開始
	10	第三共和国発足、朴正熙大統領就任
1966	4	政府、生活再建運動の実施を発表
	6	**農地担保法制定**
	12	第1次経済開発5カ年計画終了
1967	1	第2次経済開発5カ年計画開始
1968	1	**政府予算に食糧管理会計（食管会計）導入、高米価政策開始**
1969	3	**農漁村所得増大特別事業開始**
	4	政府、生活再建運動の終了を発表
1970	4	**朴正熙大統領、全国地方長官会議で「新しい村づくり」を提唱**
1971	12	第2次経済開発5カ年計画終了
1972	1	第3次経済開発5カ年計画開始
		第2次国土総合開発10カ年計画開始
	4	政府、「新しい村づくり」を「セマウル運動」と改称、全国へ拡大
	10	憲法改正、第四共和国（維新体制）発足

年	月	事項
1975	8	セマウル金庫中央会発足
1976	12	第3次経済開発5カ年計画終了
1977	1	第4次経済開発5カ年計画開始
1979	10	朴正煕大統領暗殺
	12	崔圭夏大統領就任、直後に粛軍クーデタ
1980	4	財団法人セマウル運動中央会発足（セマウル運動を民間へ移管）
	5	光州民主化運動
	8	崔圭夏大統領辞任、全斗煥大統領就任
	10	憲法改正、第五共和国憲法制定
1981	2	第五共和国憲法施行、第五共和国発足
	12	第4次経済開発5カ年計画終了
1982	1	第5次経済開発5カ年計画開始
		第2次国土総合開発10カ年計画開始
	11	政府・農林部、機械化営農団の導入呼びかけ
1983	12	機械化営農団促進法施行
1984	1	食糧管理特別会計、一般会計に編入
1986	12	農地貸借管理法施行
		第5次経済開発5カ年計画終了
1987	1	第6次経済開発5カ年計画開始
	6	629民主化宣言
	10	憲法改正、第六共和国憲法制定
1988	2	全斗煥大統領退任、盧泰愚大統領就任、第六共和国発足
	6	アメリカ政府、米韓通商会議で韓国に農産物市場の開放を要求
1989	1	国民年金法改正（農業経営者の国民年金加

		入義務化）
		農漁村発展総合対策
1991	12	第6次経済開発5カ年計画終了
1992	1	第3次国土総合開発10カ年計画開始
1993	1	親環境農業認定制度施行
	2	盧泰愚大統領退任、金泳三大統領就任
	7	新農政5カ年計画発表
	12	親環境農産物認証制度開始
	12	農地法施行
1994	1	農漁村特別税導入
	4	GATTウルグアイ・ラウンド妥結
1995	1	世界貿易機関（WTO）発足
1997	11	アジア通貨危機が韓国に波及
	12	環境農業育成法制定
1998	2	金泳三大統領退任、金大中大統領就任
	12	親環境農業直接支払制度施行
1999	12	親環境農産物購入補償制度導入
2000	12	水田農業直接支払制度施行
2001	1	第4次国土総合開発計画開始
	12	環境農業育成法を親環境農業育成法へ改正
2003	2	金大中大統領退任、盧武鉉大統領就任
2004	2	韓・チリ自由貿易協定発効
	10	生活の質法制定
2005	12	水田農業直接支払制度施行
2007	4	基礎老齢年金制度施行
2008	2	盧武鉉大統領退任、李明博大統領就任
	5	アメリカ産牛肉に対する輸入規制解除、大規模抵抗運動

2009	4	帰農・帰村総合対策が国務会議で承認
2010	5	韓国農漁村公社および農地管理基金法改正（農地年金創設）
2011	1	農地年金制度施行
2013	2	李明博大統領退任、朴槿恵大統領就任
	12	**親環境農業育成法改正、親環境農業育成および有機食品などの管理・支援に関する法律と改称**
2014	1	高齢者福祉施設入居モデル事業開始
2016	12	国会、朴槿恵大統領弾劾訴追案を可決
2017	2	憲法裁判所、朴槿恵大統領を罷免
	5	文在寅大統領就任

表6: インタビュー対象者一覧

実施日	実施場所	氏名	所属部署・役職
2014年8月21日	羅州市農業技術センター	ナ・ユンジョン（나윤정）	農村振興課・指導行政チーム長
2014年8月22日	ソウル特別市農業技術センター	チン・ウヨン（진우용）	農業技術課・帰農指導員兼南部相談所長
2014年8月27日	大田広域市農業技術センター	イ・サンデ（이상대）	技術普及課
	大田広域市農業技術センター	チョ・ユンジュ（조윤주）	指導開発課
2016年5月13日	韓国農業経営人中央連合会本部（ソウル）	ハン・ミンス（한민수）	政策調整室長
2016年9月6日	全国農民会総連盟本部（ソウル）	イ・ジョンヒョク（이종혁）	政策部長
2017年11月28日	全国農業協同組合中央会本部（東京）	小林康幸（こばやし・やすゆき）	国際協力部長

注：敬称略。所属部署はいずれもインタビュー当時のもの。

【参考文献】

＜日本語＞
朝元照雄ほか. 2006『台湾農業経済論』税務経理協会
足立恭一郎. 2002「親環境農業路線に向かう韓国農政」『農林水産政策研究所レビュー』第 3 号、pp. 71-77
有田伸. 2009「現代韓国社会における威信体系」『韓国朝鮮の文化と社会』第 8 号、pp. 23-49
池野旬. 2010『アフリカ農村と貧困削減：タンザニア、開発と遭遇する地域』京都大学学術出版会
李燦雨. 2001「韓国の 1960～70 年代の経済開発と外国資本の役割」'ERINA REPORT'第 42 号、pp. 1-15
李熒娘. 2015『植民地朝鮮の米と日本：米国検査制度の展開過程』中央大学出版部
石井章. 2008『ラテンアメリカ農地改革論』学術出版会
李勝男. 1986「韓国農業の成長分析：1910-1980」『北海道大学農経論叢』第 42 号、pp. 207-307
石坂浩一. 1993「韓国学生農村活動の歴史的意味：1960 年代初期への一考察」『史苑』第 52 巻第 2 号、pp. 52-70
泉田洋一. 2003『農村開発金融論』東京大学出版会
――ほか. 2005『近代経済学的農業・農村分析の 50 年』農林統計協会
伊藤亜人. 1974「韓国農村社会における契」『東洋文化研究所紀要』第 71 号、pp. 167-230
――. 2013『珍島：韓国農村社会の民族誌』弘文堂
李正雄. 1973『韓国の緑の革命：セマウル運動の総合分析』国際経新聞社
李哉法. 2014「韓国における家族経営の変容と展望」『農業経営研究』第 51 巻第 4 号、pp. 21-32
イト・ペング. 2001「台湾の社会保障制度」『海外社会保障研究』第 135 号、pp. 17-21

李分一. 1999『現代韓国と民主主義』大学教育出版
イ・ホンチャン著. 須川英徳ほか訳. 2003『韓国経済通史』法政大学出版局
今村奈良臣ほか. 1994『東アジア農業の展開論理』農山漁村文化会
李裕敬. 2014『韓国水田農業の競争・協調戦略』日本経済評論社
李栄吉. 1993「韓国における農協組織の発展過程：1961-1991年」『北海道大学農経論叢』第 49 号、pp. 221-242
岩沢聡. 2004「韓国の親環境農業」『国会図書館レファレンス』2004 年 9 月号、pp. 43-59
大西裕. 2014『先進国・韓国の憂鬱』中央公論新社
オーバードーファー、ドン著. 菱木一美訳. 1998『二つのコリア：国際政治の中の朝鮮半島』共同通信社（Oberdorfer, Don. 1997 *The Two Koreas:a Comtemporary History* New York: Basic Books）
奥野忠一ほか. 1975『21 世紀の食糧・農業』東京大学出版会
小椋正立監修. 2008『韓国における高齢化研究のフロンティア』ミネルヴァ書房
加藤光一. 1998『韓国経済発展と小農の位相』日本経済評論社
川北稔ほか. 2001『知の教科書　ウォーラーステイン』講談社
康元沢ほか. 2015『日韓政治制度比較』慶應義塾大学出版会
金気興. 2009「有機農業の役割と課題：日本と韓国の比較研究」東京大学大学院博士論文
———. 2011『地域に根ざす有機農業：日本と韓国の経験』筑波書房
金ジン著. 梁テホ訳. 1993『ドキュメント朴正煕時代』亜紀書房
金珍ギュ. 2010「韓国の相互信用金庫」『大分大学経済論集』第 61 巻第 5 号、pp. 1-22
金ゼンマ. 2011「韓国の FTA 政策決定過程：東アジア共同体への示唆」『アジア太平洋研究』第 17 号、pp. 59-75
木村幹. 2004『韓国における権威主義的体制の成立』ミネルヴァ書房

── 2013「支配政党に見る朴正煕政権から全斗煥政権への連続と断絶」『国際協力論集』第 20 巻第 2・3 合併号、pp. 105-127

木村茂光. 2010『日本農業史』吉川弘文館

久保田義喜. 2007『アジア農村発展の課題：台頭する四カ国一地域』筑波書房

倉持和雄. 1985「韓国における農地改革とその後の小作農の展開」『アジア研究』第 32 巻第 2 号、pp. 1-33

──. 1994『現代韓国農業構造の変動』お茶の水書房

──. 2014「第 7 章　韓国のコメ政策の課題」中島朋義編『韓国経済システムの研究：高パフォーマンスの光と影』日本評論社

黒岩郁雄編. 2004『開発途上国におけるガバナンスの諸課題：理論と実際』アジア経済研究所

黒崎卓. 2008「現物賃金と経済発展：途上国農村家計の労働供給と食糧確保に焦点を当てて」『経済研究』第 59 巻第 3 号、pp. 266-285

阮蔚. 2014「中国における食糧安全保障政策の転換：増大する食糧需要に増産と輸入の戦略的結合で対応」『農林金融』2014 年 2 月号 p. 68-84

孔義植ほか. 2005『韓国現代政治入門』芦書房

──. 2008『韓国現代政治を読む』芦書房

近藤功庸. 2015「韓国の経済成長と農業発展：稲作生産性を中心として」『農業経済研究』第 87 巻第 1 号、pp. 23-37

斉藤和佐. 2008「高度成長期以降の農家間所得格差」『農業経済研究報告』第 34 号、pp. 17-43

塩田正洪. 1971『朝鮮農地令とその制定に至る諸問題』友邦協会

品川優. 2014『FTA 戦略下の韓国農業』筑波書房

柴田直治. 2010『バンコク燃ゆ：タックシンと「タイ式」民主主義』めこん

嶋陸奥彦. 1985『韓国農村事情』PHP 研究所

隅谷三喜男. 1974『韓国の経済』岩波書店
関根良平ほか. 2013「内蒙古自治区中部農村における農業経営の変容とその特性」『商学論集』第 81 巻第 4 号、pp. 89-108
荘林幹太郎ほか. 2012『世界の農業環境政策』農林統計協会
成耆政. 2006『韓国農業経済論：生産・組織・政策の経済分析』
蘇干君. 2011「中国における農村教育の発展とその課題」『鶴山論叢第 11 号、pp. 1-21
高橋昭雄. 2000『現代ミャンマーの農村経済：移行経済下の農民と非農民』東京大学出版会
高安雄一. 2009「韓国における所得格差拡大要因」『アジア研究』第 55 巻第 3 号、pp. 55-71
――. 2012『隣の国の真実 韓国・北朝鮮篇』日経 BP 社
――. 2014『韓国の社会保障 低負担・低福祉の分析』学文社
多田井喜生. 2002『朝鮮銀行：ある円通貨圏の興亡』PHP 研究所
谷浦孝雄. 1989『韓国の工業化と開発体制』アジア経済研究所
玉置直司. 2003『韓国はなぜ改革できたのか』日本経済新聞社
崔吉城. 2015「朴正熙と農村振興運動」『アジア社会文化研究』第 16 号、pp. 119-128
池東旭. 2002『韓国大統領列伝』中央公論新社
車洪均. 1987「韓国・水稲単作における農地賃貸借の現状」『農業経研究』第 55 号、pp. 9-17
張明秀. 1995『38 度線突破』JICC 出版局
崔在錫著、伊藤亜人ほか訳. 1979『韓国農村社会研究』学生社
チョ・ヒヨン著. 牧野波ほか訳. 2013『朴正熙 動員された近代化』彩流社
趙ヨン訓ほか. 1991「韓国と日本の農業構造の比較」『岐阜大農研報』第 56 号、pp. 105-118
鄭喆模ほか. 2006「韓国の景観農業の実態と改善方案」農村計画学会

2006 年日韓シンポジウム（開催地：筑波大学）講演要旨

蔦谷栄一. 1999「韓国・中国の持続型農業政策の現状」『農林中金』1999 年 9 月号、pp. 27-40

東京大学社会科学研究所. 1998『20 世紀システム 4 開発主義』東京大学出版会

豊田有恒. 1978『韓国の挑戦　日本人が知らない経済急成長の秘密』祥伝社

縄倉晶雄. 2013「1970 年代韓国農村部における相互金融の変質」『北東アジア地域研究』第 19 号、pp. 21-34

――2014a「社会ネットワークの視点から捉える所得格差拡大：1980 年代以降の韓国農村を事例として」『明治大学社会科学研究所紀要』第 52 巻第 2 号、pp. 297-314

――. 2014b「1990 年代韓国における農業政策の転換：親環境農業の農民間関係に対する影響」『北東アジア地域研究』第 20 号、pp. 1-16

――. 2015a「新興高所得国における農村貧困層形成とその特徴：韓国の農家を事例として」『政治研究論集』第 41 号、pp. 297-316

――. 2015b「韓国における帰農政策とその促進要因：人口移動をめぐるプッシュ・プルモデルを参考として」『北東アジア地域研究』第 21 号、pp. 51-64

――. 2016「韓国における親環境農業政策―政府主導型環境農政の課題およびその含意」『北東アジア地域研究』第 22 号、pp. 57-71

――. 2018「自由貿易体制下の韓国における国内農業保護政策の政治的背景―間接ロビイングの視点から」『北東アジア地域研究』第 24 号、pp. 1-16

日本大学生物資源科学部国際地域研究所. 2008『アジアの農業と農村の将来展望』龍渓書房

農林水産省. 2012「アジア韓国等の有機食品に係る表示制度等調査結果」農林水産省レポート

――. 2014『平成25年度食料・農業・農村の動向　平成26年度食料・農業・農村施策（食料・農業・農村白書）』農林水産省
農林水産省農村振興局整備部. 2006「農業農村開発協力の方向展開」農林水産省レポート
バード、イザベラ著 時岡敬子訳. 1998『朝鮮紀行　英国夫人の見た李朝末期』講談社
服部信司. 2005.『アメリカ2002年農業法』農林統計協会
服部民夫. 1992『韓国　ネットワークと政治文化』東京大学出版会
速水祐次郎. 1986『農業経済論』岩波書店
原朗ほか編. 2013『韓国経済発展への経路：解放・戦争・復興』日本経済評論社
韓培浩著. 木宮正史・磯崎典世訳. 2004『韓国政治のダイナミズム』法政大学出版局
東方孝之. 2008「インドネシアの世帯間所得格差に関する一考察」『経済論叢』第182号、pp. 169-180
平井隆一. 2006「日本の農業の実態とこれからの課題」『経済政策研究』第2号, pp. 105-122
広井良典ほか. 2003『アジアの社会保障』東京大学出版会
弘谷多喜夫，広川淑子. 1973「日本統治下の台湾・朝鮮における植民地教育政策の比較史的研究」『北海道大学教育学部紀要』第22号、pp. 19-92
樋渡雅人. 2008『慣習経済と市場・開発　ウズベキスタンの共同体にみる機能と構造』東京大学出版会
深川博史. 2013「韓国における農業構造政策の転換とトルニョク別経営体の現状について」『レファレンス』2013年2月号、pp. 87-111
――2005『市場開放下の韓国農業』九州大学出版会
藤末健三. 2013「FTAに関する政策決定システムの日韓比較分析」『北東アジア研究』、pp. 19-42

藤野信之. 2011「韓国農協中央会の金融・経済分離について」『農林金融』2011 年 7 月号、pp.64-70
藤谷築次. 2008『日本農業と農政の新しい方向展開』昭和堂
ブゾー、エイドリアン. 柳沢圭子訳. 2007『世界史の中の現代朝鮮：大国の影響と朝鮮の伝統の狭間で』明石書店（Buzo, Adrian. 2002 *The Making of Modern Korea* London: Routledge）
松本源太郎. 1999「戦後の産業政策と経済発展」『経済と経営』第 30 巻第 3 号、pp. 1-37
三浦洋子. 2005『朝鮮半島の食料システム　南の飽食、北の飢餓』明石書店
水野正巳ほか編. 2008『開発と農業・農村開発再考』アジア経済研究所
森康郎. 2011『韓国政治・社会における地域主義』社会評論社
柳瀬明彦. 2004「部門間所得格差と経済成長」『高崎経済大学論集』第 46 巻第 4 号、pp. 93-103
山下景秋. 1995「韓国とブラジルの経済発展における農業と工業」『国士舘大学政経論叢』1995 年 9 月号、pp. 71-91
山下一仁. 2013「農業立国に舵を切れ」一橋大学講演要旨、キヤノングローバル戦略研究所
柳京熙ほか. 2005.「韓国の「水田農業直接支払い」制度に関する一考察」『北海道大学農経論叢』第 61 号、pp. 29-39
──. 2011『韓国の FTA 戦略と日本農業への示唆』筑波書房
吉川光洋. 2011「農村地域への移住者の増加と歴史的変遷：UJI ターンの概念の発生と政策的対応」『地域協働』第 7 号、pp. 1-26
吉田修. 2012『自民党農政史』大成出版社
李連花. 2011『東アジアにおける後発近代化と社会政策』ミネルヴァ書房
林成蔚. 2011「皆年金実現の成立過程：台湾の国民年金制度の導入」『年報公共政策学』第 5 号、pp. 145-163

渡辺利夫. 1985『成長のアジア　停滞のアジア』東洋経済新報社
――. 1989『アジア経済をどう捉えるか』日本放送出版協会
――. 2002『成長のアジア　停滞のアジア（学術文庫版）』講談社学術文庫
渡辺容一郎. 2010『オポジションとヨーロッパ政治』北樹出版
外務省　http://www.mofa.go.jp
経済産業省　http://www.meti.go.jp
財務省　hhp://www.mof.go.jp
総務省統計局　http://www.e-stat.go.jp

＜英語＞

Ahn, Kookshin. 1997 'Trends in and Determinants of Income Distribution in Korea' *Journal of Economic Development* Vol. 22, No. 2: 27-56

Amsden, Alice H. 1989 *Asia's Next Giant: South Korea and Late Industrialization* New York: Oxford University Press

Apter, David. 1967. *Politics of Modernization* Chicago: University of Chicago Press

Ayuwat, Dusadee. 1997 'The Change of Occupations of the Rural Population in Northeast Thailand' *Regional Views* No. 10, pp. 61-74

Biggs, Stephen, Scott Justice, and David Lewis 'Patterns of Rural Mechanisation: Energy and Employment in South Asia: Reopening the Debate' *Economic and Political Weekly* 46 (9), pp. 78-82

Bresciani, Fabrizio et al. 2007 *Beyond Food Production: The Role of Agriculture in Poverty Reduction*

Burmeister, Larry L. 1990 'State, Industrialization and Agricultural Policy in Korea' *Development and Changes* Vol.21: 197-223

Campos, Nauro F. 1999 'Development Performance and the Institutions of Governance: Evidence from East Asia and Latin America' *World*

Development Vol. 27 No. 3 pp. 439-452

Chambers, Robert. 1983.*Rural Development: Putting the Last First* London: Longman

Cho, Soon. 1994 *The Dynamics of Korean Economic Development* Washington, D.C: The Institute od International Economics

de Haas, Hein. 2009 'Migration System Formation and Decline' *International Migration Institute, Oxford University, Working Paper No. 19*

Deisohwan, Uwe et al. 2008 'Industrial Location in Developing Countries' *The World Bank Research Observer* Vol. 23, No. 2, pp. 219-246

Douglass, Mike. 2013 'The Saemaul Undong : South Korea's Rural Development Miracle in Historical Perspective' A working paper issued by Asia Research Institute of National University of Singapore

Ellis, Frank. 1999 'Rural Livelihood Diversity in Developing Countries: Evidence from Policy Implication' *Natural Resources Perspectives* No. 40, pp. 1-9

Eswaran, M and A. Kotwal. 2002 *The role of agriculture in development* (mimeo) Vancouver: University of British Columbia.

Falk, Ian; Kilpatrick, Sue. 2000 'What Is Social Capital? A Study of Interaction in a Rural Community' *Socioligia Ruralis* Vol. 40, pp. 87-110

Food and Agriculture Organisation of the United Nations. 2013 *Agribusiness public-private partnerships. Country case studies: Asia* Rome: Food and Agriculture Organisation of the United States

——. 2014 *The State of Food Insecurity in the World* Rome: Food and Agriculture Organisation of the United States

Foster, Andrew D. and Mark R. Rosenzweig. 1995 'Learning by Doing and Learning from Others: Human Capital and Technical Change in Agriculture' *Journal of Political Economy* No. 103 Vol. 6, pp. 1176-1209

Francks, Penelope. 1999 *Agriculture and Economic Development in East Asia: From Growth to Protection* New York: Routledge

Gollin, Dougras et al. 2012 'The Agricultural Productivity Gap in Developing Countries' A paper provided by *Society for Economic Dynamics 2011*

Gordon, Ann and Catharine Craig. 2001 *Rural Non-Farm Activities and Poverty Alleviation in Sub-Saharan Africa* Natural Resources Institute of the University of Greenwich

Han, Seung-mi. 2004 'The New Community Movement: Park Chung Hee and the Making of State Populism in korea' *Pacific Affairs* Vol. 77, No. 1, pp. 67-95

Haggard, Stephan and Chung-in Moon. 1990 'Institutions and Economic Growth: Theory and a Korean Case Study' *World Politics* Vol. 42, pp. 210-237

Hayami, Yujiro and Yoshihisa Godo. 2005 *Development Economics* Oxford: Oxford University Press

Hendrix, Cullen C. at al. 2015 'Global Food Prices, Regime Type, and Urban Unrest in Developing World' *Journal of Peace Research* Vol. 52, No. 2, pp. 143-157

Heo, Jang and Yong-lyol Kim. 2008 'The Role of Farm households and the Agro-Food Sector in Korean Rural Economy' *Journal of Rural Development* Vol. 32, No. 3, pp. 37-62

Hirst, Paul. 1999 *Associative Democracy: New Forms of Economic and Social Governance* Amherst: The University of Massachusetts Press

Horikane, Yumi. 2005 'The Political Economy of Heavy Industrialization: The Heavy and Chemical Industry (HCI) Push in South Korea in the 1970s' *Modern Asian Studies* Vol. 39 No. 2 pp. 369-397

Johnson, Chalmers a. 1983 *Miti and the Japanese Miracle: The Growth of Industrial Policy, 1925-1975* Stanford: Stanford University Press

Kay, Cristobal. 2001 'Asia's and Latin America's Development in Comparative Perspective: Landlords, Peasants, and Industrialization'

Hague: Institute of Social Studies, Working Paper Series No. 336

——. 2006 'Rural Poverty and Development Strategies in Latin America' *Journal of Agrarian Change* Vol.4 No. 6, pp. 455-508

Kim, Hyun A. 2004 *Korea's Development under Park Chung Hee:Rapid Industralization, 1961-1970* New York: Routledge

Kim, Nak Nyeon and Jongil Kim. 2013 'Income Inequality in Korea, 1933-2010: Evidence from Income Tax Statistics' Naksungdae Institute of Rconomic Research Working Paper 2013-05

Knez, E. I. 1997 *The Modernization of Three Korean Villages, 1951-1981: An Illustrated Study of a People and Their Material Culture* Washington D.C: Smithsonian Institute Press

Kohli, Atul. 2004 *State-Directed Development: Political Power and Industrialization in the Global Periphery* Cambridge: Cambridge University Press

Koo, Hagen. 1984 'The Political Economy of Income Distribution in South Korea: The Impact of the State's Industrialization Policies' *World Development* Vol. 12 Issue 10 pp. 1029-1037

Lall, Somik. et al. 2006 'Rural-Urban Migration in Developing Countries: A Survey of Theoretical Predictions and Empirical Findings' World Bank Policy Research Working Paper No. 3915, 2006

Lanjouw, Jean O. et al. 2001 'The Rural Non-farm Sector: Issues and Evidence from Developing Countries' *Agricultural Economics* No. 26 pp. 1-23

Lee, Chong-Sik. 2012 *Park Chung-Hee: From Poverty to Power* Seoul: Kyung Hee University Press

Lee, Kyung-joon. 2013 *Successful Reforestation in South Korea: Strong Leadership of Ex-president Park Chung-hee* North Charleston: Createspace

Lewis, Arthur. 1954 'Economic Development with Unlimited Supplies of Labour' *Manchester School of Economic and Social Studies* No. 22, pp. 139-191

Liberthal, Kenneth. 2003 *Governing China: From Revolution through Reform* New York: W. W. Norton & Company

Lin, Nan. 2002 *Social Capital: A Theory of Social Structure and Action* Cambridge: Cambridge University Press

Looney, K. E. 2012 'The Rural Developmental State: Modernization Campaigns and Peasant Politics in China, Taiwan and South Korea' Ph.D. diss., Harvard University

Lucas, Robert. 1997 'Internal Migration in Developing Countries' in M.R. Rosenzweig et al. *Handbook of Population and Family Economics* pp. 721-798

Maxwell, S.J, and H. W. Singer. 1979 'Food Aid and Developing Countries: A Survey' *World Development* Vol. 7 Issue 3, pp. 225-246

McCormick, John. 2003 *Comparative Politics in Transition Fourth Edition* Independence: Wadsworth Publishing

Ministry of Statistics and Programme Implementation. 2014 *Five Year Plans* New Dheli: Government of India

Moon, Seungsook. 2009 'The Cultural Politics of Remembering Park Chung Hee' *The Asia-Pacific Journal* Vol. 19-5-2009

Nawakura, Akio. 2017. 'The Impact of Farmers' Resistance to Trade Liberalization: A Comparative Study on Political Process around FTAs in Korea and Japan' *IAFOR Journal of Politics, Economics & Law* Volume 4, Issue 1 pp.30-39

Nelson, Richard R. et al. 1999 'The Asia Miracle and Modern Growth Theory' *The Economic Journal* No. 109 pp. 416-436

OECD. 2003 *Organic Agriculture: Sustainability, Markets and Policies* Paris: OECD Publishing

Putnam, Robert. 1992 *Social Capital: Civic Tradition in Modern Italy* Princeton: Princeton University Press

Reardon, Thomas et al. 2000 'Effects of Non-Farm Employment on Rural Income Inequality in Developing Countries; An Investment Perspective' *The Journal of Agricultural Economics* No. 51 Vol. 2 pp. 266-288

Rostow, Walt W. 1960 *the Stages of Economic Growth* Cambridge: Cambridge University Press

SaKong, Il. 1980 *Government, Business, and Entrepreneurship in Economic Development: The Korean Case (Studies in the Modernization of the Republic of Korea, 1945-1979)* Harvard: Harvard University Asia Center

SaKong Il and Young Sun Koh. 2012 *The Korean Economy: Six Decades of Growth and Development* Singapore: Gale Asia

Satterthwaite, David. 2010 'Urbanization and its Implication for food and farming' *Philosophical Transactions of the Royal Society* Vol. 365 No. 1554 pp. 2809-2820

Sohn, D. W. and Wall Jr, J. A.. 1993. 'Community Mediation in South Korea: A City-Village Comparison' *Journal of Conflict Resolution* Vol. 33, No. 3, pp. 536-543

Son, Byung-giu and Song-kuk Lee. 2013. 'Rural Migration in Korea: A Transition to the Modern Era' *The History of the Family* vol. 18 No. 4, pp. 422-433

Tichy, Noel M. 1979 'Social Network Analysis for Organizations' *The Academy of Management Review* No. 4 Vol. 4, pp. 507-519

Todaro, Michael. 1969 'A Model of Labor Migration and Urban Unemployment in Less Developed Countries' *The American Economic Review* No. 59 Vol. 1 pp. 138-148

USAID. 1985 *Foreign Aid and the Development of the Republic of Korea: The Effectiveness of Consessional Assistance* Washington, D.C: U.S. Agency for International Development

――2009 *Case Study: From Aid Recipient to Donor* Washington, D.C: U.S. Agency for International Development

Vogel, Ezra. 1993 *The Four Little Dragons: The Spread of Industrialization in East Asia* Boston: Harvard University Press

Wade, Robert. 2003 *Governing the Market: Economic Theory and the Role of Government in East Asian Industrialization* Princeton: Princeton University Press.

Westphal, Larry E. 1978 'The Republic of Korea's Experience with Export-led Industrial Development' *World Development* Vol. 6 Issue 3 pp. 347-382

Woo, Jung-en. 1991 *Race to the Swift: State and Finance in Korean Industrialization* New York: Culumbia University press

World Bank. 1993 *The East Asia Miracle: Economic Growth and Public Policy* Washington, D.C. World Bank

———. 2008 *World Development Report 2008: Agriculture for Development* Washington, D.C. World Bank

———. 2011 *Growth and Productivity in Agriculture and Agribusiness* Washington, D.C. World Bank

World Food Programme. 2013 *The Year in Review, 2012* Rome: World Food Programme

The Economist

The Global Post

Eurostat http://ec.europa.eu/eurostat/

International Rice Research Institute http://irri.org

National Bureau of Statistics of China http://www.stats.gov.ch

Office of the National Economic and Social Debelopment Board http://eng.nesdb.go.th

The Korea Times http://www.koreatimes.co.kr

The United Nations http://un.org

The United States Agency for International Development http://www.usaid.gov

The United States Publishing Office http://www.gpo.gov/
The World Bank http://www.worldbank.org

注1：3音節から成ることの多い韓国人名の英語表記をめぐっては、第2音節と第3音節の間をスペースで区切るか（例：Park Chung Hee）、ハイフンで繋ぐか（例：Park Chung-hee もしくは Park Chung-Hee）、あるいは区切らずに書くか（例：Park Chunghee）でコンセンサスが形成されておらず、複数の表記スタイルが混在している。本文献リストは引用元原本が用いている表記方法をそのまま書き写しているため、同一人物を巡って複数の異なる表記方法が併存している箇所がある。

＜韓国語＞

강신겸. 2014『농촌관광: 새로운 농촌활성화 전략』대왕사
　（カン・シンギョム. 2014『農村観光：新しい農村活性化戦略』テンサ）

강원택. 2005.『한국의 정치개혁과 민주주의』인간사랑
　（カン・ウォンテク. 2005『韓国の政治改革と民主主義』インガンサラン）

강정일 외. 1990『기계화연농단의 효율적인 관리 및 육성방양』한국농촌경제연구원
　（カン・ジョンイルほか. 1990『機械化営農団の効率的な管理及び育成方法』韓国農村経済研究院）

——. 1993『위탁영농회사의 운영실태와 정책지원방향』한국농촌경제연구원
　（——. 1993『委託営農会社の運用実態と政策支援方向』韓国農村経済研究院）

교육인적자원부. 2002『초등학교 국정교과서 사회』

교육인적자원부
(教育人的資源部. 2002『初等学校国定教科書　社会』教育人的資源部)

고나무. 2013『아직 살아있는 자 전두환』북콤마
(コ・ナム. 2013『まだ生きている者　全斗煥』ブックコンマ)

고헌. 2011 「저곡가 농업정책과 쌀소득 직불제도의 과제」『사회정책연구』제 43 집, pp. 25-45
(コ・ホン. 2011「低穀価農業政策とコメ所得直接支払制度の課題」『社会政策研究』第 43 集、pp. 25-45)

국회사무처. 1994『제 166 회 국회회의록』대한민국국회
(国会事務処. 1994『第 166 回国会会議録』大韓民国国会)

기획재정부, 한국외국어대학교. 2013『2012 경제발전경험 모듈화 사업: 한국의 농지개혁』기획재정부
(企画財政部、韓国外国語大学校. 2013『2012 経済発展経験モジュール化事業：韓国の農地改革』世宗特別自治市：企画財政部)

김삼웅. 2016『민주주의의 수호자: 김영삼 평전』깊은나무
(キム・サムン. 2016『民主主義の守護者：金泳三評伝』キプンナム)

김대중. 「대중경제를 주창한다」『월간 신동아』1969 년 11 월호, pp. 196-197
(キム・デジュン. 1969「大衆経済を主唱する」『月刊新東亜』1969 年 11 月号、pp. 196-197)

김동원 외. 2014『농업·농촌에 대한 2014 년 국민의식조사』한국농촌경제연구원
(キム・ドンウォンほか. 2014『農業・農村に対する 2014 年国民意識調査』韓国農村経済研究院)

김동호. 2012『대통령 경제사』책밭
(キム・ドンホ.2012『大統領経済史』チェクパッ)

김영주. 2008 「농촌노인가구의 빈곤특성에 관한
   비교연구」 『한국사회복지학제』 제 60 권 제 4 호, pp. 11-53
   (キム・ヨンジュ. 2008「農村老人世帯の貧困特性に対する比較研
   究」『韓国社会福祉学』第 60 巻第 4 号, pp. 11-53)
김일영. 2004 『건국과 부국: 현대한국정치사 강의』 생각의 나무
   (キム・イリョン. 2004『建国と富国 : 現代韓国政治史講義』セン
   ガゲナム)
김적교. 2012 『한국의 경제발전』 박영사
   (キム・ジョッキョ. 2012『韓国の経済発展』パギョンサ)
김정렴. 1997 『아, 박정희(김정렴 정치회고록)』 중앙일보사
   (キム・ジョンヨム. 1997『ああ、朴正熙（金正廉政治回顧録）』中
   央日報社)
김정식. 2000 『대일청구권자금의 활용 사례연구』
   대외경제정책연구원
   (キム・ジョンシク. 2000『対日請求権資金の活用事例研究』対外
   経済政策研究院)
김제안 외. 2009 「농가유형별 소득결정요인분석」
   『산업경제연구』 제 22 권 제 4 호, pp. 1641-1658
   (キム・ジェアンほか. 2009「農家類型別所得決定要因分析」『産業
   経済研究』第 22 巻第 4 号, pp. 1641-1658)
김철민, 전찬익. 2012 『농촌인구 고령화의 파급영향과 시사점』
   농협경제연구소
   (キム・チョルミン,チョン・チャニク. 2012『農村人口高齢化の波及
   影響と示唆』農協経済研究所)
김태완 「농어촌지역 빈곤 및 양극화 현황」 『보건 복지 이슈 엔
   포커스』 제 149 호, pp. 1-8
   (キム・テワン. 2012「農漁村地域の貧困および両極化の現況」『保
   健福祉イシュー・アンド・フォーカス』第 149 号, pp. 1-8)

김호기. 1999 『한국현대사의 재인식 13: 1970년대 후반기의 정치사회변동』 백산서당
(キム・ホギ. 1999 『韓国現代史の再認識 13: 1970年代後半期の政治社会変動』 ペクサンソダン)
남덕우 외. 2003 『80년대 경제개혁과 김재익 수석』 삼성경제연구소
(ナム・ドグほか. 2003 『80年代経済改革と金在益主席』 三星経済研究所)
농림수산부. 1983 『새마을기계화영농단 조직운영 편람』 농림수산부
(農林水産部. 1983 『セマウル機械化営農団組織運営便覧』 農林水産部)
농림수산식품부. 2010 『2010년도 귀농・귀촌 사업지침』 농림수산식품부
(農林水産食品部. 2010 『2010年度帰農・帰村事業指針』 農林水産食品部)
농림축산식품부. 2013 『양정자료』 농림축산식품부
(農林畜産食品部. 2013 『糧政資料』 農林畜産食品部)
농림축산식품부 지역개발과 편. 2014 『희망을 가꾸는 농촌마을이야기』 농림축산식품부
(農林畜産食品部地域開発課編. 2014 『希望を生み出す農村集落物語』 農林畜産食品部)
농촌진흥청. 2013 『귀농귀촌 교육프러그램 설계 매뉴얼』 농촌진흥청
(農村振興庁. 2013 『帰農帰村教育プログラム設計マニュアル』 全州:農村振興庁)
농협동인회. 2017 『한국종합농협운동 50년』 농협동인회
(農協同人会. 2017 『韓国総合農協運動 50年』 農協同人会)

대한민국정부. 1962『제 1 차 경제개발 5 개년계획』

（大韓民国政府. 1962『第 1 次経済開発 5 カ年計画』）

——. 1966『제 2 차 경제개발 5 개년계획』

（——. 1966『第 2 次経済開発 5 カ年計画』）

——. 1972『제 3 차 경제개발 5 개년계획』

（——. 1972『第 3 次経済開発 5 カ年計画』）

——. 1982『제 1 차 국토종합개발 10 개년계획』

（——. 1982『第 1 次国土総合開発 10 カ年計画』）

——. 1977『제 4 차 경제개발 5 개년계획』

（——. 1977『第 4 次経済開発 5 カ年計画』）

——. 1982『제 5 차 경제개발 5 개년계획』

（——. 1982『第 5 次経済開発 5 カ年計画』）

——. 1982『제 2 차 국토종합개발 10 개년계획』

（——. 1982『第 2 次国土総合開発 10 カ年計画』）

——. 1987『제 6 차 경제사회개발 5 개년계획』

（——. 1987『第 6 次経済社会開発 5 カ年計画』）

——. 1992『제 3 차 국토종합개발 10 개년계획』

（——. 1992『第 3 次国土総合開発 10 カ年計画』）

——. 1993『신경제 5 개년 계획』

（——. 1993『新経済 5 カ年計画』）

——. 2000『제 4 차 국토종합개발계획』

（——. 2000『第 4 次国土総合開発計画』）

——. 2015『국채 2014』

（——. 2015『国債 2014』）

동북지방통계청 농업조사과. 2013.「보도자료: 통계로 본 농촌사회 (대구 경북 강원지역)」통계청

（東北地方統計庁農業調査課. 2013.「報道資料：統計で見た農村社会(大邱・慶北・江原地域)」統計庁）

박광주. 1986 「집정관식 신중상주의국가론」, 한국정치학회 편 『현대한국정치와 국가』 법문사
（パク・クァンジュ. 1986 「執政官式新重商主義国家論」、韓国政治学会編 『現代韓国政治と国家』法文社）

박대식, 마상진. 2007 「도시와 농촌 주민의 삶의 질 지수화 방안 연구」 『농촌경제』 제 30 권 제 4 호, pp. 31-55
（パク・テシク, マ・サンジン. 2007 「都市と農村住民の生活の質の指数化方案研究」 『農村経済』第 30 巻第 4 号, pp. 31-55）

박대식, 마상진. 2012 『농촌사회의 양극화 실태와 시사점』 한국농촌경제연구원
（パク・テシク, マ・サンジン. 2012 『農村社会の両極化実態と示唆』韓国農村経済研究院）

박시현 외. 2012 『농촌관광의 새로운 방향과 정책과제』 한국농촌경제연구원
（パク・シヒョンほか. 2012 『農村観光の新しい方向と政策課題』韓国農村経済研究院）

박정희. 2006 『한국 국민에게 고함』 동서문화사
（パク・チョンヒ. 2006 『韓国国民に告ぐ』東西文化社）

박준기. 2014 『농어촌특별세의 운용실태와 정책과제』 한국농촌경제연구원
（パク・チュンギ. 2014 『農漁村特別税の運用実態と政策課題』韓国農村経済研究院）

박진환. 2005 『박정희 대통령의 한국경제근대화와 새마을운동』 박정희대통령기념사업회
（パク・チナン. 2005 『朴正煕大統領の韓国経済近代化とセマウル運動』朴正煕大統領記念事業会）

박학용 외. 2006 『한국의 부농들: WTO 시대의 희망 농업 보고서』 부키

（パク・ハギョンほか. 2006『韓国の富農たち：WTO 時代の希望農業報告書』プキ）

박현채 외. 1987 『한국경제론』 까치

（パク・ヒョンチェほか. 1987『韓国経済論』カチ）

부광식 외. 1974. 『새마을건설사업 투자효과 제고연구』 한국경영봉사단

（プ・グァンシクほか. 1974. 『セマウル建設事業投資効果堤高研究』韓国経営奉仕団）

산업자원부. 2007 『한국의 산업입지』 산업자원부

（産業資源部. 2007『韓国の産業立地』産業資源部）

새마을금고중앙회 편. 2013 『새마을금고 50 년사』 서울: 새마을금고중앙회

（セマウル金庫中央会編. 2013『セマウル金庫 50 年史』セマウル金庫中央会）

새마을운동중앙회 편. 2000 『새마을운동 30 주년 자료집』 서울: 새마을운동중앙회

（セマウル運動中央会編. 2000『セマウル運動 30 周年資料集』セマウル運動中央会）

서석준. 1985 『경제개발을 향한 외길 20 년』 일조각

（ソ・ソクチュン. 1985『経済開発に向けた道 20 年』イルジョガク）

성진근. 2012 『한국농업 리모데링 – 정책 시스템 새 판 짜기』 해남

（ソン・ジングン. 2012『韓国農業のリモデリング―政策システムの再構築』ヘナム）

송호근 외. 1990 『노동과 불평등』 나남

（ソン・ホグンほか. 1990『労働と不平等』ナナム）

신광영. 2004『한국의 계급과 불평등』을유문화사

（シン・グァニョン. 2004『韓国の階級と不平等』ウリュムナサ）

신재혁 외. 2015「약탈국가의 기원: 국가의 취약성과 엘리트 간의 경쟁」「2015년 한국학 세계대회」발표논문 (경주: 2015년 8월 26일)

（シン・ジェヒョクほか. 2015「収奪国家の起源：国家の脆弱性とエリート間の競争」「2015年韓国学世界大会」発表論文（慶州：2015年8月26日））

양길현. 2008『사건으로 보는 한국의 정치변동』살림출판사

（ヤン・ギリョン. 2008『事件で見る韓国の政治変動』サルリム出版社）

엄기홍. 2015「한국국회의원선거에서의 지역주의 변화 가능성?: 사회연결망 분석을 통한 경험적 분석」「2015년 한국학 세계대회」발표논문 (경주: 2015년 8월 25일)

（オム・ギホン. 2015「韓国国会議員選挙における地域主義の変化可能性？：社会ネットワーク分析を通じた経験的分析」「2015年韓国学世界大会」発表論文（慶州：2015年8月25日））

오내용. 1998『한국농촌사회경제의 장기변화와 발전』한국농촌경제연구원

（オ・ネヨン. 1998『韓国農村社会経済の長期変化と発展』韓国農村経済研究院）

우루과이라운드대책특별위원회. 1993『우루과이라운드 대책특별위원회 활동보고서』 대한민국국회

（ウルグアイ・ラウンド対策特別委員会.1993『ウルグアイ・ラウンド対策特別委員会活動報告書』大韓民国国会）

유영만. 2005『한국의 경제정책』박영사

（ユ・ヨンマン. 2005『韓国の経済政策』パギョンサ）

이경희, 이요행. 2011「준고령자 직업훈련의 훈련생 및 훈련특성이

재고용에 미치는 효과」『한국노년학』제 31 권 제 3 호, pp. 527-538

(イ・ギョンヒ, イ・ヨヘン「準高齢者職業訓練の訓練生および訓練特性が再雇用に与える効果」『韓国老年学』第 31 巻第 3 号, pp. 527-538)

이동필 외. 2004『도농간 소득 및 발전격차의 실태와 원인분석』한국농촌경제연구원

(イ・ドンピルほか. 2004『都農間所得および発展格差の実態と原因分析』韓国農村経済研究院)

이만갑. 1981『한국농촌사회연구』다락원

(イ・マンガプ. 1981『韓国農村社会研究』タラグォン)

이병천. 2014『한국 자본주의 모델』책세상

(イ・ビョンチョン. 2014『韓国資本主義モデル』チェクセサン)

이병훈 외. 2012『최근 농가경제의 동향과 정책과제』한국농촌경제연구원

(イ・ビョンフンほか. 2012『最近の農家経済の動向と政策課題』韓国農村経済研究院)

이삼수 외. 2013「산업단지정책 및 입지 변화 특성 고찰」『한국지역개발학회지』 제 25 권제 4 호, pp. 87-110

(イ・サムスほか. 2013「産業団地政策および立地変化特性考察」『韓国地域開発学会誌』第 25 巻第 4 号、pp. 87-110)

이용기. 2012『한국농업 길을 묻다』서울: 푸른길

(イ・ヨンギ. 2012『韓国農業の道を問う』プルンギル)

이정화 외. 2014『귀농인 22 인의 삶과 농촌사회적응』광주: 전남대학교 출판부

(イ・ジョンファほか. 2014『帰農者 22 人の生活と農村社会適応』光州：全南大学校出版部)

이지수. 2010 『박정희시대를 회고한다』 선인
(イ・ジス. 2010 『朴正熙時代を回顧する』 ソニン)
이해영. 2015 「정책사상으로서의 국가주의 재조명」 「2015년 한국학 세계대회」 발표논문 (경주: 2015년 8월 26일)
(イ・ヘヨン. 2015 「政策思想としての国家主義の再照明」「2015年韓国学世界大会」発表論文（慶州：2015年8月26日))
임혁백. 1994 『시장, 국가, 민주주의: 한국민주화와 정치경제이론』 나남
(イム・ヒョクペク. 1994 『市場・国家・民主主義：韓国民主化と政治経済理論』ナナム)
전경연 편. 1986 『한국경제정책 40년사』 전국경제인연합회
(全経連 編. 1986 『韓国経済政策40年史』全国経済人連合会)
정무권. 2007 「한국 발전주의 생산레짐과 복지체제의 형성」『한국사회정책』 제14집 pp. 257-307
(チョン・ムグォン. 2007 「韓国開発主義生産レジームと福祉体制の形成」『韓国社会政策』第14集、pp. 257-307)
정성화 편. 2006 『박정희시대와 한국현대사』 선인
(チョン・ソンファ編. 2006 『朴正熙時代と韓国現代史』ソニン)
정철영 외. 2013 『농업교육학 개론 제2개정판』 서울대학교 출판문화원
(チョン・チョリョンほか. 2013 『農業教育学概論・第2改訂版』ソウル大学校出版文化院)
정정길. 1994 『대통령의 경제 리더십』 한국경제신문사
(チョン・ジョンギル. 1994 『大統領の経済リーダーシップ』韓国経済新聞社)
정진화 외. 2013 「한국농가의 고령화와 농가소득에의 영향」 『농업경제연구』 제54권 제2호, pp. 55-74
(チョン・ジナほか. 2013 「韓国農家の高齢化と農家所得への影

響」『農業経済研究』第 54 巻第 2 号, pp. 55-74)

조선은행 조사부. 1949『조선경제연감』조선은행

(朝鮮銀行調査部. 1949『朝鮮経済年鑑』朝鮮銀行)

조홍식. 2007『민주주의와 시장주의』박영사

(チョ・ホンシク. 2007『民主主義と市場主義』パギョンサ)

차동세, 김광석. 1995『한국경제 반세기: 역사적 평가와 21 세기의 비전』한국개발연구원

(チャ・ドンセ. キム・グァンソク. 1995『韓国経済半世紀：歴史的評価と 21 世紀のビジョン』韓国開発研究院)

최동규. 1991『성장시대의 정부: 한강의 기적을 이끈 관료조직의 역할』한국경제신문사

(チェ・ドンギュ. 1991『成長時代の政府：漢江の軌跡を引っ張った官僚組織の役割』韓国経済新聞社)

최석영. 2016『최석영의 FTA 협상노트』박영사

(チェ・ソギョン. 2016『チェ・ソギョンの FTA 交渉ノート』パギョンサ)

최장집. 1996『한국 민주주의의 조건과 전망』나남

(チェ・ジャンジプ. 1996『韓国民主主義の条件と展望』ナナム)

최진근 외. 2009「1970 년대 새마을운동사에 대한 분석적 연구」『새마을운동과 지역사회개발연구』제 5 호, pp. 202-268

(チェ・ジングンほか. 2009「1970 年代セマウル運動史に対する分析的研究」『セマウル運動と地域社会開発研究』第 5 号、pp. 202-268)

최은숙. 1995「농촌빈곤가계의 경제문제 1」『한국농촌생활과학회지』제 6 권 제 1 호, pp. 73-84

(チェ・ウンスク. 1995「農村貧困家計の経済問題 1」『韓国農村生活科学会誌』第 6 巻第 1 号, pp. 73-84)

최은영. 2004「지역간 인구이동의 공간적 특성분석」
『서울도시연구』제5권 제3호, pp. 49-66
(チェ・ウニョン. 2004「地域間人口移動の空間的特性分析」『ソウル都市研究』第5巻第3号, pp. 49-66)
통계청. 2013a 『2012년 농가 및 어가경제조사 결과』 대전: 통계청
(統計庁. 2013a 『2012年農家および漁家経済調査結果』大田：統計庁)
──. 2013b 『2012년 농가경제통계』 대전: 통계청
(──. 2013b 『2012年農家経済統計』大田：統計庁)
한국개발연구원. 1995 『한국경제 반세기 정책자료집』 한국개발연구원
(韓国開発研究院. 1995 『韓国経済半世紀　政策資料集』韓国開発研究院)
한국관광공사. 2013「농촌관광의 동향 및 활성화정책과 향후 과제」관광공사 Hot Issue Brief No. 91
(韓国観光公社. 2013「農村観光の動向および活性化政策と今後の課題」観光公社 Hot Issue Brief　No. 91)
한국농업경영인중앙연합회. 2014 『한농연』 한국농업경영인중앙연합회
(韓国農業経営人中央連合会. 2014 『韓農連』韓国農業経営人中央連合会)
한국농촌경제연구원 편. 1978 『1970년대의 제변화』 한국농촌경제연구원
(韓国農村経済研究院編. 1978 『1970年代の諸変化』韓国農村経済研究院)
──. 1988 『농정사관계자료집』 한국농촌경제연구원
(──. 1988 『農政史関係資料集』韓国農村経済研究院)

허장. 2007「우기농업의 관행농업화와 위기에 관한
　논의」『농촌경제』30권 1호, pp. 1-30
（ホ・ジャン. 2007「有機農業の慣行農業化と危機に関する論議」
　『農村経済』30巻1号、pp. 1-30）
『귀농신문』（『帰農新聞』）
『농민신문』（『農民新聞』）
『동아일보』（『東亜日報』）
『매일신문』（『毎日新聞』）
『조선일보』（『朝鮮日報』）
『한겨레』（『ハンギョレ』）
관세청（関税庁）　https://www.customs.go.kr
국가기록원（国家記録院）　http://www.archives.go.kr
국립농산물품질관리원（国立農産物品質管理院）
http://www.enviagro.go.kr
국민연금공단（国民年金公団）　hpp://www.nps.or.kr
국세청（国税庁）http://www.nts.go.kr
낙동강홍수통제소（洛東江洪水統制所）　http://www.nakdongriver.go.kr/
농림축산식품부（農林畜産食品部）　http://www.mafra.go.kr
농어촌연구원（農漁村研究院）http://rri.ekr.or.kr
농지은행（農地銀行）　https://www.fbo.or.kr
농촌진흥청（農村振興庁）　http://www.rda.go.kr
농촌진흥청 귀농귀촌 종합센터（農村振興庁帰農帰村総合センター）
　http://www.returnfarm.com
농협 중앙회（農協中央会）https://www.nonghyup.com
대외경제협력기금（対外経済協力基金）http://www.edcfkorea.go.kr
대통령기록관（大統領記録館）http://www.pa.go.kr
산업통상지원부 FTA 허브（産業通商支援部・FTAハブ）
　http://ftahub.go.kr/

법무부 한국법령검색（法務部・韓国法令検索） hpp://www.law.go.kr
법제처（法制処） http://www.moleg.go.kr
보건복지부（保健福祉部） http://www.mohw.go.kr
새마을금고 중앙회（セマウル金庫中央会） https://www.kfcc.co.kr
서울특별시 농업기술센터（ソウル特別市農業技術センター）
　http://agri.seoul.go.kr
전국농민회총연맹（全国農民会総連盟） http://ijunnong.net/
전라남도 친환경농업관（全羅南道親環境農業館）
　http://www.greenjn.com
정부 24（政府 24） https://www.gov.kr
국가지표체계（国家指標体系） http://www.index.go.kr
최규하대통령기념사업회（崔圭夏大統領記念事業会）
　http://www.choikyuhah.or.kr
출입국·외국인정책본부（出入国・外国人政策本部）
　http://www.immigration.go.kr
통계청 통계 포털（統計庁・統計ポータル） http://www.kosis.go.kr
통계청（統計庁） http://www.kostat.go.kr
하나로마트（ハナロマート）http://www.nhhanaro.co.kr/
한국농기계공업협동조합（韓国農機械工業協同組合）
　http://www.kamico.or.kr

注 1：ハングルのカナタ順に基づいて一覧表を作成し、著者名のカタカナ転写、および文献名の和訳は、全て引用者の責任において転写・訳出した。

注 2：韓国語文献の著者の中には、漢字での表記が判明している人物も複数含まれる。しかし本論文では、規格の統一性、また韓国人が日本語で書いた文献と区別するという観点から、韓国語文献の著者・編者名のうち、個人のものは原則として原音のカタカナ転

写とし、法人・公官庁の名称は引用者の責任において和訳したものを用いた。
注3: 統計庁が運営するウェブサイト「国家指標体系」は、2016 年以前は「e-나라지표（e-国家指標）」というサイト名であった。
注4: 韓国で発行されている『毎日新聞』は慶尚道の地方紙であり、日本の同名の全国紙とは無関係。
注5: 単行本の出版地は、特に記載がない場合はソウル。
注6: 農林畜産食品部のウェブサイトは、2013 年 3 月 23 日の中央官庁再編までは農林水産食品部（농림수산식품부）のウェブサイトであった。

著者：縄倉　晶雄（なわくら・あきお）

　１９８４年、神奈川県生まれ。２００６年、日本大学法学部政治経済学科卒業。２００８年、日本大学大学院法学研究科政治学専攻博士前期課程修了。２０１０年、韓国・高麗大学大学院政治外交学科比較政治専攻博士課程退学。２０１６年、明治大学大学院政治経済学研究科政治学専攻博士後期課程修了。明治大学政治経済学部助手、同大学院教育補助講師などを経て、現在、明治大学政治経済学部助教および文教大学国際学部非常勤講師。

韓国農政の７０年　食糧増産から農村開発、そして農業保護へ

2019年11月14日　初版第1刷発行

著　者　縄倉　晶雄
発行所　ブイツーソリューション
　　　　〒466-0848　名古屋市昭和区長戸町 4-40
　　　　電話　052-799-7391　Fax 052-799-7984
発売元　星雲社（共同出版社・流通責任出版社）
　　　　〒112-0005　東京都文京区水道 1-3-30
　　　　電話　03-3868-3275　Fax 03-3868-6588
印刷所　富士リプロ
ISBN 978-4-434-26694-2
©Akio Nawakura 2019 Printed in Japan

万一、落丁乱丁のある場合は送料当社負担でお取替えいたします。
ブイツーソリューション宛にお送りください。